军事计量科技译丛

精密纳米计量学
——用于纳米制造的传感器和测量系统

Precision Nanometrology
Sensors and Measuring Systems for Nanomanufacturing

[日]Wei Gao 著
李 雷 赵 昭 张 慧 王文娟 等译
阚劲松 张 红 审校

国防工业出版社
·北京·

著作权登记　图字：军-2020-025 号

图书在版编目(CIP)数据

精密纳米计量学：用于纳米制造的传感器和测量系统/(日)高伟著；李雷等译.—北京：国防工业出版社，2022.4
(军事计量科技译丛)
书名原文：Precision Nanometrology：Sensors and Measuring Systems for Nanomanufacturing
ISBN 978-7-118-12466-8

Ⅰ.①精…　Ⅱ.①高…②李…　Ⅲ.①纳米技术—应用—测量—研究　Ⅳ.①TB383②P2

中国版本图书馆 CIP 数据核字(2022)第 042989 号

※
国防工业出版社出版发行
(北京市海淀区紫竹院南路 23 号　邮政编码 100048)
北京龙世杰印刷有限公司印刷
新华书店经售
*
开本 710×1000　1/16　印张 16　字数 282 千字
2022 年 4 月第 1 版第 1 次印刷　印数 1—2000 册　定价 98.00 元

国防书店：(010)88540777　书店传真：(010)88540776
发行业务：(010)88540717　发行传真：(010)88540762

译者序

纳米制造是一个使用精密机器来制造具有纳米公差的设计尺寸的过程。工件的尺寸测量是各制造过程中质量控制必不可少的过程。由于精度是纳米制造中最重要的要求,因此尺寸测量对于纳米制造而言比其他制造更为关键。为了降低制造成本,越来越多的精密工件要求以更短的时间制造出来,同时,精密工件的形状也变得越来越复杂。这些因素给精密计量和纳米计量技术带来了更大的挑战。

精密纳米计量学被称为从微米到米的广泛测量范围内具有纳米级的尺寸测量科学,通过提高精密计量的测量精度和扩展纳米计量的测量范围进行创新。在以超精密加工和半导体制造为代表的纳米制造等先进制造领域中起着举足轻重的作用。本书是Springer出版集团出版的"先进制造"系列丛书(*Springer Series in Advanced Manufacturing*)中的一本,该书由日本东北大学精密纳米系统中心主任高伟教授撰写。主要内容涵盖了高伟研究小组开发的最先进的精密纳米测量的传感器和测量系统,书中详细描述了对精密工件表面形状的测量和精密机器工作台的运动,阐述了纳米制造中最基本的几何形状的测量误差分离算法和系统,弥补了当前在精密纳米计量方面的缺憾和不足。

本书为先进制造领域的精密纳米计量学专著,书中汇集了高伟教授在该领域多年的工作认知和研究成果,国内相关科研人员可以通过该书了解和掌握国外最新的精密纳米计量研究动态。目前,国内在精密纳米计量学领域的中文参考书籍数量极少,急需内容新颖、质量较好的外文专著来有效推进国内精密纳米计量领域的科研和教学工作。本书可作为从事尖端武器装备和先进制造研究的科研人员及高校师生的学习、参考资料,为国内精密纳米计量相关科学研究的开展提供支撑,推进我国国防科技相关基础研究的发展,从而提升尖端武器装备的研发和设计能力。

因此,从个人和专业的角度,都很有必要翻译并出版这部著作,以期对国内广大先进制造研究工作者有所帮助。

全书翻译工作由李雷统稿。前言、第1章~第5章由李雷、张慧、王丽娟共同翻译,第6章~第10章由赵昭、王文娟、郭宝库共同翻译。阚劲松研究员、张红高级工程师对全书内容进行了审校,航空工业集团公司304所张志民研究员、中国计量科学研究院沈少熙研究员等提出了许多宝贵的意见和建议。在本书的翻译和出版过程中,得到了中国电子技术标准化研究院相关领导的关心和支持,国防工业出版社的编辑对本书的出版工作也提供了关心和帮助,在此一并表示衷心的感谢。

在本书翻译过程中,我们领略到了精密纳米计量学的博大精深,深感自己的专业知识有限。虽然我们花费了相当大的努力尽量保持原著的专业和严谨,但因译者水平有限,书中难免出现纰漏之处,敬请广大读者批评指正!

译者

2022年1月

前言

“当你能够测量你所述的事物,能用数字来表达它时,你对这事物已有些知识;但如果你不能用数字来表达它,那么你的知识仍然是简陋的和不完满的;对任何事物而言,这可能是知识的始源,但你的意念还未达到科学的境界。”——开尔文勋爵

测量行为或是通过利用仪器与标准单元比较来确定参数的大小、数量或程度,或是基于理论计算来间接使用,这使得科技不同于想象。同样,测量对于工业、商业和日常生活也是必不可少的。如果我们专注于制造业,我们可以很容易地发现,尺寸测量不仅在传统的制造领域中起着越来越重要的作用,而且在以超精密加工和半导体制造为代表的纳米制造等先进领域中也有着举足轻重的作用。

纳米制造是一个使用能够产生精确工具运动的精密机器,来制造具有纳米公差的设计表面形式/尺寸的过程。工件和设备的尺寸测量一直是各种制造过程中质量控制必不可少的过程。由于精度是纳米制造中最重要的要求,因此与其他制造工艺相比,尺寸测量对纳米制造而言更加关键。图 0.1 显示了在纳米制造中不同工件和设备尺寸的公差。可以看出,大多数工件和设备尺寸的范围从微米级到米级,而相应的公差范围从 0. 1nm 到 100nm。同时,为了降低制造成本,越来越多的精密工件要求以更短的时间制造出来,同时,精密工件的形状也变得越来越复杂。这些因素给现有的精密计量和纳米计量技术带来了更大的挑战。

精密计量学的历史可以追溯到千分尺(J. Watt,1772)、量块(C. Johansson,1896)、干涉仪(A. Michelson,1881)等的发明,这奠定了工业革命的基础并为实现基于可互换制造的现代化做出了重大贡献。“精度”这个术语最能反映出精密计量学的本质,它通常和分辨率(或准确度)与范围之间的比值有关。目前,精密计量仍然在精密制造中起着重要的作用,特别是由于它能够进行广泛的测量。但是,一方面,精密计量还难以达到纳米制造所要求的优于 100nm 的测量分辨率(或准确度);另一方面,以扫描探针显微镜为代表的纳米计量学是一种相对较新的测量技术,自 20 世纪 80 年代以来才开发出来,它可以达到高达 0. 1nm 的测量分辨率。然而,纳米计量学也不能满足纳米制造的要求,因为纳米计量学的测量范围通常限制在 1μm(长度协商委员会的尺寸计量工作组,1998 年),如图 0. 1 所示。此外,大

多数商用扫描探针显微镜用于定性成像,但不足以进行定量测量。

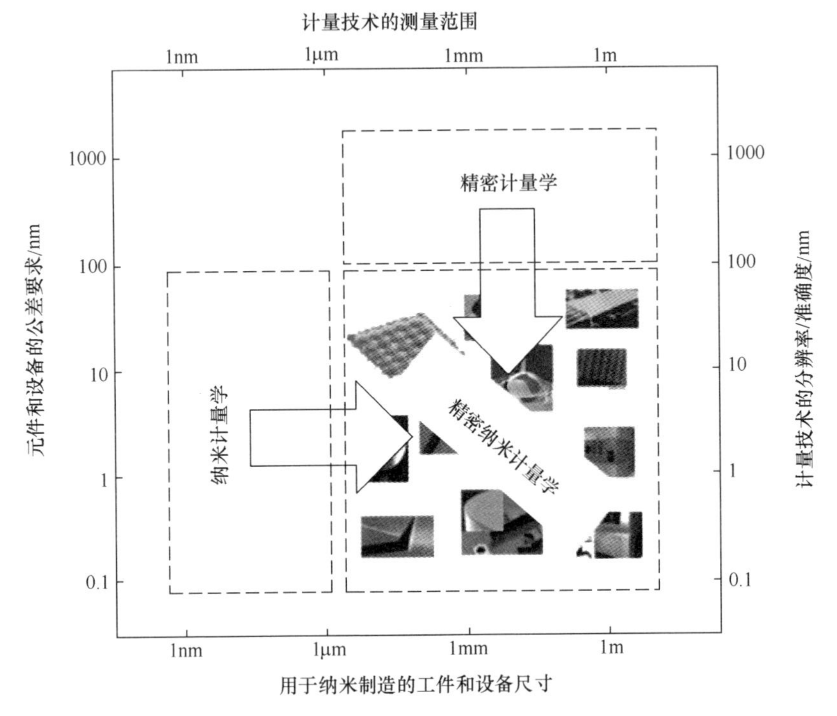

图 0.1　从精密计量学和纳米计量学到精密纳米计量学

本书描述了一种新的尺寸测量领域,称为纳米制造的精密纳米计量学。精密纳米计量学被称为尺寸测量科学,在从微米到米的广泛测量范围内具有纳米级的精确度。它通过提高精密计量的测量精度和扩展纳米计量的测量范围进行创新。本书介绍了作者在日本东北大学研究小组开发的最先进的精密纳米测量的传感器和测量系统。书中特别关注测量精密工件表面形状和精密机械的平台运动,这些都是纳米制造的重要项目。

本书的前半部分(第 1 章～第 4 章)描述了用于测量角度和位移的光学传感器,它们是精密纳米计量的基本量。同时,该部分提出了用于改善传感器灵敏度和带宽,减小传感器尺寸的技术,并开发了新的多轴传感方法。本书中提到的用于在单个测量点检测多轴位置和角度的方法对于减少各种测量系统中的阿贝误差是有效的。

本书的下半部分(第 5 章～第 10 章)介绍了许多用于表面形状和平台运动的精密纳米计量的扫描型测量系统。扫描型测量系统具有以下优点:结构简单,对样品尺寸和形状的灵活性,对测量环境的稳健性,通过增加扫描速度可以缩短测量时间。然而,在传统系统中,仍然存在与精密纳米计量相关的关键问题需要解决,包括扫描误差的减少，测量位置的自动对准，快速扫描机制等。纳米制造中最基本的几何形状——直线度和圆度的测量误差分离算法和系统，在第5章和第6章中进行了介绍。在第7章中，描述了微观非球面的测量，这需要扫描机制和探测技术的发展。在第8章和第9章中描述了基于扫描探针显微镜的新型系统，用于针对新的、重要的纳米制造的微小挑战和纳米结构的精密纳米计量。第10章介绍扫描式图像传感器系统，它可以对长结构的微观尺寸进行快速、准确地测量。

本书全面总结了作者过去10年参与的研究工作的重要部分。我要感谢纳米计量与控制实验室的我的同事和许多学生，感谢他们对本书所涉及的技术的杰出贡献。此外，一些学生参与了手稿的准备工作。我还要感谢Springer的编辑助理Simon Rees先生、高级编辑助理Claire Protherough女士、排版编辑Katherine Guenthner女士、制作编辑Sorina Moosdorf女士帮助我开始这本书的写作过程，因为他们的努力才使本书成为可能。

最后，我要表达我的谢意，并将这本书献给我的妻子沈红（音译）和我的女儿悠扬（音译）。我的妻子是一名计算机科学博士和教授，她仔细阅读并检查了本书。没有她们的耐心、鼓励和帮助，本书就永远不会完成。也献给在20年前我作为研究生开始第一个研究项目时去世的父亲，同时也献给我的母亲和我的岳父母，感谢他们的热情和持续的支持。

Wei Gao
日本，仙台
2010年1月

目录

第1章 测量表面斜率和倾斜运动的角度传感器

1.1 概述

角度是精密纳米计量学中的最重要的基本量之一。基于自准直原理的角度传感器，通常称为自准直仪，可以精确测量光反射平面的小倾角[1]。在计量实验室中，自准直仪很长时间以来用于校准角度标准，如多边形、旋转分度台和角度量块。它们也常用于机械车间，进行的直尺、机床导轨、精密表面板等表面轮廓的测量，以及平移阶段的倾斜误差运动的测量[2]。

在传统的光电自准直仪中，白炽灯发出的光线首先被准直成具有大光束尺寸、直径为30~50mm的平行光束[3]；然后被投射到安装在样品表面上的平坦目标反射镜上。反射光束相对于入射光束轴线的偏差由自动准直单元检测，该自动准直单元由放置在物镜焦平面上的物镜和光位置检测器组成。使用电荷耦合元件（CCD）图像传感器进行图像处理的自准直仪，通过采用具有长焦距（通常为300~400mm）的物镜可以实现高达0.01″的分辨率[3-6]。CCD图像传感器的大的动态范围也使得自准直仪具有60~80dB的动态范围。但是，由于目标反射镜可能会损坏样品，因此使用大型目标反射镜难以测量如金刚石转动光学表面等软质样本或硅晶圆等薄片样本。来自白炽灯的光束的大直径也限制了检测表面局部斜率的横向分辨率。常规的用于测量平台动态倾斜误差运动的自准直仪的其他缺点有低带宽和大尺寸。

本章介绍了使用不同类型的光电二极管代替CCD图像传感器的角度传感器，其目的是为了提高测量速度，同时减小传感器的尺寸。

1.2 带有象限光电二极管的角度传感器

角度传感器是典型的用于检测表面倾斜角度的传感器。这种具有薄光束的传感器,通常称为表面斜率传感器,也可以检测表面局部斜率。制作角度传感器最简单的方法是利用光杠杆。如图 1.1 所示。一束光投射到目标表面上,如果样品围绕 X 轴和 Y 轴倾斜,离目标距离为 L 处位置的光电探测器上的反射光束的光斑将沿 W 方向和 V 方向移动。倾斜角 θ_X 和 θ_Y 的二维分量可以根据光电探测器上光斑的移动距离 Δw 和 Δv 计算得出:

$$\theta_X = \frac{\Delta w}{2L} \tag{1.1}$$

$$\theta_Y = \frac{\Delta v}{2L} \tag{1.2}$$

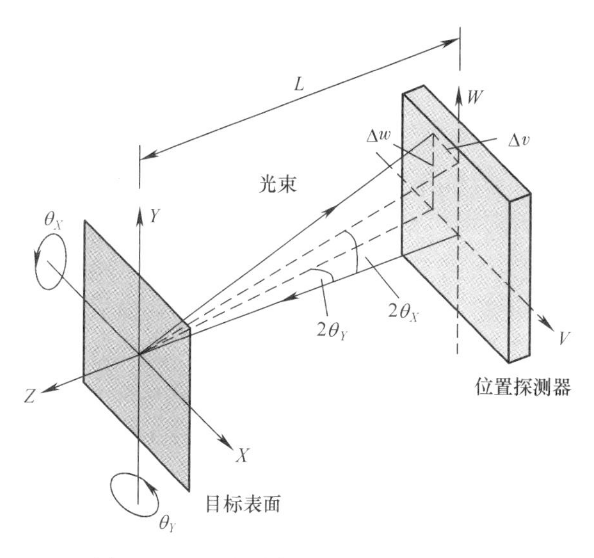

图 1.1　通过光学水平方法检测倾斜角度

这种方法虽然很简单,但是当距离 L 改变时会出现错误。我们可以通过自动准直技术来解决这个问题[7]。如图 1.2 所示,把物镜放置在样品和光电探测器之间,如果将光电探测器放置在物镜的焦点位置,则光电探测器的倾角和读出之间的关系变为

$$\theta_X = \frac{\Delta w}{2f} \tag{1.3}$$

$$\theta_Y = \frac{\Delta v}{2f} \tag{1.4}$$

式中:f 为物镜的焦距。

从式(1.3)和式(1.4)可以看出,样品表面与由物镜和位置探测器组成的自动准直单元之间的距离不影响对角度的检测。

在精密表面的形状测量和精密平台的运动测量中,我们感兴趣的角度非常小,

因此,对角度传感器的灵敏度要求非常高。基于自准直原理的角度传感器,其灵敏度可以通过选择具有长焦距的物镜来加以改善。但是,这又会影响角度传感器的结构紧凑性。这里,我们将讨论在不增加镜头焦距的前提下,如何通过选择合适的光电探测器来提高角度传感器的灵敏度。

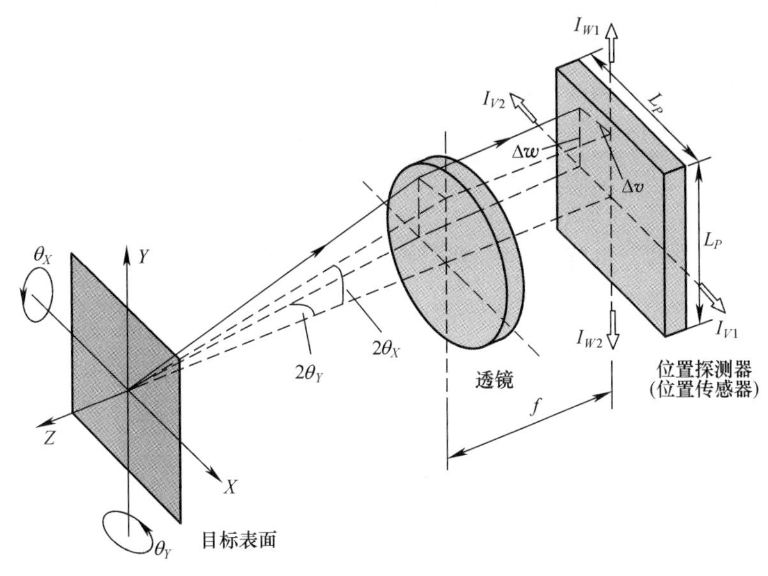

图 1.2　用 PSD 自准直法检测倾角

线性横向效应位置传感器(PSD)广泛用于检测光斑的位置检测[8-9]。PSD 能够提供连续的位置信息,具有良好的线性优势,并且可以不受光斑强度分布的影响进行位置检测。假设二维 PSD 的敏感长度在 X 和 Y 方向都是 L_P,二维位置 Δv 和 Δw 可以根据 PSD 的二维输出 $v_{\text{PSD\_out}}$ 和 $w_{\text{PSD\_out}}$ 来获得。$v_{\text{PSD\_out}}$ 和 $w_{\text{PSD\_out}}$ 可以由图 1.2 中的光电流 I_{V1}、I_{V2},I_{W1} 和 I_{W2} 通过以下公式计算得出,即

$$v_{\text{PSD\_out}} = \frac{(I_{V1} - I_{V2})}{(I_{V1} + I_{V2})} \times 100\% = \frac{2}{L_P}\Delta v = \frac{4f}{L_P}\theta_Y \tag{1.5}$$

$$w_{\text{PSD\_out}} = \frac{(I_{W1} - I_{W2})}{(I_{W1} + I_{W2})} \times 100\% = \frac{2}{L_P}\Delta w = \frac{4f}{L_P}\theta_X \tag{1.6}$$

由式(1.5)和式(1.6)可以看出,二维 PSD 的灵敏度分别定义为 $v_{\text{PSD\_out}}/\Delta v$(或 $x_{\text{PSD\_out}}/\theta_Y$)和 $w_{\text{PSD\_out}}/\Delta w$(或者 $y_{\text{PSD\_out}}/\theta_X$)。它们主要由敏感长度决定并且不可调整。由于灵敏度与敏感长度成反比,因此优选敏感长度较短的 PSD,以便获得更高的灵敏度。在式(1.5)和式(1.6)中,当使用焦距为 40mm 的物镜时,0.01″的角 θ_X(或 θ_Y)对应的位置变化 Δw(或 Δv)约为 4nm。假定角度传感器所需的分辨率为 0.01″,动态范围(测量范围/分辨率)为 10000,那么经过计算,对应这一测

量范围的角度传感器首选的 PSD 灵敏长度约为 40μm。然而,通常商业上可用的 PSD 只具有几毫米的敏感长度,这产生了不必要的大角度测量范围。考虑到用于拾取光电流的电流—电压转换放大器的实际信噪比(动态范围)一般不超过 10000,由于测量范围和动态范围的限制,难以实现所需的角度检测分辨率。确定 PSD 分辨率的另一个参数是噪声电流,二维 PSD 的噪声电流水平比一维 PSD 的大几倍,从这个角度来看,使用一维 PSD 代替二维 PSD 更为可行。然而,检测任何二维角度的信息必须使用两个敏感方向垂直排列的一维 PSD,这会导致更加复杂的结构,同时每个 PSD 敏感轴的未对准也会增加测量不确定度。此外,分辨率基本上由敏感长度和动态范围所决定,因此一维 PSD 的分辨率和二维 PSD 一样,也不够高。

另一种可能的光电探测器是象限光电二极管(QPD)[10-11]。如图 1.3 所示, QPD 放置在物镜的焦点处或稍微远离物镜的焦点,以便在 QPD 上产生宽度为 D_S 的光斑。

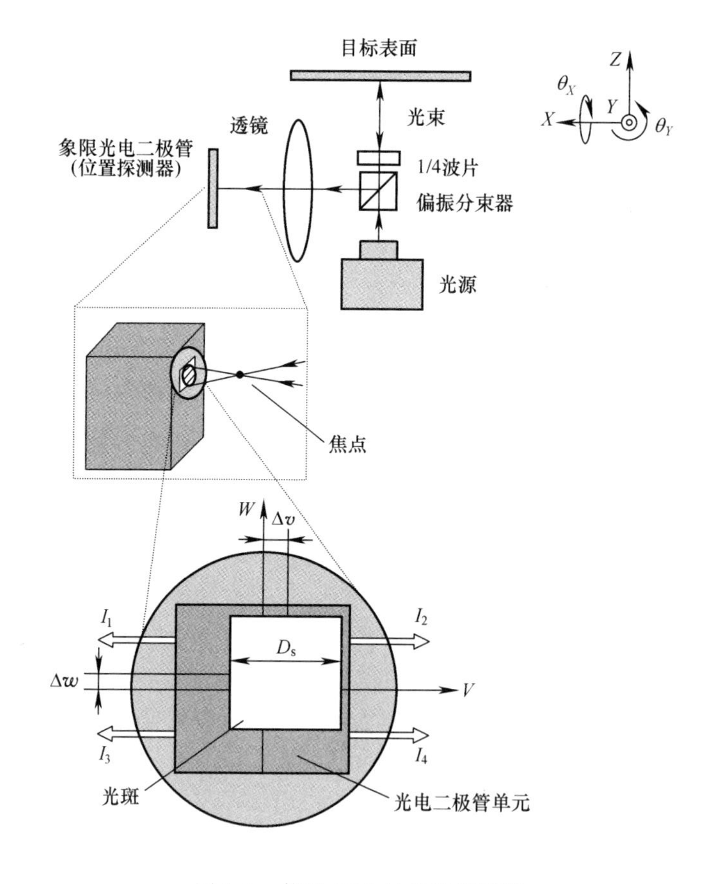

图 1.3　使用 QPD 的角度传感器

为了简单起见,假设光斑的形状是矩形且光斑的强度分布是均匀的,光斑的二维位置可以通过以下方式计算:

$$v_{\mathrm{QPD\_out}} = \frac{(I_1 + I_3) - (I_2 + I_4)}{(I_1 + I_2 + I_3 + I_4)} \times 100\% = \frac{2}{D_{\mathrm{S}}}\Delta v = \frac{4f}{D_{\mathrm{S}}}\theta_Y \tag{1.7}$$

$$w_{\mathrm{QPD\_out}} = \frac{(I_1 + I_3) - (I_2 + I_4)}{(I_1 + I_2 + I_3 + I_4)} \times 100\% = \frac{2}{D_{\mathrm{S}}}\Delta w = \frac{4f}{D_{\mathrm{S}}}\theta_X \tag{1.8}$$

式中:I_1、I_2、I_3、I_4分别为来自 QPD 单元的光电流。

可以看出,QPD 对位置和/或角度的检测灵敏度与 QPD 灵敏窗口上的光斑宽度成反比。光斑宽度是 QPD 位置相对于沿着自动准直单元光轴的物镜焦点位置的函数。因此,通过调整 QPD 的位置,可以获得适当的位置和/或角度检测的测量范围/灵敏度。

使用这种技术可以实现高灵敏度和分辨率。应该指出的是,如果光斑的形状不是矩形而是圆形的,式(1.7)和式(1.8)中所示的关系将变为非线性,光束的强度分布同样也会影响线性关系。

图 1.4 所示为一个角度传感器的示意图,用来证明使用 QPD 作为位置光电探测器的可行性。该传感器使用波长为 780nm 的激光二极管(LD)作为光源,激光二极管单元输出直径为 1mm 的准直光束,为了紧凑起见,使用短焦距为 40mm 的消色差透镜作为物镜。采用一个 QPD 作为光电探测器来检测二维角度信息。在同一传感器中还使用了另一个一维 PSD 来检测关于 Y 轴的一维角度信息,从而可以通过实验来比较使用光电二极管(PD)和 PSD 时的灵敏度。穿过物镜的光束被分成两束,分别由 QPD 和 PSD 接收,PSD 的敏感长度为 2.5mm(这是市场上最短的),传感器的尺寸设计为 90mm(X)×30mm(Y)×60mm(Z)。

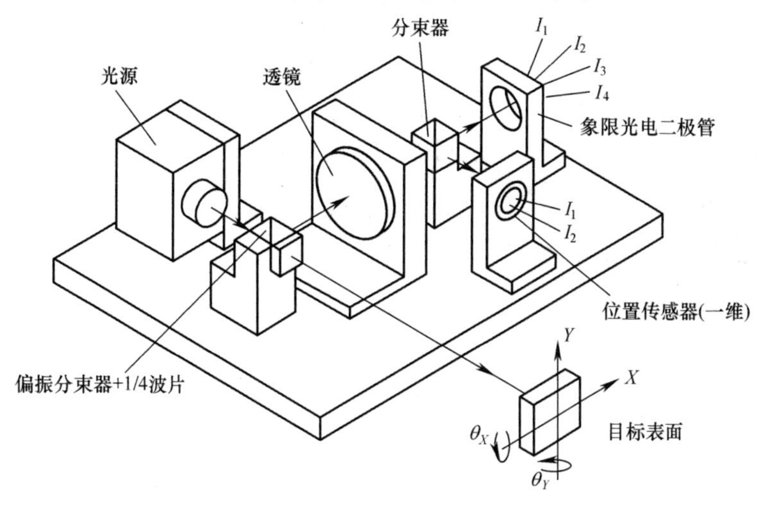

图 1.4 带有 QPD 和一维 PSD 的角度传感器

图 1.5 显示了使用 QPD 的二维角度传感器的校准结果,其中,使用了分辨率为 0.05″的商用自准直仪作为参考。如图 1.4 所示,安装在手动倾斜台上的目标表面可以手动分别围绕 X 轴和 Y 轴倾斜,角度传感器和自准直仪可以同时检测倾斜角度。横轴显示由自准直仪测量的角度,以角秒为单位;纵轴显示角度传感器的输出百分比,在式(1.7)和式(1.8)中定义了这些百分比。从图 1.5 可以看出,使用 QPD 的角度传感器能够检测大约 200″范围内的二维倾角。

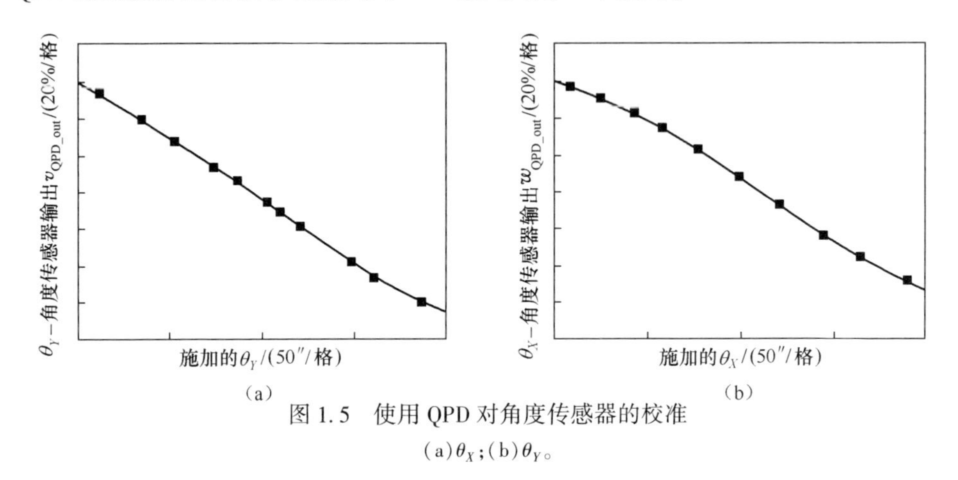

图 1.5 使用 QPD 对角度传感器的校准

(a)θ_X;(b)θ_Y。

图 1.6 显示了使用 QPD 和一维 PSD 时对应的传感器输出的比较。由于一维 PSD 只能检测绕 Y 轴的倾斜,因此只能用 QPD 的 V 方向输出与之进行比较。这里我们应该注意,图中的两个垂直比例彼此相差 10 倍。可以看出,使用 QPD 时的灵敏度比使用 PSD 时的灵敏度约高 30 倍。

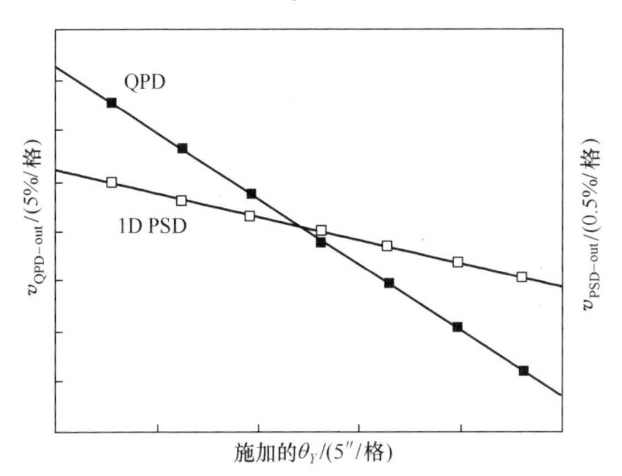

图 1.6 使用 QPD 和一维 PSD 时角度传感器输出的比较

具有 QPD 的角度传感器常用于测量运动轴沿其 Z 轴方向的空气静力轴承线性平台(空气滑块)的 Y 轴(偏转)和 X 轴(俯仰)的倾斜误差运动。图 1.7 和

图 1.8分别显示了测量结果和实验装置。为了便于比较,同时采用了分辨率为 0.1″的商用自准直仪来测量倾斜误差运动。角度传感器和自准直仪的反射镜安装在线性平台的移动板上。移动板首先向前移动 50mm,然后保持静止,最后再向右移动 50mm 回到起点。从图 1.7 中可以看出,测量到平台在向前运动期间具有约 1″的偏转误差运动和俯仰误差运动。倾斜误差运动与平台移动板的加速度有关,当移动板保持静止时,移动板的倾斜误差运动约为 0.1″,这接近加速期间的 1/10。当移动板返回时,倾斜误差运动具有与向前运动期间相同的幅度,但倾斜方向不同。这对应于来自电动机的正向驱动力与反向驱动力之间的方向差异。与自准直仪相比,角度传感器也显示出了更低的噪声水平。

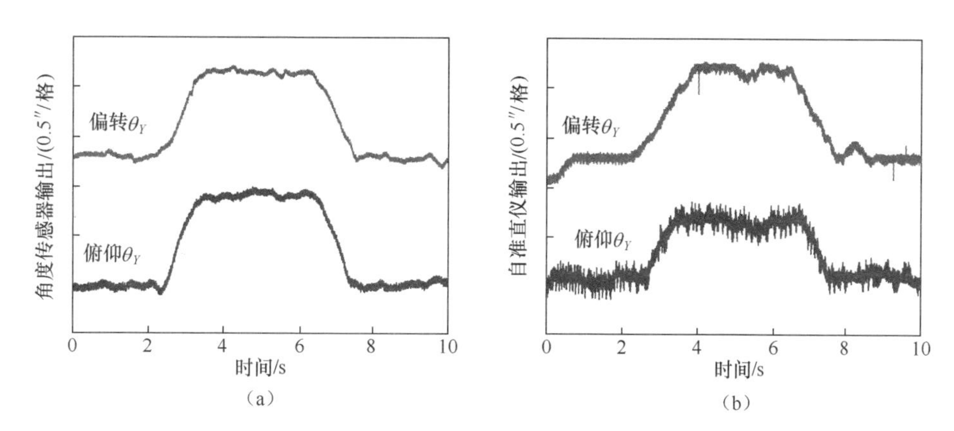

图 1.7　使用角度传感器和商用自准直仪测量倾斜误差运动

(a)具有 QPD 的角度传感器的结果;(b)自准直仪的结果。

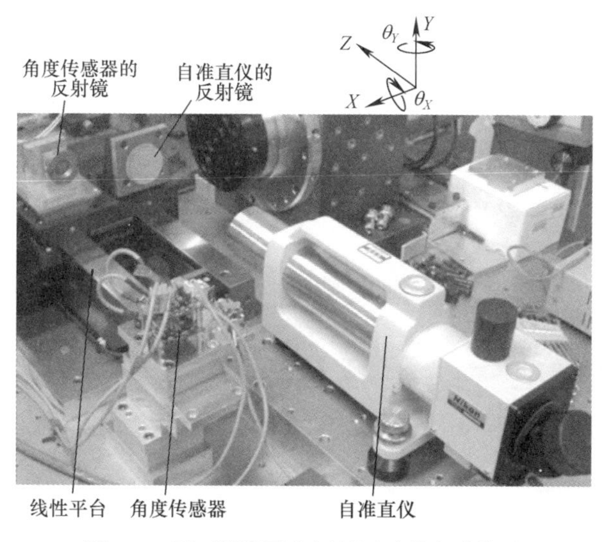

图 1.8　用于测量平台倾斜运动的实验装置

角度传感器也可以用作检测表面局部斜率的斜率传感器[12-16]。图 1.9 显示了通过使用斜率传感器测量硅晶圆衬底的扫描系统的示意图。该系统由一个晶圆主轴,一个二维斜率传感器和一个线性平台组成。主轴轴线沿 Z 轴方向,线性平台沿 X 轴移动。斜率传感器可以检测绕 X 轴和 Y 轴的二维表面斜率。

晶圆表面上采样点的坐标如图 1.10 所示。X 方向上采样位置编号为 $x_i(i=1,2,\cdots,M)$。在每个采样位置 x_i 处,通过斜率传感器检测沿着同心圆的点处的二维表面局部斜率。沿着圆圈的采样位置编号为 $\theta_j(j=1,2,\cdots,N)$。Y 轴输出的 $\mu_Y(x_i,\theta_j)$ 可以表示为

$$\mu_Y(x_i,\theta_j)=f'_Y(x_i,\theta_j)+e_{CX}(x_i)+e_{SX}(x_i,\theta_j) \tag{1.9}$$

式中:$e_{CX}(x_i)$ 为传感器托架的滚动误差;$e_{SX}(x_i,\theta_j)$ 为晶圆主轴绕 X 轴的倾斜运动分量。术语 $f'_Y(x_i,\theta_i)$ 为晶圆表面的 Y 方向的局部斜率,其定义为

$$f'_Y(x_i,\theta_j)=\partial f(x,\theta)/\partial y \tag{1.10}$$

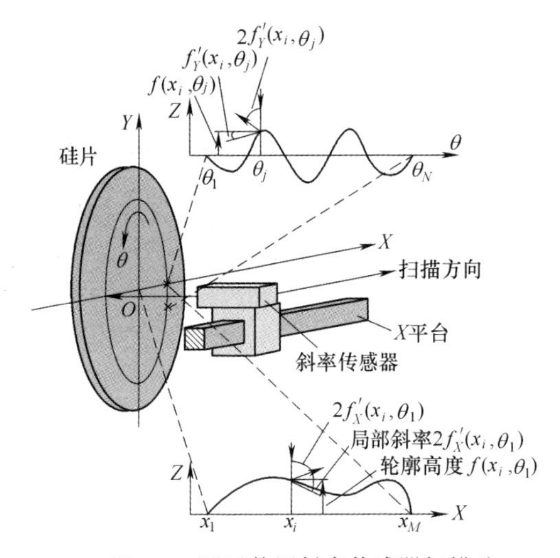

图 1.9　通过使用斜率传感器扫描硅晶圆的局部斜率轮廓

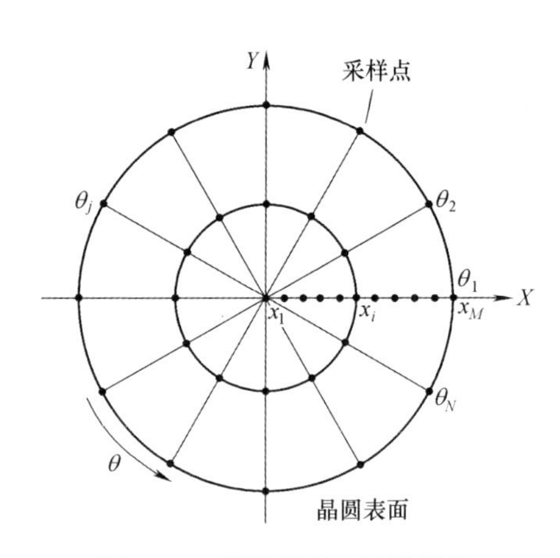

图 1.10　晶圆表面上的采样点

假设传感器的摆动误差和主轴的倾斜运动足够小或可以预补偿,则

$$\mu_Y(x_i,\theta_j)=f'_Y(x_i,\theta_j) \tag{1.11}$$

对于一个固定的 $x_i(i=2,3,\cdots,M)$,晶圆部分沿第 i 个同心圆的高度分布 $f(x_i,\theta_j)$ 可以由下式计算得出:

$$f(x_i,\theta_j)=\sum_{t=2}^{j}\mu_Y(x_i,\theta_j)(\theta_t-\theta_{t-1})x_i+f(x_i,\theta_1),\qquad j=2,3,\cdots,N \tag{1.12}$$

式中：$f(x_i,\theta_1)(i=2,3,\cdots,M)$ 为沿 X 轴的轮廓高度。

为了从式(1.12)中获得沿着同心圆的轮廓 $f(x_i,\theta_j)$ 的晶圆表面的整个轮廓，斜率传感器的 X 输出用于确定 $f(x_i,\theta_1)(i=1,2,\cdots,M)$ 的值。对应于 Y 轴倾斜的斜率传感器的 X 轴输出的 $\mu_X(x_i,\theta_1)$，可以表示为

$$\mu_X(x_i,\theta_1)=f'_X(x_i,\theta_1) \tag{1.13}$$

假设传感器托架的偏航误差足够小或可以预补偿，那么术语 $f'_X(x,\theta)$ 定义为晶圆表面的 X 方向的局部斜率，即

$$f'_X(x,\theta)=\partial f(x,\theta)/\partial x \tag{1.14}$$

因此沿径向的截面轮廓 $f(x_i,\theta_1)$ 可以由下式计算：

$$f(x_i,\theta_1)=\sum_{t=2}^{j}\mu_X(x_t,\theta_1)(\theta_t-\theta_{t-1}),f(x_1,\theta_1)=0,\quad i=2,3,\cdots,M \tag{1.15}$$

硅晶圆的整个表面轮廓（高度图）可以通过组合式(1.12)和式(1.15)中的两个结果来获得。

图1.11展示的是实验系统。在该系统中，使用旋转编码器将晶圆垂直真空吸附在空气主轴上，并且采用线性编码器把斜率传感器安装在线性电机驱动气动滑块上。主轴和滑块通过RS-232C由个人计算机（PC）控制，传感器输出通过16位A/D转换器输入PC，由旋转编码器和线性编码器确定采样位置，样本为直径300mm的抛光硅晶圆衬底。图1.12显示了斜率传感器分别沿圆周方向和径向方向的输出，称为斜率图。图1.13显示了基于式(1.12)和式(1.15)的评估高度轮廓。测量晶圆的平面度约为10.7μm。

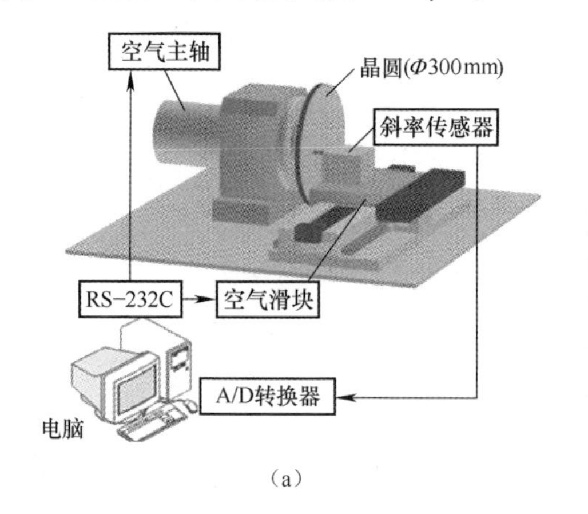

(a)

(b)

图1.11　晶圆平整度的实验系统
(a)示意图；(b)实物照片。

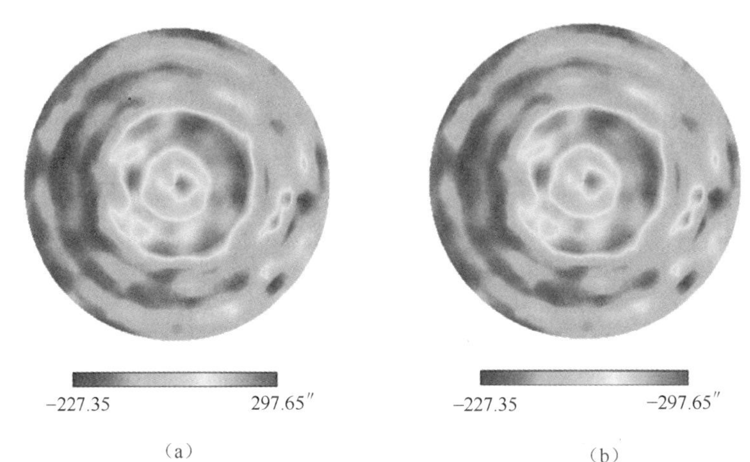

图 1.12　测量晶圆表面的斜率图
(a)圆周方向;(b)径向方向。

图 1.13　测量硅晶圆的高度图(不平坦度)

1.3　带有光电二极管阵列的角度传感器

如 1.2 节所述,在使用 QPD 或双单元 PD 的情况下,角度测量分辨率和范围均由 PD 上的光斑尺寸决定。光斑尺寸越小,分辨率越高,但范围越小。获得更高的分辨率就意味着要缩小范围,这对于大角度变化测量而言是个问题。本节介绍了一种采用多单元 PD 阵列[17]来替代双单元 PD 或 QPD 的角度传感器,以在保持分辨率的同时实现更大的测量范围。

图 1.14 显示了具有一维多单元 PD 阵列的角度传感器的示意图,用于测量 θ_Y

的倾角，其基本结构与 1.2 节所示的基本结构相同。该结构中，将多单元 PD 阵列放置在物镜的焦点位置，以检测焦平面上光斑在 V 方向的位移 Δv。多单元 PD 阵列的多个 PD 单元在 VW 平面中沿着 V 方向排列。V 轴的原点以及光斑的初始位置位于单元 1 和单元 2 之间的间隙中心。

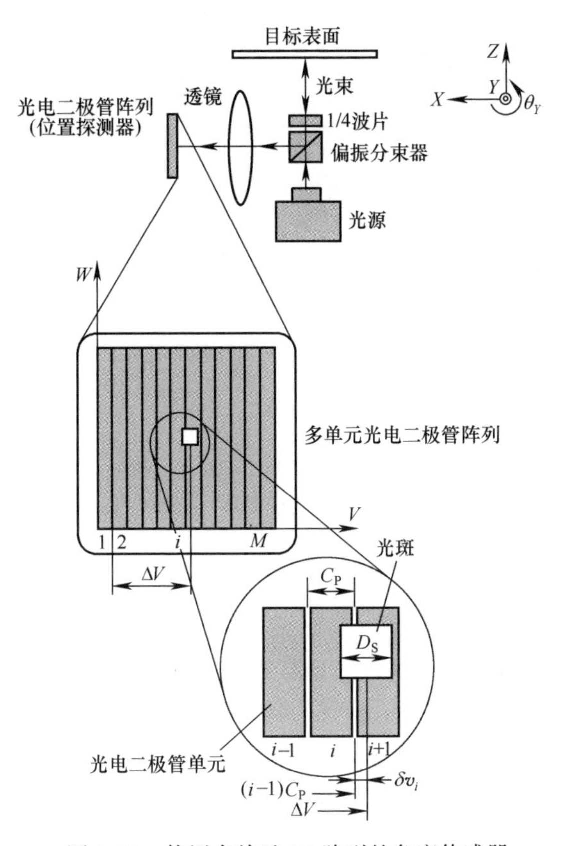

图 1.14　使用多单元 PD 阵列的角度传感器

假设每个单元的宽度是 C_P，单元的总数是 M，如果光斑位于单元 i 和 i+1 上，基于双单元 PD 的位置感测原理，则光斑相对于单元 i 和单元 i+1 间隙中心的位置 δv_i，可以由下式计算：

$$\delta v_i = \frac{I_{i+1} - I_i}{I_{i+1} + I_i} \cdot \frac{D_S}{2}, \qquad i = 1,2,\cdots,M-1 \tag{1.16}$$

式中：I_i和 I_{i+1}分别为单元 i 和单元 i+1 的光电流；D_S为光斑的直径。

为了清楚起见，忽略由光斑的非矩形形状引起的非线性，同时也没有考虑间隙的宽度造成的影响。从式(1.16)可以看出，测量 δv_i时，其灵敏度和范围是由光斑直径决定的，因此有必要减少 D_S以获得更高的分辨率，但这又会导致范围的缩小。

为了提高分辨率和范围,单元宽度 C_P设计成等于或略小于直径 D_S,在这种情况下,式(1.16)中的 D_S可以用 C_P代替。另外,当光斑沿着 V 方向移向多单元 PD 时,光斑将驻留在 PD 敏感区域内的任何位置处的两个单元上,使得位置 ΔV 可以通过下式计算:

$$\Delta V = (i-1)C_P + \delta v_i \tag{1.17}$$

$$\theta_Y = \frac{\Delta V}{2f} = \frac{(i-1)C_P + \delta v_i}{2f} = \frac{(i-1)C_P}{2f} + \Delta\theta_{Yi}, \quad i = 1,2,\cdots,M-1 \tag{1.18}$$

式中:$\Delta\theta_{Yi}$是由单元 i 和单元 $i+1$ 检测到的对应于传统的双单元 PD 的角度分量,可表示为

$$\Delta\theta_{Yi} = \frac{\delta v_i}{2f} = \frac{I_{i+1} - I_i}{I_{i+1} + I_i} \cdot \frac{C_P}{4f} = V_{\text{Array\_out\_}i} K_\theta, \qquad i = 1,2,\cdots,M-1 \tag{1.19}$$

式中:$V_{\text{Array_out_}i}$显示了传感器输出的相对变化;K_θ对应于角度检测的灵敏度,可表示为

$$V_{\text{Array\_out\_}i} = \frac{I_{i+1} - I_i}{I_{i+1} + I_i} \times 100\% \tag{1.20}$$

$$K_\theta = \frac{C_P}{4f} \tag{1.21}$$

因此,在保持分辨率的前提下,与双单元 PD 相比,这一方法的角度测量范围可以提高 $M-1$ 倍。常数 K_θ可以通过校准过程来确定,D_S由物镜的数值孔径和像差决定。图 1.15 是用于测试 PD 阵列的角度传感器的照片。投射到目标反射镜上的光束直径为 0.8mm,物镜的焦距为 30mm,数值孔径计算值为 0.027。图 1.16 显示了光束分析仪检测到的物镜焦平面上光斑的强度分布。光斑具有典型的高斯分布,直径 $D_S \approx 50\mu m$。

然而,由于商用 PD 阵列具有较大的单元宽度(约 1mm),单元之间大的间隙也有大约 100μm,这不适用于精密角度传感器。因此,特别设计和制造了多单元 PD 阵列。图 1.17 显示了多单元 PD 阵列敏感区域的几何形状。基于图 1.16 中所示的聚焦光斑 D_S的直径的测量结果,确定了单元之间的间距——单元之间的间隙和每个单元的宽度之和。根据设备能力,单元之间的差距设计为 5μm,每个 PD 单元的宽度设计为 40μm,因此,单元宽度和两倍间隙的总和等于光斑直径。两个相邻单元间检测到的角度范围计算能达到 156″,因此单元数设计为 16 个,PD 阵列总的角度检测范围为 2340″。由于单元长度不是关键因素,为了便于对准,设计为 1mm。矩形接触孔的长度为 20μm,铝电极和导线的宽度与单元宽度相同,都为 40μm。为了避免导线之间的接触,相邻两个 PD 单元的导线连接到单元的不同端。

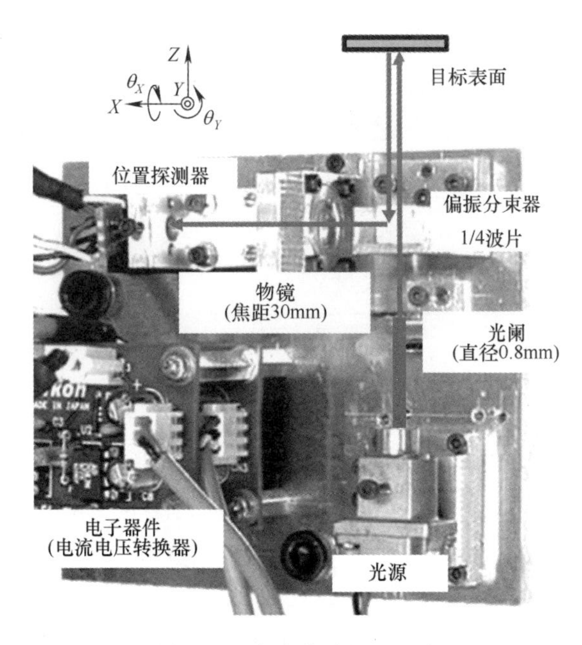

图 1.15　角度传感器的照片

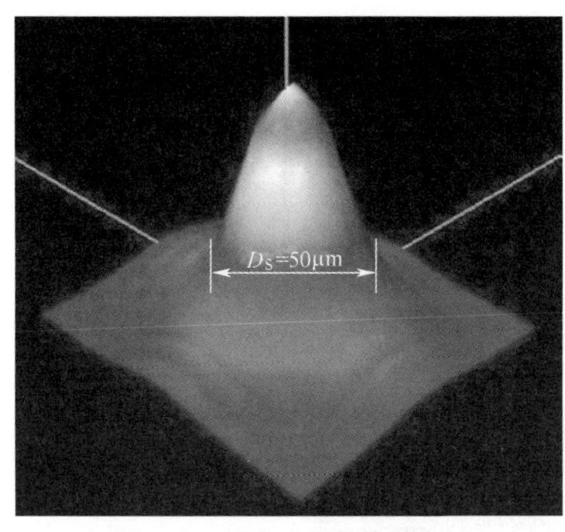

图 1.16　聚焦光斑的强度分布

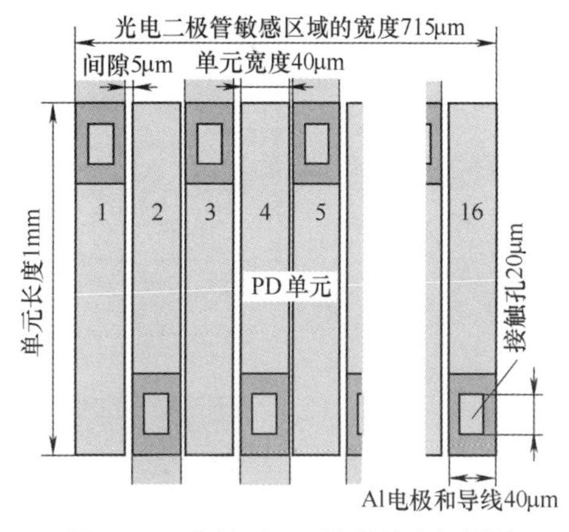

图 1.17　多单元 PD 阵列的几何设计

图 1.18 显示了制造 PD 阵列的流程图,图 1.19 显示了带有电极的一维 PD 阵列。图 1.20 和图 1.21 分别显示了制成的一维 PD 阵列的敏感区域和安装 PD 阵列的电路板的照片。

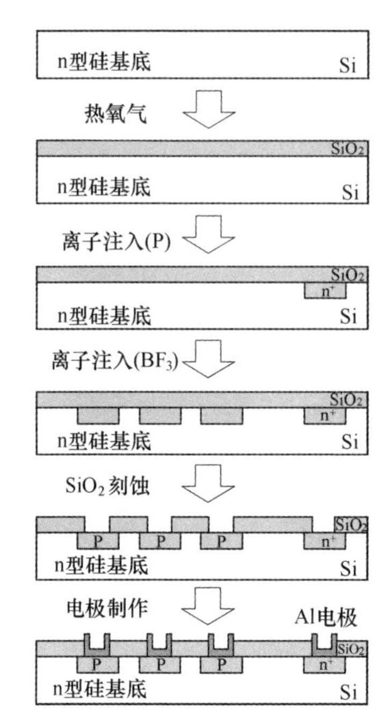

图 1.18　多单元 PD 阵列的工艺流程图

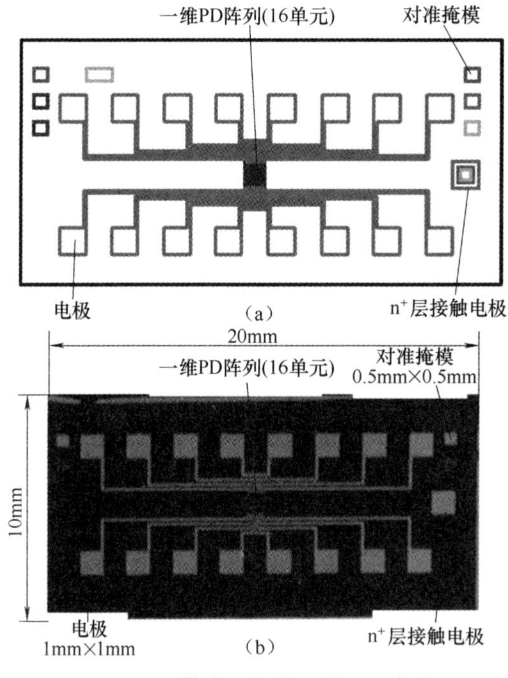

图 1.19　带有电极的一维 PD 阵列

(a)示意图;(b)照片。

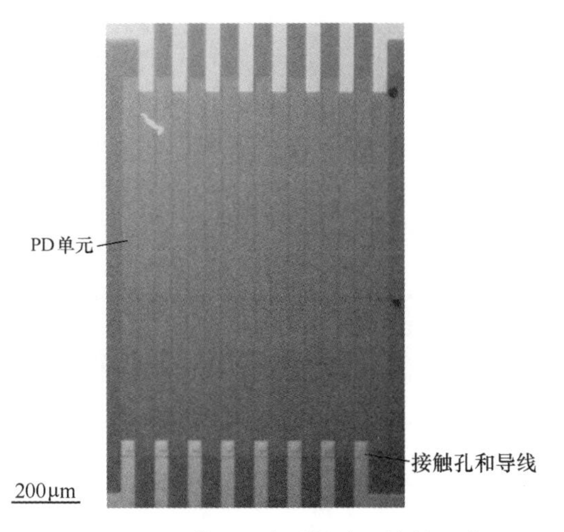

图 1.20　一维 PD 阵列敏感区域的照片

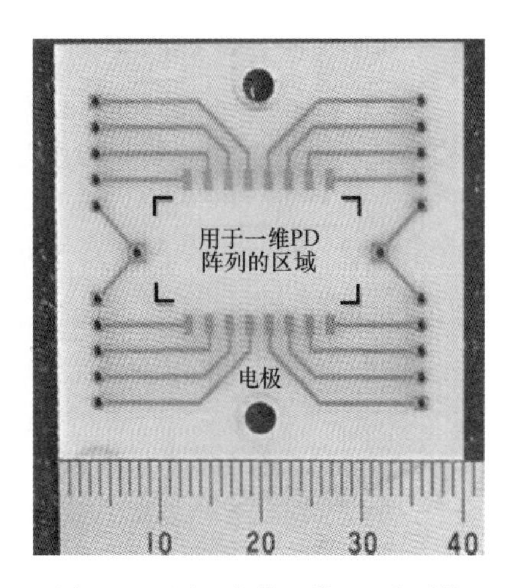

图 1.21　用于安装一维 PD 阵列的电路板的照片

通过实验来测试多单元阵列作为光位置检测器的角度传感器。从图 1.22 可以看出，两个反射镜安装在倾斜台上：一个用于角度传感器；另一个用于商用自准直仪。通过角度传感器和自准直仪来同时检测倾斜台的倾斜角度 θ_Y，并对这两个数据进行比较。自准直仪的物镜焦距为 430mm，分辨率和范围分别为 0.1″和 1200″。尺寸为 440mm×80mm×146mm。

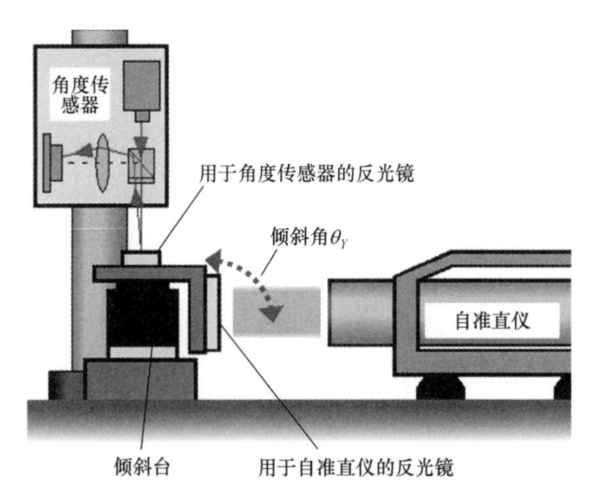

图 1.22　角度检测的实验装置

图 1.23 和图 1.24 显示了采用 PZT 驱动倾斜台的分辨率测试结果。在图 1.23所示的测试中，平台以幅度约为 0.3″进行周期性倾斜。考虑到自准直仪响

应慢的问题，在 PZT 级施加了一个 0.5Hz 的信号。从图中可以看出，角度传感器的响应比自准直仪要好得多，这表明角度传感器具有更高的分辨率。传感器输出幅度的变化是由开环控制下的台架倾斜运动的不稳定性引起的。图 1.24 显示了振幅降低到大约 0.02″，信号频率也增加到 50Hz 时的结果。从中可以看出，自准直仪无法检测到这样小的倾斜角度，但角度传感器仍然很好地跟随倾斜运动产生相应的输出。评估角度传感器的分辨率大约为 0.01″。主要由传感器电子部件确定的角度传感器的带宽被设置约为 1.6kHz。

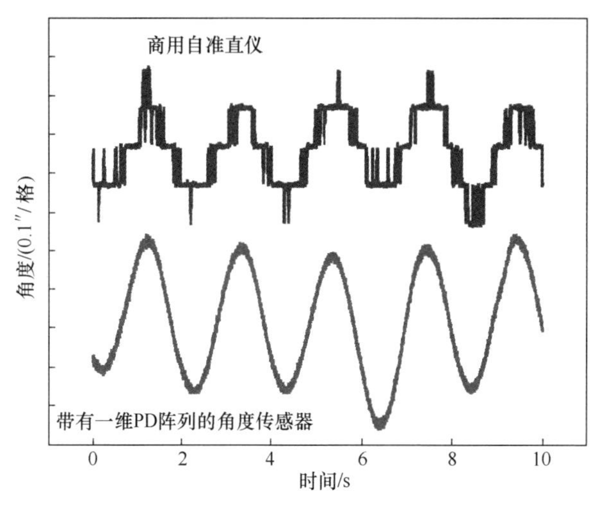

图 1.23　与商用自准直仪进行比较

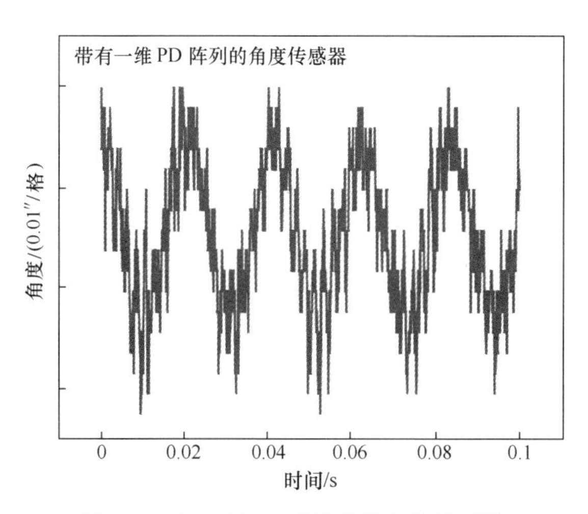

图 1.24　用一维 PD 阵列分辨角度传感器

图 1.25 显示了角度传感器测量范围的测试结果。因为 PZT 驱动的倾斜台的

移动范围比带 PD 阵列的角度传感器的测量范围要小，所以采用了一个具有较大的倾斜范围(5°)和 1″分辨率的步进电机驱动的倾斜台，取代了图 1.22 所示的 PZT 驱动的倾斜台。该平台采用这种倾斜方式，使得光斑从单元 1 能够移动穿过 PD 阵列到单元 16。使用相邻的 PD 单元对的光电流计算式(1.20)中的相对传感器输出 $V_{\text{Array\_out\_}i}$。从图 1.25 可以看出，可以通过每对相邻 PD 单元来评估倾角，并且通过采用全部 16 个单元，测量范围能够改进到大约 2300″。

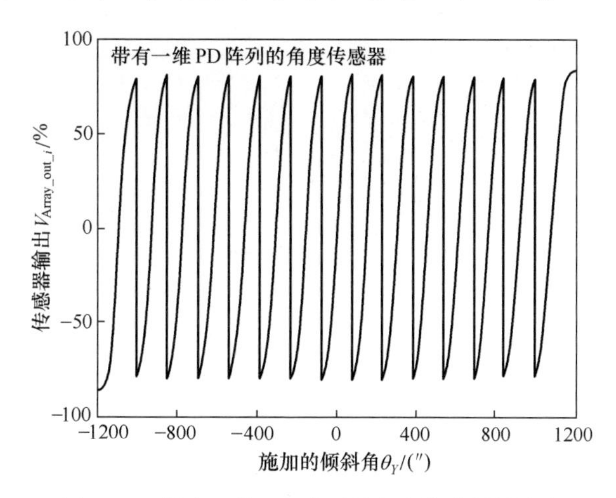

图 1.25　带有一维 PD 阵列的角度传感器的输出

单元 8 和单元 9 的输出 $V_{\text{Array\_out\_8}}$ 如图 1.26 所示，$V_{\text{Array\_out\_8}}$ 的范围是 155″。由于圆形光束横截面造成的非线性约为 27″，为了比较，在相同的角度传感器中也使用商用双单元 PD，单元宽度为 300μm，比 50μm 光斑直径大得多。单元之间的

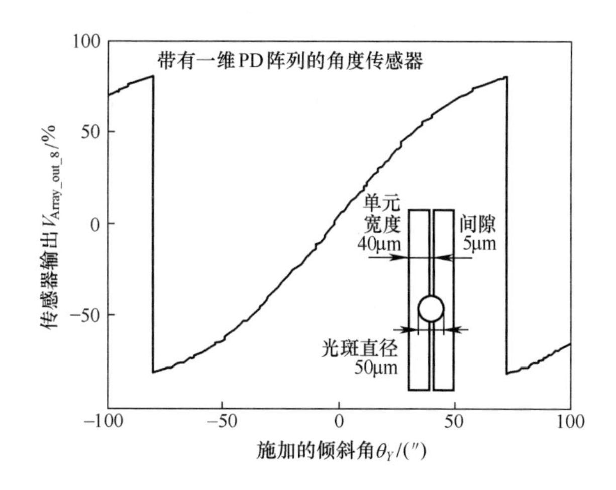

图 1.26　一维 PD 阵列中两个相邻 PD 单元之间的角度传感器输出

间隔是 10μm。图 1.27 中显示的传感器输出对应于式(1.7)中定义的传感器输出。从该图可以看出,有效范围几乎与图 1.26 所示的范围相同,表明范围基本上由双单元 PD 的光斑大小决定。在 160″的有效范围内的非线性大约是 32″。

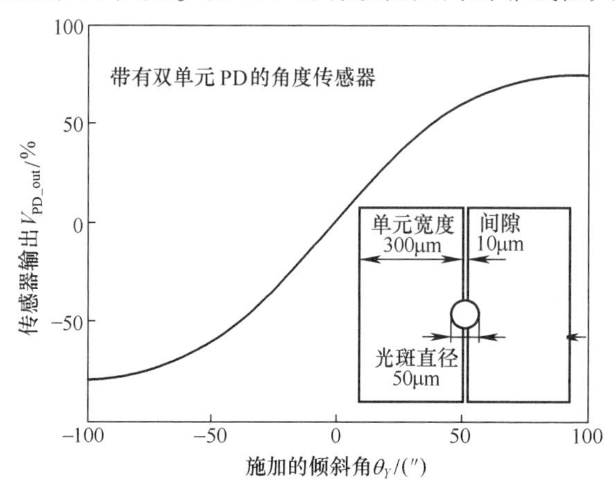

图 1.27 双单元 PD 之间的角度传感器输出

图 1.28 显示了一个制备好的具有 4×4 的二维 PD 阵列。可以通过使用二维 PD 阵列来检测倾斜角度 θ_Y和 θ_X。

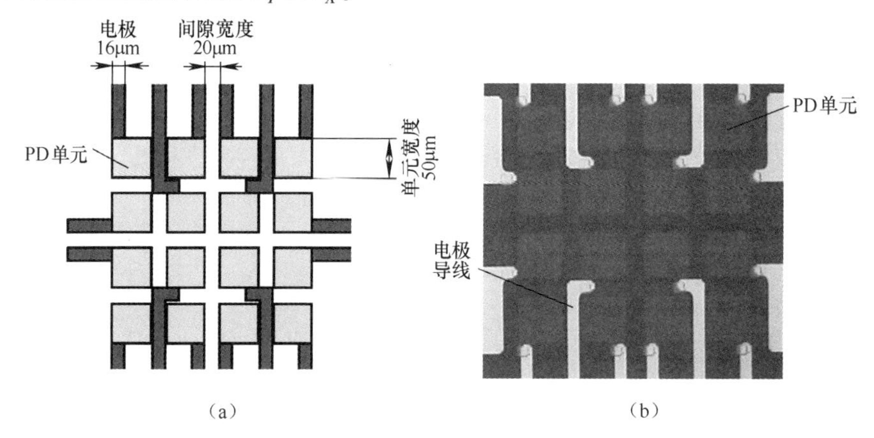

(a) (b)

图 1.28 制备的二维 PD 阵列

(a)几何尺寸;(b)图片。

1.4 带有单单元光电二极管的角度传感器

如前所述,在角度传感器中使用象限 PD 或双单元 PD 的情况下,QPD 上的光斑尺寸与 QPD 以及角度传感器的灵敏度有关。光斑尺寸越小,灵敏度越高。因此减小光斑尺寸来提高传感器灵敏度是有效的。但由于 PD 单元之间的间隙,这对光斑不敏感,因而最小光斑尺寸以及传感器灵敏度受限于 QPD 的 PD 单元之间的间隙尺寸。本部分介绍了一种使用单单元 PD 代替 QPD 作为光位置检测器的角度传感器,以便可以克服由 QPD 的 PD 单元之间的不敏感间隙造成的限制。在传感器中,可以减小光斑尺寸到衍射极限,以实现更高的角度检测灵敏度。

图 1.29 显示了使用单单元 PD 的角度传感器的示意图。该传感器有 3 个单

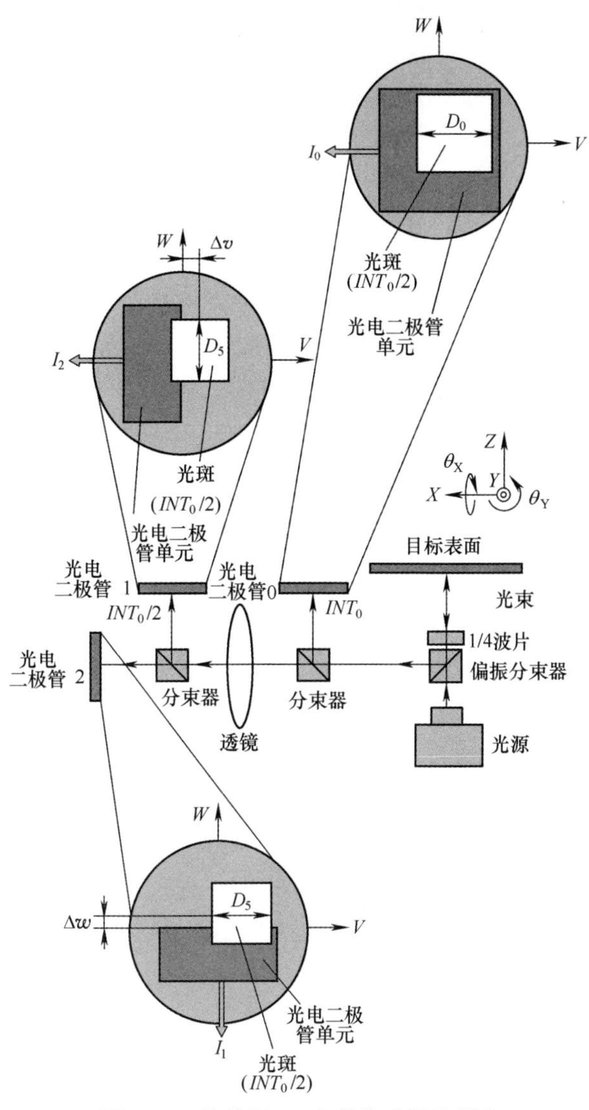

图 1.29　单单元 PD 角度传感器示意图

单元 PD,PD1 和 PD2 分别用于检测倾角分量 θ_Y和 θ_X,PD3 用于监测反射光束强度的变化。假设 PD3 接收的光束直径和光束强度分别为 D_0和 INT_0,位于镜头焦点位置的 PD1 和 PD2 接收到的光束直径和强度分别为 D_S和 $INT_0/2$。

如图 1.29 所示,围绕 Y 轴的倾斜运动 θ_Y将导致 PD1 上光斑产生位移 Δv。类似地,围绕 X 轴的倾斜运动 θ_X将导致 PD2 上光斑产生位移 Δw。假设 PD0 的敏感区域足够大,PD0 上的光斑不会移出敏感区域,则 PD 的输出电流可以表示为

$$I_0 \approx C_{on} \mathrm{INT}_0 \tag{1.22}$$

$$I_1 \approx C_{on} \frac{\mathrm{INT}_0}{2D_S} \Delta v = C_{on} \frac{\mathrm{INT}_0}{D_S} f\theta_Y \tag{1.23}$$

$$I_2 \approx C_{on} \frac{\mathrm{INT}_0}{2D_S} \Delta w = C_{on} \frac{\mathrm{INT}_0}{D_S} f\theta_X \tag{1.24}$$

式中:C_{on}为将光强度转换为 PD 电流的系数。

角度传感器的输出(除去 INT_0),可表示为

$$v_{\mathrm{SPD\_out}} = \frac{I_1}{I_0} \times 100\% = \frac{f}{D_S}\theta_Y \tag{1.25}$$

$$w_{\mathrm{SPD\_out}} = \frac{I_2}{I_0} \times 100\% = \frac{f}{D_S}\theta_X \tag{1.26}$$

改写式(1.25)和式(1.26)为

$$\theta_Y = K_{S\theta} v_{\mathrm{SPD\_out}} \tag{1.27}$$

$$\theta_X = K_{S\theta} w_{\mathrm{SPD\_out}} \tag{1.28}$$

其中

$$K_{S\theta} = \frac{D_S}{f} \tag{1.29}$$

称为角度检测的灵敏度。

图 1.30 显示了使用单单元 PD 的角度传感器的照片。在图 1.29 中,为简化描述,PD1 和 PD2 共享同一个镜头。由于需要使用短焦距镜头生成较小的 D_S,因此图 1.30 中的 PD1 和 PD2 使用了两个相同的镜头,另一个镜头放置在 PD0 的前方以减小直径 D_0。光源是波长为 685nm 的 LD,光源直径约为 5mm,透镜焦距为 7.5mm。每个 PD 的敏感区域大小为 1.1mm×1.1mm。基于光衍射理论,光斑 D_S的直径计算约为 1.25μm。该值小于 1.2 节中使用的 QPD 的 10μm 间隙,并且不能用于 QPD 角度传感器。

图 1.31 显示了实验结果,即灵敏度 $K_{S\theta} \approx 3\%/('')$。可以看出,使用单单元 PD 的传感器比使用 QPD 的角度传感器具有更高的灵敏度,如图 1.5 所示。

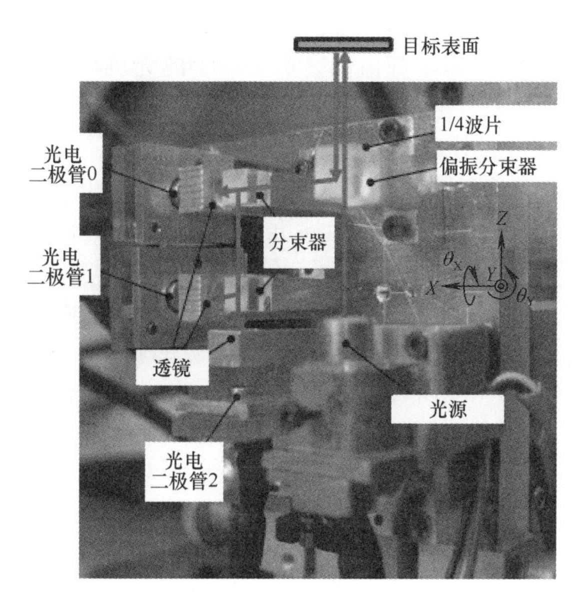

图 1.30　采用单单元 PD 的角度传感器的照片

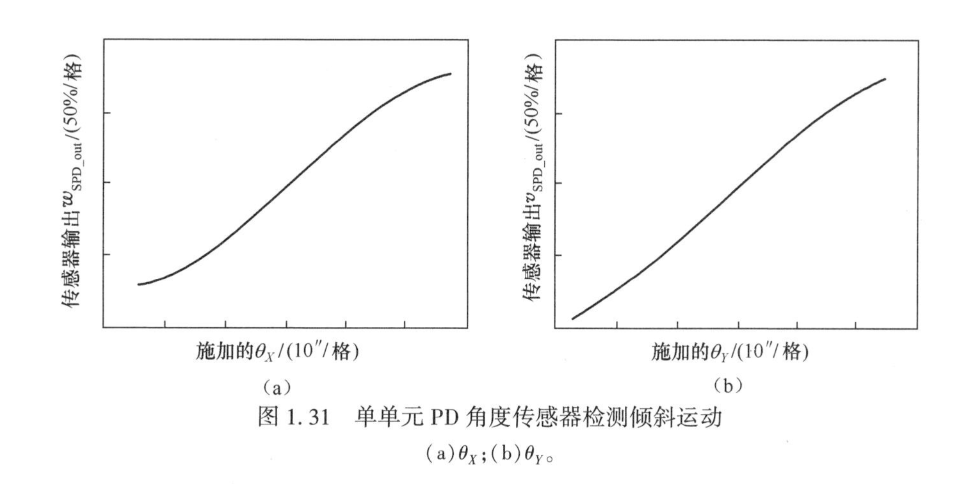

图 1.31　单单元 PD 角度传感器检测倾斜运动

(a)θ_X;(b)θ_Y。

1.5　小结

本章展示了使用不同类型的 PD 作为角度传感器中光位置检测器的方法。

第一种方法是采用象限 PD 法,证实了聚焦在 QPD 上的光斑直径是决定角度检测的范围和灵敏度的关键因素。较小的光斑可以产生较高的灵敏度,但会降低测量范围。

第二种方法采用多单元 PD 阵列作为光位置检测器。由于具有分离 PD 元件的角度传感器的范围和分辨率都由物镜焦平面上的光斑尺寸确定,而 PD 放置在物镜的焦平面上,因此该方法可以在不降低分辨率的情况下改善测量范围。多单元 PD 阵列的单元宽度设计成与光斑直径相同或略小,已经设计并制造了用于角度传感器的具有 16 个单元的 PD 阵列,实现了 5μm 的单元间隙。根据间隙宽度和光斑直径,单元 PD 的宽度设计为 40μm,角度传感器的测量范围约为 2300″,比使用传统的双单元 PD 时约大 15 倍。同时,该方法也设计和制造了二维 PD 阵列。

第三种方法讨论了使用单单元 PD,以进一步提高角度检测的灵敏度。该方法可以消除 QPD 或双单元 PD 中单元间不敏感间隙的影响。聚焦在光电探测器上的光斑可以像由光衍射限制所确定的光斑一样小。预计通过使用该技术可以实现更灵敏和更紧凑的角度传感器。

参考文献

[1] Estler WT, Queen YH (2000) Angle metrology of dispersion prisms. Ann CIRP 49(1): 415-418

[2] Farago FT, Curtis MA (1994) Handbook of dimensional measurement. Industrial Press, New York

[3] Yandayan T, Akgoz SA, Haitjema H (2002) A novel technique for calibration of polygon angles with non-integer subdivision of indexing table. Precis Eng 26(4):412-424

[4] Geckeler RD, Just A, Probst R, Weingartner I (2002) Sub-nm topography measurement using high-accuracy autocollimators. Technisches Messen 69(12):535-541

[5] Vermont Photonics Technologies Corporation (2010) http://www.vermontphotonics.com. Accessed 1 Jan 2010

[6] AMETEK Inc. (2010) http://www.taylor-hobson.com. Accessed 1 Jan 2010

[7] Jenkins FA, White HE (1976) Fundamentals of optics, chap 10. McGraw-Hill, New York

[8] Gao W, Kiyono S (1997) Development of an optical probe for profile measurement of mirror surfaces. Opt Eng 36(12):3360-3366

[9] Hamamatsu Photonics K. K. (2010) http://www.hamamatsu.com. Accessed 1 Jan 2010

[10] Bennett SJ, Gates JWC (1970) The design of detector arrays for laser alignment systems. J Phys E Sci Instrum 3:65-68

[11] OSI Systems Inc. (2010) http://www.osioptoelectronics.com. Accessed 1 Jan 2010

[12] Takacs PZ, Bresloff CJ (1996) Significant improvements in long trace profile measurement performance. SPIE Proc 2856:236-245

[13] Huang PS, Xu XR (1999) Design of an optical probe for surface profile measurement. Opt Eng 38(7):1223-1228

[14] Weingartner I, Schulz M (1999) Ultra-precise scanning technique for surface testing in the nanometric range. In: Proceedings of 9th International Conference on Precision Engineering,

Osaka, Japan, pp 311–316
[15] Weingartner I, Schulz M, Elster C (1999) Novel scanning technique for ultra-precise measurement of topography. SPIE Proc 3782:306–317
[16] Gao W, Huang PS, Yamada T, Kiyono S (2002) A compact and sensitive two dimensional angle probe for flatness measurement of large silicon wafers. Precis Eng 26(4):396–404
[17] Gao W, Ohnuma T, Satoh H, Shimizu H, Kiyono S (2004) A precision angle sensor using a multi-cell photodiode array. Ann CIRP 53(1):425–428

第2章 用于测量多轴倾斜运动的激光自准直仪

2.1 概述

纳米制造中使用的精确平台,包括线性平台和旋转平台,具有多轴倾斜误差运动。对于一个线性平台,倾斜误差运动通常指的是俯仰、偏航和侧倾误差运动,这会引起意想不到的阿贝误差[1-2]。因此,有必要通过使用角度传感器来评估和补偿阿贝误差,进而测量倾斜误差运动。传统上,通过使用白炽灯作为光源和使用CCD图像传感器作为光位置检测器的自准直仪进行俯仰角和偏航角的测量。如第1章所述,传统的自准直仪尺寸大,测量速度慢,不适合用于平台倾斜误差运动的动态测量。另外,传统的自准直仪不能检测滚动误差运动,该误差运动定义为围绕目标平面反射器的法向轴的角位移。因为相对于滚动误差运动而言,在光位置检测器上不会产生光斑位移。

首先,本章介绍了两种基于激光自准直的自准直仪[3-5],称为激光自准直仪,用于双轴俯仰和偏航误差运动的测量。与传统的自准直仪不同,激光自准直仪采用激光作为光源,激光光束被准直成直径小于几毫米的细平行光束。测量时,只需要安装一个小型目标反射镜,因而不会影响平台的动态测量。由于使用激光源,角度检测的灵敏度不再是物镜焦距的函数,从而导致传感器的尺寸更加紧凑。采用高带宽QPD作为光源位置检测器,这对于高速测量是非常重要的。

通过使用衍射光栅作为目标反射镜,激光自准直仪从双轴测量改进为三轴测量。目标的三轴角度测量是通过检测物镜焦平面上零阶和正负一阶衍射光斑的位移来进行的。计算三轴角分量的方法根据焦平面上的零阶和正负一阶衍射光斑的行为分为3类。

2.2 双轴激光自准直仪

图 2.1 显示了激光自准直的倾角检测原理。基本原理与第 1 章介绍的角度传感器相同，但光源仅限于激光。图中显示了相对 X 轴的倾角分量 θ_X 的检测结果。位于物镜焦点位置的 QPD 上 V 方向和 W 方向的聚焦激光光斑的直径可表示为

$$d_{vs} = \frac{2.44f_{\lambda}}{D_X} \tag{2.1}$$

$$d_{ws} = \frac{2.44f_{\lambda}}{D_Y} \tag{2.2}$$

式中：D_X 和 D_Y 分别为进入物镜的准直激光光束的 X 方向和 Y 方向的直径；λ 为激光的波长；f 为镜头的焦距。

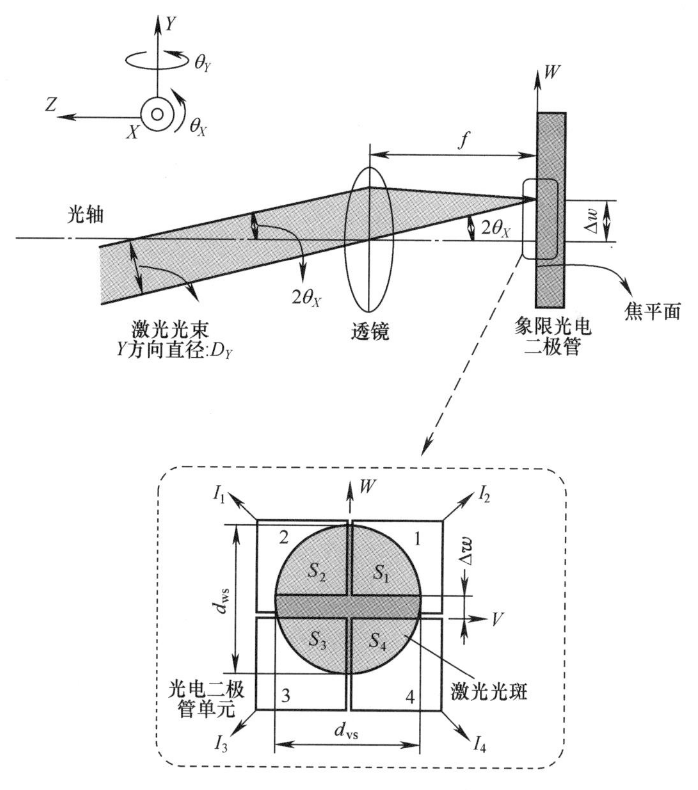

图 2.1 激光自动准直的原理(为了清晰起见，目标镜未在图中显示)

1、2、3、4—PD 单元；INT_1、INT_2、INT_3、INT_4—每个 PD 上的光功率；

I_1、I_2、I_3、I_4—每个 PD 的输出电流。

从图 2.1 可以看出,为响应倾角 θ_X,QPD 上的激光斑将沿着 W 轴移动 Δw 的位移。QPD 的输出可以写成:

$$
\begin{aligned}
w_{\text{QPD\_out}} &= \frac{(I_1 + I_2) - (I_3 + I_4)}{(I_1 + I_2 + I_3 + I_4)} \times 100\% \\
&= \frac{(\text{INT}_1 + \text{INT}_2) - (\text{INT}_3 + \text{INT}_4)}{(\text{INT}_1 + \text{INT}_2 + \text{INT}_3 + \text{INT}_4)} \times 100\%
\end{aligned} \tag{2.3}
$$

式中:INT_1、INT_2、INT_3、INT_4分别为由 PD 单元接收的光功率(强度);I_1、I_2、I_3、I_4分别为 PD 单元相应的电流输出。

当 θ_X较小时,单元 1、2 内的激光斑的面积与单元 3、4 内的激光斑的面积之间的差值可表示为

$$\Delta s_{\text{w}} = (S_1 + S_2) - (S_3 + S_4) = 2d_{\text{vs}}\Delta w \tag{2.4}$$

式中:S_1、S_2、S_3、S_4分别为 PD 单元上相应的激光光斑区域。

假定激光光斑具有均匀的强度分布,且 PD 单元之间的间隙为零,则每个 PD 单元接收的强度与相应的光斑面积成比例,因此式(2.3)可改写为

$$w_{\text{QPD\_out}} = \frac{(\text{INT}_1 + \text{INT}_2) - (\text{INT}_3 + \text{INT}_4)}{(\text{INT}_1 + \text{INT}_2 + \text{INT}_3 + \text{INT}_4)} \times 100\% = \frac{\Delta s_{\text{w}}}{S} \times 100\% \tag{2.5}$$

其中,

$$S = S_1 + S_2 + S_3 + S_4 = \frac{1}{4}\pi d_{\text{ws}} d_{\text{vs}} \tag{2.6}$$

式中:S 为 QPD 上的光斑区域。

联合式(2.4)、式(2.5)和式(2.6),可以得出

$$w_{\text{QPD\_out}} = \frac{\Delta s_{\text{w}}}{S} \times 100\% = \frac{8\Delta w}{\pi d_{\text{ws}}} \times 100\% \tag{2.7}$$

另外,基于自动准直原理,θ_X与 Δw 相关:

$$\theta_X = \frac{\Delta w}{2f} \tag{2.8}$$

将式(2.2)和式(2.8)代入式(2.7)得到

$$w_{\text{QPD\_out}} = \frac{8\Delta w}{\pi d_{\text{ws}}} \times 100\% = k_{\theta X}\theta_X \tag{2.9}$$

其中

$$k_{\theta X} = \frac{8}{1.22\pi} \cdot \frac{D_Y}{\lambda} \tag{2.10}$$

称为检测 θ_X的灵敏度,其是准直激光光束直径 D_Y和激光波长 λ 的函数。

类似地,用于检测 V 方向的 θ_Y的输出可以表示为

$$v_{\text{QPD\_out}} = k_{\theta Y}\theta_Y \tag{2.11}$$

其中，

$$k_{\theta Y}=\frac{8}{1.22\pi}\cdot\frac{D_X}{\lambda} \tag{2.12}$$

式中：$k_{\theta Y}$为检测 θ_Y的灵敏度。

与图 1.2、式(1.3)和式(1.4)中的基于传统自动准直的角度传感器不同，激光自准直仪的输出不再是镜头焦距的函数。这使得通过选择短焦距镜头来构建微型和敏感的角度传感器成为可能。

我们通过仿真来识别激光自准直仪的特性。在仿真中，假设 QPD 上的激光光斑是直径为 d 的圆形。图 2.2 显示了激光光斑的强度分布，假设其具有高斯分布[6]如下：

$$\mathrm{INT}(v,w)=\mathrm{e}^{\frac{8(v^2+w^2)}{d^2}} \tag{2.13}$$

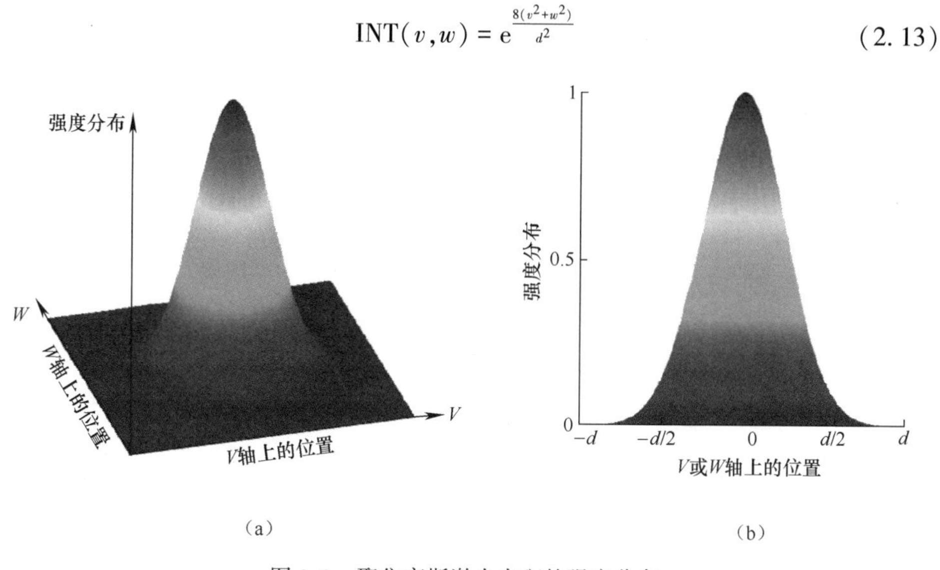

图 2.2　聚焦高斯激光光斑的强度分布

(a)三维表达；(b)二维表达。

从式(2.1)和式(2.2)可以看出，QPD 上聚焦激光光斑的直径与透镜的焦距成正比。镜头焦距越短，激光光斑直径越小。为了实现激光微激光自准直仪，需要使用焦距短的透镜，这会导致 QPD 上的激光光斑直径变小。另外一方面，QPD 的 PD 单元之间存在不敏感的间隙，当激光光斑直径较小时，PD 间的间隙可能是传感器设计的主要因素。我们开展了第一个仿真来研究 PD 单元之间的间隙的影响。在仿真中，光斑的总强度为 1mW。镜头的焦距为 10mm。进入镜头的激光光束的直径 $D(D=D_X=D_Y)$为 1mm。基于式(2.1)和式(2.2)，计算出聚焦在 QPD 上的激光光斑的直径 $d(d=d_{\mathrm{ws}}=d_{\mathrm{vs}})\approx 32\mu\mathrm{m}$。图 2.3 所示的 PD 单元之间的间隙为 10μm。

图 2.4 显示了激光自动准直仪的输出，PD 单元之间的间隙为 0 时的结果也显

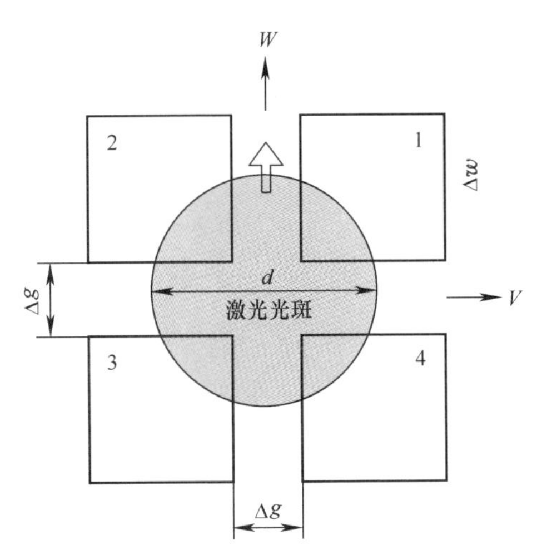

图 2.3　QPD 的 PD 单元之间的间隙

1、2、3、4—PD 单元。

示在图中以供比较。在模拟中，假设倾斜角 $\theta_Y=0$，激光光斑在 X 轴上移动以响应 θ_X，如图 2.3 所示。通过数值积分评估图 2.1 中所示的区域 S_1、S_2、S_3、S_4，以获得式(2.5)中所示的激光微自动准直仪的输出。

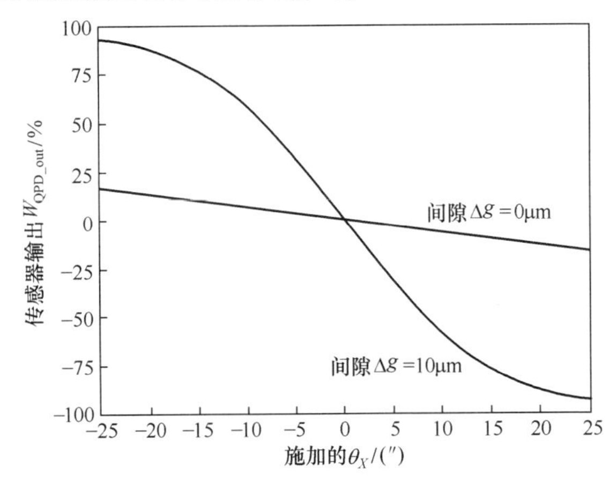

图 2.4　对不同 PD 间隙的传感器输出的仿真结果(QPD 位于镜头的焦平面处)

从图 2.4 可以看出，激光微自准直仪的输出特性受 PD 间隙 Δg 的影响很大。θ_X在−10″~10″的范围内，对应于图 2.4 中曲线斜率的传感器灵敏度在 $\Delta g=10\mu m$ 时比 $\Delta g=0\mu m$ 时更高。图 2.5 显示了 PD 单元接收到的激光光斑的光功率。由于聚焦激光光斑的强度具有图 2.2 所示的高斯分布，因此激光光斑的中心区域占据激光光斑的大部分光功率。由于这个原因，当 $\Delta g=10\mu m$ 时(图 2.5(b))，不仅每个 PD 单元接收到的光功率,而且所有 QPD 的 4 个 PD 单元接收到的总光功率,也变得比 $\Delta g = 0\mu m$ 时(图 2.5(a))的情况要小得多。另一方面,如图 2.5(a)所示,当 θ_X 发生变化时,式(2.5)中用于计算传感器输出的分母的总光功率几乎保持不变。然而,如图 2.5(b)所示,如果 PD 单元之间存在不敏感的间隙,则 θ_X 接近零时总光功率会减小,式(2.5)中分母的减少使得传感器输出施加的倾斜角曲线具有较大的斜率。当镜头的焦距发生图 2.6 所示进行变化时,可以观察到类似的现象。

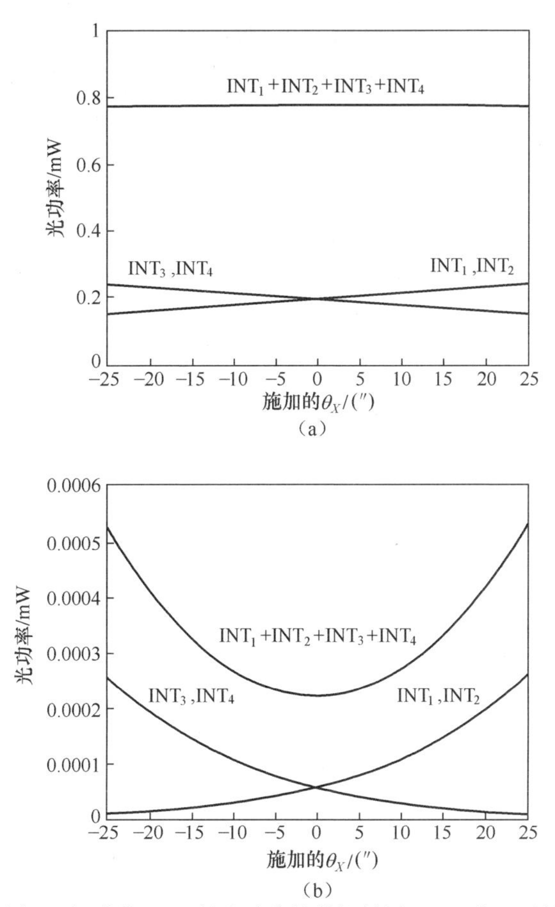

图 2.5 对不同 PD 间隙的 QPD 的光功率的模拟结果(QPD 位于透镜的焦平面)
(a)PD 间隙 $\Delta g = 0\mu m$;(b)PD 间隙 $\Delta g = 10\mu m$。

图 2.6 显示了 20mm 焦距的仿真结果,仿真中使用的其他参数与上面相同。图中还显示了 10mm 焦距的结果以供比较。从图 2.6(a)中可以看出,传感器的输出特性随着焦距的变化而变化,这与激光自准直的原理不同。传感器输出的灵敏度也与式(2.11)和式(2.12)所示的不同,焦距越长,传感器灵敏度越低。这与传感器的灵敏度与焦距成正比的传统自动准直不同。这些现象可以从图 2.6(b)中 PD 单元接收的光强度得到解释。如式(2.1)和式(2.2)所示,当焦距增加时,聚焦激光光斑的

尺寸变大,因此,图 2.6(b)中的强度大于图 2.5(b)中的强度。这使得传感器输出施加的倾斜角曲线在中心部分的斜率由于式(2.3)中所示的分割处理而变小。

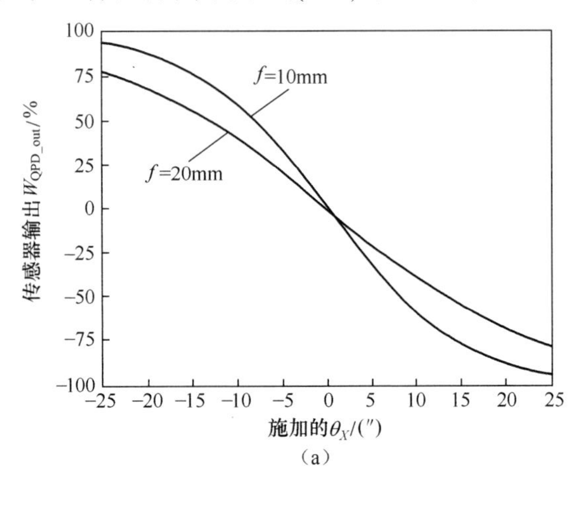

(a)

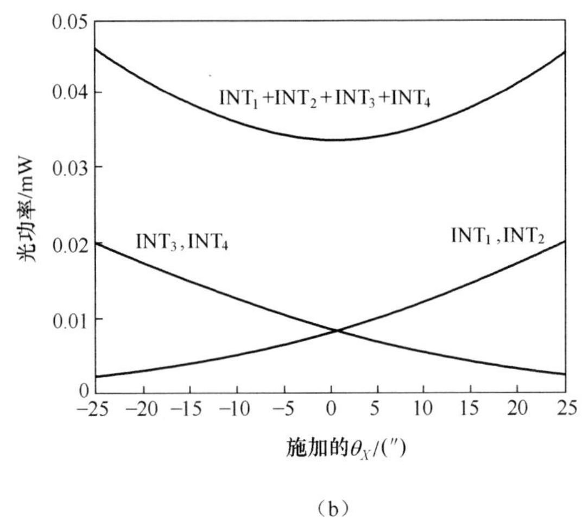

(b)

图 2.6 传感器输出对不同焦距镜头的仿真结果

(a)不同焦距的传感器输出(PD 单元间隙 $\Delta g=10\mu m$);

(b)由 PD 单元接收的光功率(镜头焦距 $f=20mm$,PD 单元间隙 $\Delta g=10\mu m$)。

尽管 PD 间隙能使激光微型自准直仪对检测倾斜角具有更高灵敏度,但 PD 单元的小电流输出将降低传感器的信噪比,使得传感器易受电子噪声攻击。为了解决这个问题,我们期望在不改变激光波长、准直激光光束的直径和透镜焦距的情况下,扩大 QPD 上的聚焦激光光斑的直径。这可以通过调整 QPD 沿镜头光轴的位置来实现,如图 2.7 所示。假设 QPD 距离透镜焦平面的偏移量为 Δz,QPD 上激光光斑的直径 d 可以表示为

$$d(\Delta z)=d_0\left[1+\left(\frac{4\lambda\Delta z}{\pi d_0^2}\right)^2\right]^{\frac{1}{2}} \tag{2.14}$$

式中：d_0为束腰处激光光斑的直径，在式(2.1)和式(2.2)中定义。

可以看出，d 是 Δz 的函数，d 可以通过增加 Δz 来扩大。

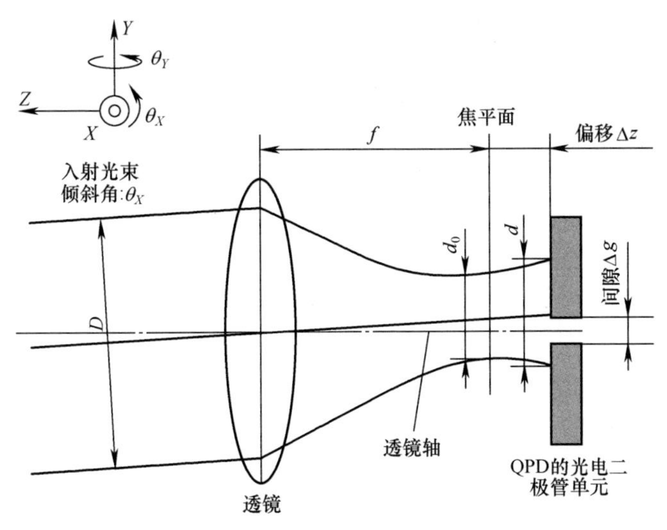

图 2.7　向 QPD 施加偏移的几何模型

图 2.8 显示了 $\Delta z=200\mu m$ 时的仿真结果。其他参数与上面相同，当 $\Delta z=0\mu m$ 时得到的结果也显示在图中用于比较。$\Delta z=200\mu m$ 时的传感器灵敏度低于 $\Delta z=0\mu m$ 时的传感器灵敏度。传感器输出的倾斜角曲线与 PD 单元之间的间隙尺寸为零时的曲线类似，如图 2.4 所示。图 2.9 显示了 PD 单元收到的光功率。如图 2.5(b)所示，与 $\Delta z=0\mu m$ 时相比，光功率显著增加，表明图 2.7 所示方法是有效的。

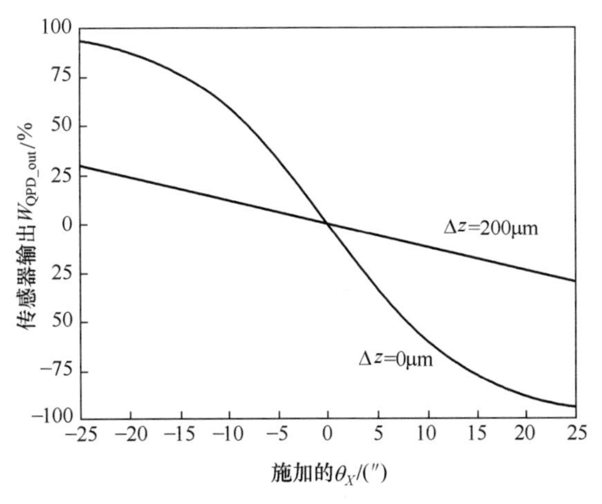

图 2.8　针对不同 QPD 偏移的传感器输出的仿真结果（PD 单元间隙 $\Delta g=10\mu m$）

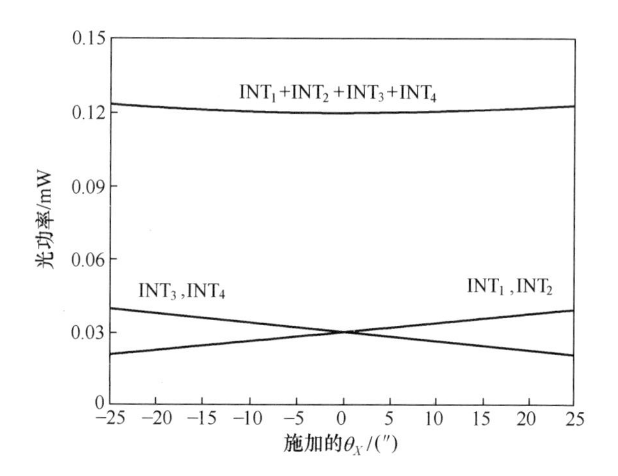

图 2.9　偏移为 $\Delta z=200\mu m$（PD 单元间隙 $\Delta g=10\mu m$）的 PD 单元接收光功率的仿真结果

我们也使用计算机仿真来检查检测 θ_X 和 θ_Y 之间的串扰误差。图 2.10 显示了在不同的 θ_Y 下，传感器输出 θ_X 检测的结果。在仿真中，PD 单元间隙大小和 QPD 偏移量 Δz 分别设定为 10μm 和 200μm。可以看出，传感器输出中没有串扰误差。

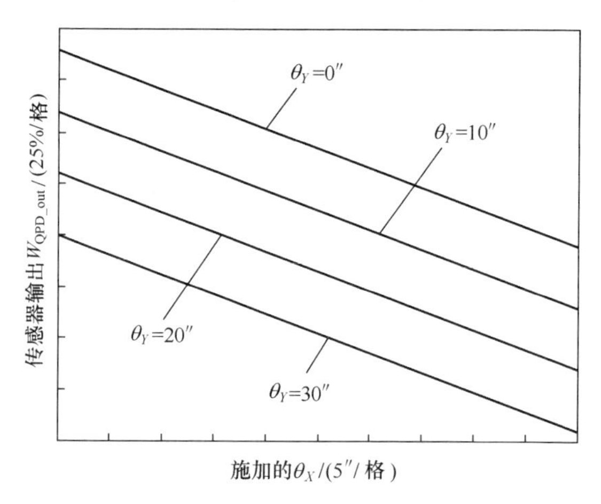

图 2.10　θ_X 和 θ_Y（QPD 偏移 $\Delta z=200\mu m$，PD 单元间隙 $\Delta g=10\mu m$）之间串扰的仿真结果

为了使传感器更加紧凑，有必要使用激光二极管作为激光源。然而，大多数激光二极管输出具有不同光束直径 D_X 和 D_Y 的椭球光束，这使得传感器灵敏度 k_{θ_X} 和 k_{θ_Y} 不同。我们采用计算机仿真研究了当单元间隙 Δg 设置为 10μm 时，QPD 偏移量 Δz 与传感器灵敏度之间的关系，图 2.11 显示了结果，其中 D_X 和 D_Y 分别设置为 1mm 和 4mm。根据式（2.10）和式（2.12），k_{θ_X} 和 k_{θ_Y} 分别与 D_Y 和 D_X

成正比，因为 $D_X>D_Y$，所以 $k_{\theta_X}<k_{\theta_Y}$。如图 2.11 所示，$k_{\theta_X}$和 k_{θ_Y}也随着 Δz 变化而变化，虽然 k_{θ_X}和 k_{θ_Y}在 Δz 增加时都会减小，但 k_{θ_Y}的减小速度要快于 k_{θ_X}。当$\Delta z\approx$ 20μm 时，k_{θ_Y}变得与 k_{θ_X}相同；当 $\Delta z>20\mu m$ 时，k_{θ_Y}会变得小于 k_{θ_X}。从实际角度来看，希望在 θ_X方向和 θ_Y方向上获得相似的传感器灵敏度。当采用具有椭圆光束的激光二极管时，图 2.11 中显示的现象可用于匹配 k_{θ_X}和 k_{θ_Y}。然而，在大多数情况下，仅通过调整 Δz 很难使 PD 单元在能够接收足够的光功率的情况下同时匹配 k_{θ_X}和 k_{θ_Y}。在下面的激光微型自准直仪中，我们采用一个带有圆形光束的激光二极管作为激光源。

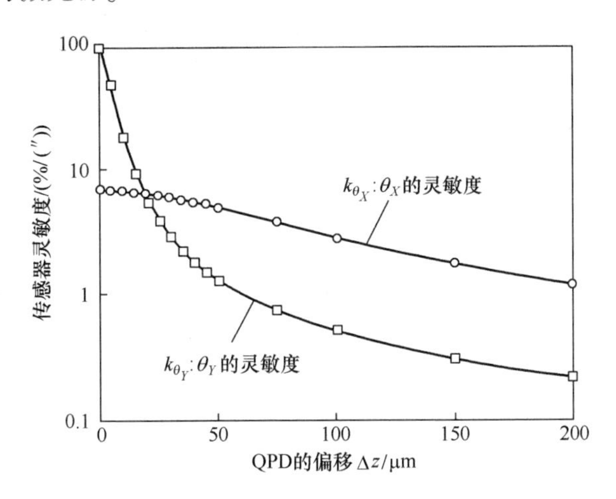

图 2.11　椭圆激光光束（$D_X=1mm$，$D_Y=4mm$，PD 单元间隙 $\Delta g=10mm$）的传感器灵敏度与 QPD 偏移之间的关系

图 2.12 显示了双轴激光微型自准直仪的原理图。激光二极管的波长和最大输出功率分别为 635nm 和 5mW，准直激光光束的直径约为 1mm。偏振分束器（PBS）和 1/4 波片（QWP）用于弯曲来自目标反射镜的反射光束，并隔离反射光束返回 LD。PBS 和 QWP 彼此黏在一起，PBS 和 QWP 的组合尺寸约为 5.5mm×5mm×5mm。镜头是非球面镜头，焦距为 10mm，直径为 6.25mm，QPD 的单元间隙为 10μm，传感器的尺寸为 26mm（长）×12mm（宽）×14mm（高）。构建的激光微型自准直仪的照片如图 2.13 所示，传感器光学元件的安装座具有单片结构，可减小传感器尺寸。小尺寸的整体结构也有助于提高微自准直仪的热稳定性。QPD 偏移量 Δz 的调整方式使得 PD 电流的输出电平足够大，可以超过电子噪声。

图 2.14 显示了具有圆形光束的双轴激光微型自准直仪的输出。为了比较，激光源也被具有椭圆形光束（$D_X=4mm$，$D_Y=1mm$）的 LD 取代，输出如图 2.15 所示。施加的倾斜角度由商用自准直仪测量，商用自准直仪采用灯丝作为光源，CCD 作

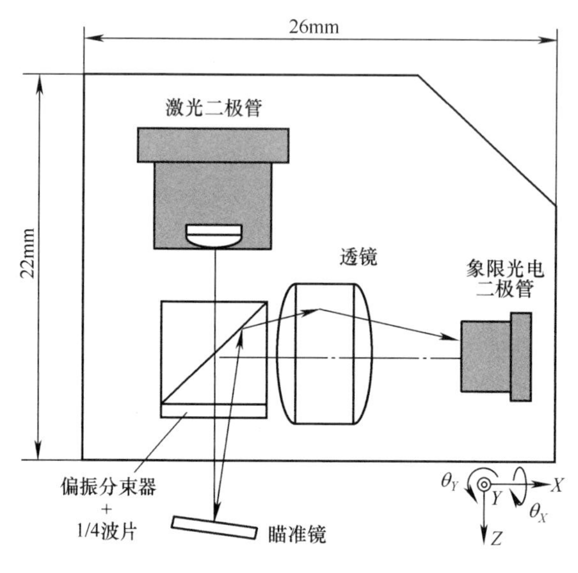

图 2.12　双轴激光微型自准直仪的原理图

为探测器,镜头的焦距为 380mm。从图 2.14 可以看出:一方面通过使用具有圆形光束的 LD 可以实现 θ_X 方向和 θ_Y 方向上的传感器灵敏度一致;另一方面,θ_X 方向的传感器灵敏度图 2.15 中的 θ_Y 方向的传感器灵敏度约大 2.5 倍。图 2.16 显示了测试双轴微自准直仪分辨率的结果。微型自准直仪在 θ_X 方向和 θ_Y 方向上的分辨率均优于 0.1″,分辨率也比传统的大尺寸自准直仪好。

(a)

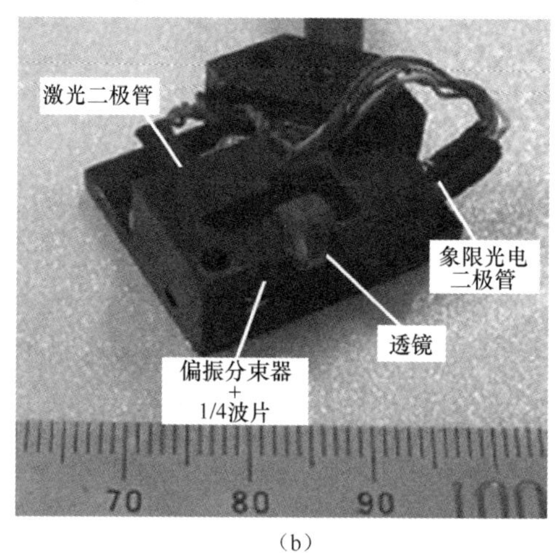

(b)

图 2.13　双轴激光微型自准直仪的照片
(a)激光微型自动准直仪和直径 26.5mm 的 500 日元硬币;
(b)激光微自动准直仪的整体结构。

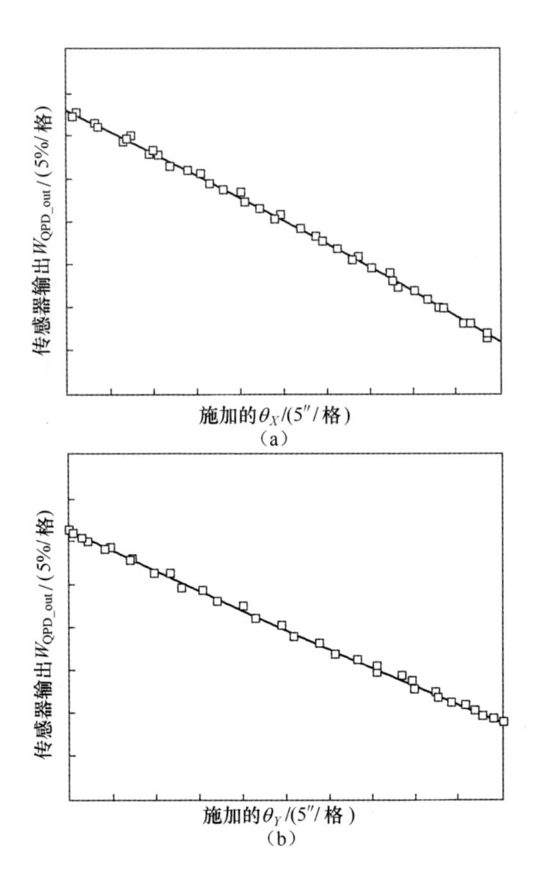

图 2.14　使用圆形光束(D=1mm)LD 的双轴激光微型自准直仪的输出
(a)θ_X 方向;(b)θ_Y 方向。

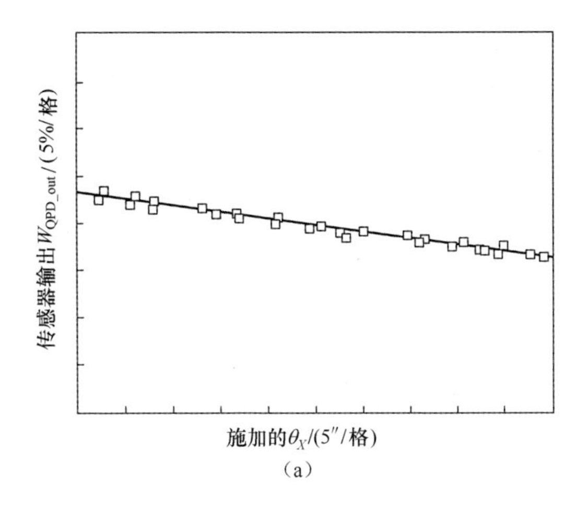

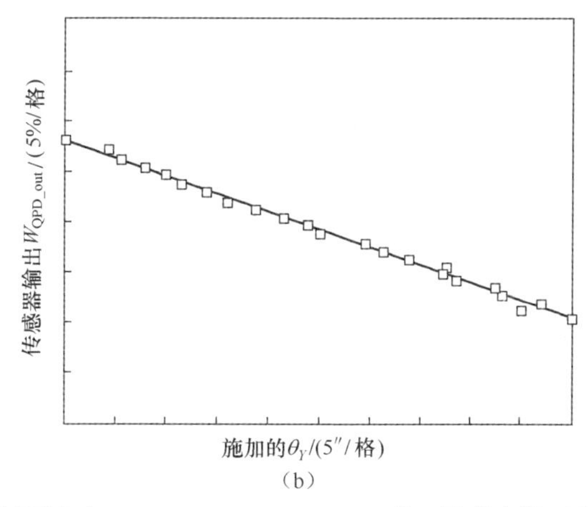

图 2.15　使用椭圆光束($D_X=4mm, D_Y=1mm$)LD 的双轴激光微型自准直仪的输出
(a)θ_X 方向;(b)θ_Y 方向。

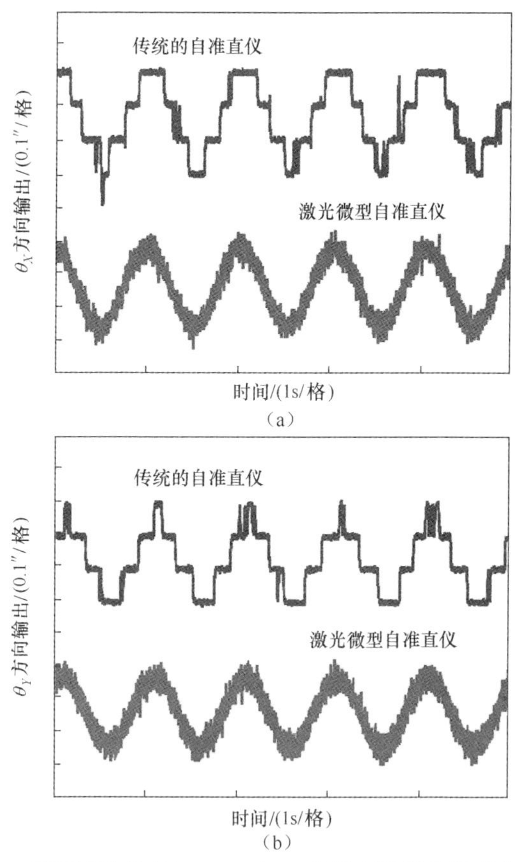

图 2.16　使用圆形光束($D=1mm$)LD 分辨双轴激光微型自准直仪
(a)θ_X 方向;(b)θ_Y 方向。

2.3 单镜头激光微型自准直仪

图 2.17 显示了具有不同透镜排列的激光自准直仪。在图 2.17(a)所示的带有两个透镜的激光自准直仪中,LD 的激光首先通过透镜 1 进行准直,目标反射镜的反射光束由偏振分束器(PBS)弯曲,然后由透镜 2 接收;反射光束被透镜 2 聚焦,在位于透镜 2 焦点位置的 QPD 上形成一个小光斑。这种光学布局与 2.2 节和第 1 章中描述的传感器是相同的。

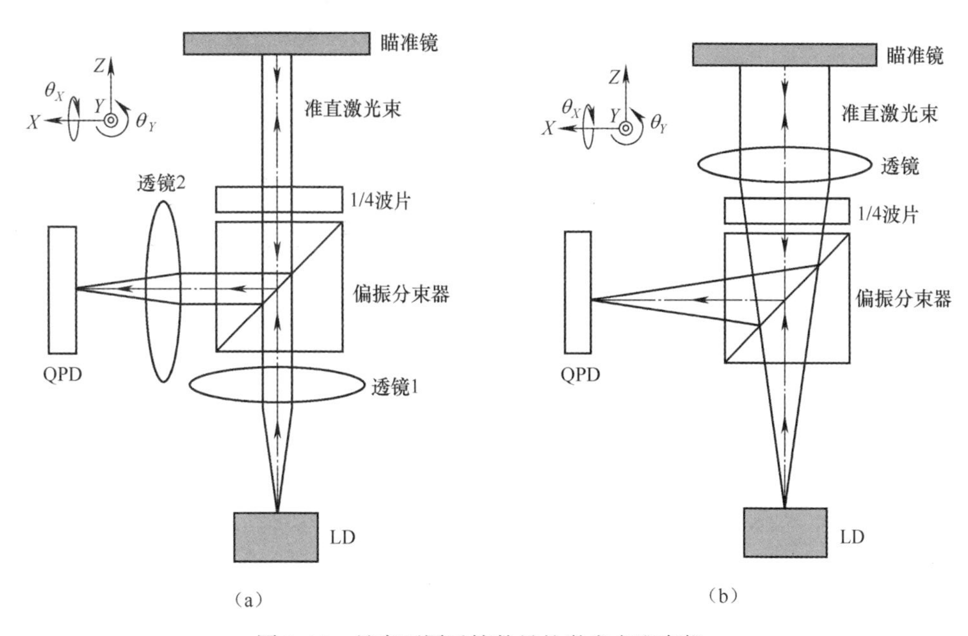

图 2.17 具有不同透镜数量的激光自准直仪
(a)具有两个镜头的激光自动准直仪;(b)具有一个透镜的激光自动准直仪。

如图 2.17(b)所示,通过将两个透镜组合成一个透镜来简化光学布局。图 2.17(b)中镜头的第一个功能是准直来自 LD 的激光,第二个功能是将来自目标镜的反射光束聚焦到 QPD。该配置使激光自准直仪中使用的光学组件的数量最小化,使得激光自准直仪可以更加紧凑。在这种情况下,光学元件可以直线排列,使传感器的调整更加容易[7]。

另外,来自激光源的高斯光束具有光束发散特性,会在 PBS 和 1/4 波片(QWP)的边界表面产生光束折射,进而改变透镜的焦点位置,如图 2.18 所示,因此这种情况应予以考虑。在图 2.18 中,θ_1是来自 LD 的光的发散角。假设透镜具有平坦表面和球形表面,r 是透镜球面的曲率,参数 n_{air}、n_{PBS}、$n_{1/4}$和 n_{lens}分别是空气、PBS、QWP 和透镜的衍射指数,可以根据折射定律计算出来。θ_2、θ_3、θ_4和 θ_5是边界表面的折射角,可以根据 θ_1计算出来。b_2、b_3和 b_5分别是 PBS、QWP 和透镜的厚度。

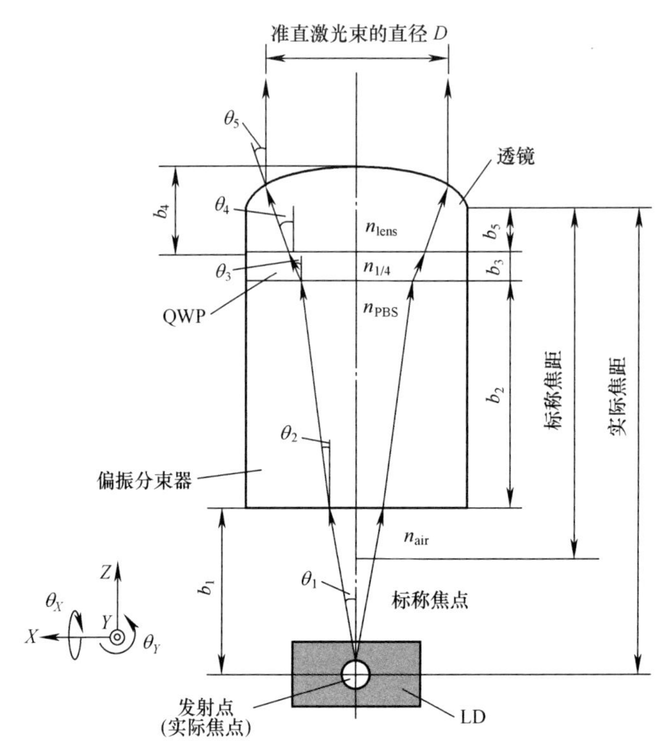

图 2.18　单镜头激光自准直仪的光学设计

实际的焦距f_{act}可以表示为

$$f_{act} = b_1 + b_2 + b_3 + b_5 \tag{2.15}$$

式中:b_5为有效焦距(EFL)和后焦距(BFL)之间的差值。

b_1是 LD 的发射点与 PBS 之间的距离,可以由下式计算:

$$b_1 = \frac{1}{\tan\theta_1}[r\sin\theta_5 - (b_2\tan\theta_2 + b_3\tan\theta_3 + b_4\tan\theta_4)] \tag{2.16}$$

准直激光光束的直径可以写为

$$D = 2(b_1\tan\theta_1 + b_2\tan\theta_2 + b_3\tan\theta_3 + b_4\tan\theta_4) \tag{2.17}$$

图 2.19 中显示了一个使用标称焦距为 8mm 的单镜头激光微型自准直仪的照片,实际焦距和光束直径分别计算为 9.6mm 和 2.7mm。

图 2.20 中显示了分辨率测试的结果。在该测试中,通过使用 PZT 倾斜平台将频率为 0.1Hz 且幅度为 0.3″的正弦信号施加到目标镜。由图可以看出,传感器能够以 0.1″的量级检测小的倾斜运动。

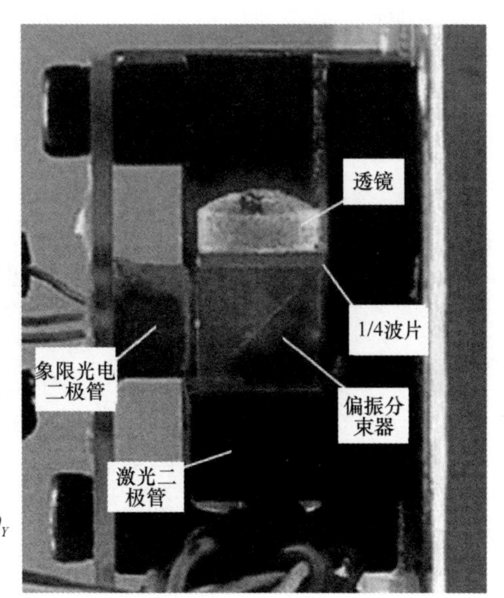

图 2.19　单镜头激光微型自准直仪(15mm×22mm×14mm)

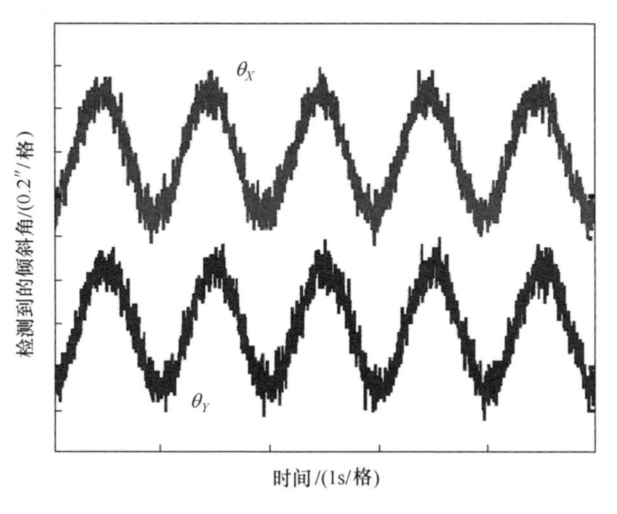

图 2.20　单镜头激光自准直仪的分辨率

2.4　三轴激光自准直仪

在本节中,激光自动准直方法从双轴测量改进为三轴测量。衍射光栅被用作目标反射器而不是平面镜。图 2.21 中显示了三轴角度检测的示意图[8]，选择一个矩形光栅作为目标反射镜，以产生零阶以及正负一阶衍射光束，3 个衍射光束被一个透镜接收，然后分别在透镜的焦平面上形成 3 个聚焦光斑。每个光斑沿 V 轴和 W 轴的双向位移由位于透镜焦平面的 QPD 检测得到。

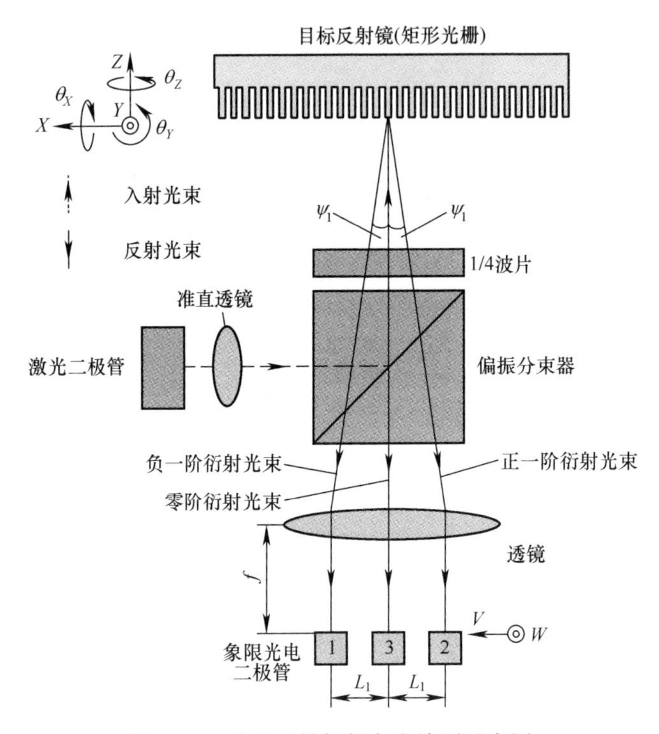

图 2.21　检测三轴倾斜角度检测示意图

通过使用衍射光栅间距 g 和激光光束波长 λ，可以表示正负一阶衍射光束的衍射角 Ψ_1 如下：

$$\psi_1 = \frac{\lambda}{g} \tag{2.18}$$

假定当反射器的三轴角分量（θ_X、θ_Y 和 θ_Z）为零时，处于 QPD 上的聚焦的正负一阶衍射光斑的中心位置与零阶衍射光斑的中心位置之间的距离为 L_1，L_1 可以计算如下：

$$L_1 \approx \frac{f\lambda}{g} \tag{2.19}$$

图 2.22 中显示了 QPD 上光斑的行为。当目标具有倾斜角度 θ_Z 时，两个正负一阶衍射光斑将围绕零阶衍射光斑旋转，同时保持相同的距离 L_1，如图 2.22(a) 所示。假设 θ_Z 很小，可以从 QPD1 和 QPD2 上沿 W 轴的光斑的位移 θw_{θ_Z} 中检测到 θ_Z：

$$\theta_Z \approx \frac{W_{-1\text{st\_out}}}{L_1} = \frac{\Delta w_{\theta_Z}}{L_1} \tag{2.20}$$

当目标的倾角为 θ_X 或 θ_Y 时，3 个光斑同时沿着 W 方向或 V 方向移动，如图 2.22(b) 和图 2.22(c) 所示。

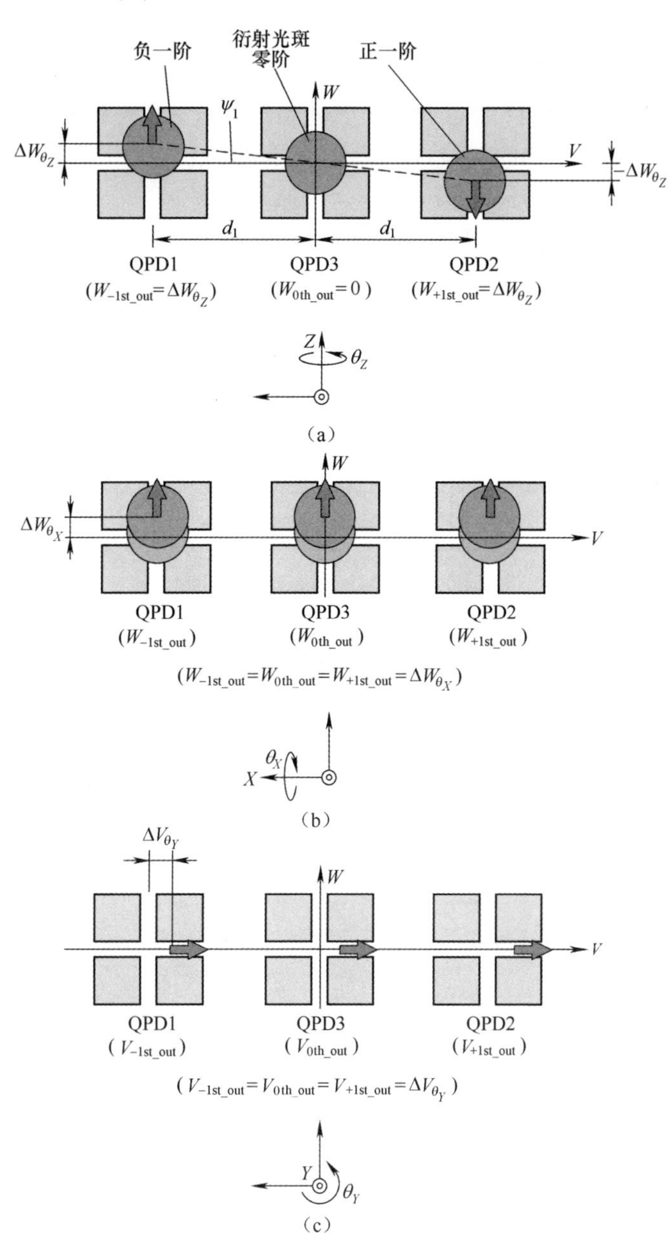

图 2.22　QPD 上的光斑行为

(a) 对 θ_Z 的响应；(b) 对 θ_X 的响应；(c) 对 θ_Y 的响应。

类似于双轴激光自准直仪，θ_X和 θ_Y可以通过检测 QPD1 的零级衍射光斑在 W 方向的位移 Δw_{θ_X}和 V 方向的位移 Δv_{θ_Y}来测量，计算如下：

$$\theta_X = \frac{W_{0th\_out}}{2f} = \frac{\Delta w_{\theta_X}}{2f} \tag{2.21}$$

$$\theta_Y = \frac{V_{0th\_out}}{2f} = \frac{\Delta v_{\theta_Y}}{2f} \tag{2.22}$$

图 2.23 中显示了当目标同时具有三轴倾角分量 θ_X、θ_Y和 θ_Z时光斑的位移。在 θ_Z的测量中，由 θ_X引起的位移 Δw_{θ_X}的影响可以通过使用由 QPD1 和 QPD2 检测到的光斑的位移来消除，计算如下：

$$\theta_Z = \frac{W_{-1st\_out} - W_{+1st\_out}}{2L_1} = \frac{(\Delta w_{\theta_X} + \Delta w_{\theta_Z}) - (\Delta w_{\theta_X} - \Delta w_{\theta_Z})}{2L_1} = \frac{\Delta w_{\theta_Z}}{L_1} \tag{2.23}$$

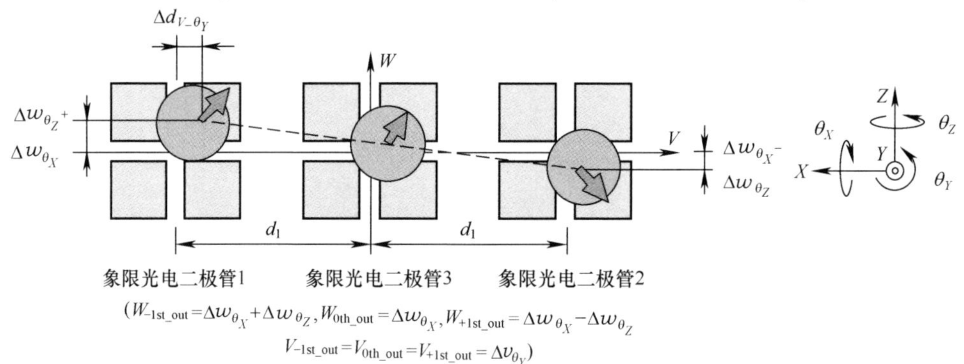

图 2.23 θ_X、θ_Y和 θ_Z的组合响应

类似地，通过使用由 QPD1 检测到的负一阶衍射光斑（或由 QPD2 检测到的正一阶衍射光斑）和由 QPD3 检测到的零阶衍射光斑的位移，还可以检测 θ_Z，计算如下：

$$\theta_Z = \frac{W_{-1st\_out} - W_{0th\_out}}{2L_1} = \frac{(\Delta w_{\theta_X} + \Delta w_{\theta_Z}) + \Delta w_{\theta_X}}{L_1} = \frac{\Delta w_{\theta_Z}}{L_1} \tag{2.24}$$

另外，类似于式（2.21）和式（2.22）所示，θ_X和 θ_Y可以从 QPD3 检测到的位移来测量。θ_X和 θ_Y也可以通过使用由 QPD1 和 QPD2 检测到的位移进行检测，计算如下：

$$\theta_X = \frac{W_{-1st\_out} + W_{+1st\_out}}{4f} = \frac{(\Delta w_{\theta_X} + \Delta w_{\theta_Z}) + (\Delta w_{\theta_X} - \Delta w_{\theta_Z})}{4f} = \frac{\Delta w_{\theta_X}}{2f} \tag{2.25}$$

$$\theta_Y = \frac{V_{-1st\_out} + V_{+1st\_out}}{4f} = \frac{(\Delta v_{\theta_Y} + \Delta v_{\theta_Z}) + (\Delta v_{\theta_Y} - \Delta v_{\theta_Z})}{4f} = \frac{\Delta v_{\theta_Y}}{2f} \tag{2.26}$$

因此,通过使用 QPD1、QPD2 和 QPD3 可以同时检测三轴角度分量。三轴角度计算的方法可以分为 3 种类型(表 2.1)。方法 1 如式(2.21)、式(2.22)和式(2.23)所示,使用 3 个衍射光斑,它们是零阶和正负一阶衍射光斑。方法 2 使用来自式(2.23)、式(2.25)和式(2.26)的两个衍射光斑,它们是正负一阶衍射光斑。方法 3 将式(2.21)、式(2.22)和式(2.24)中的零阶衍射光斑与正一阶衍射光斑或负一阶衍射光斑组合。与方法 1 和方法 3 相比,方法 2 采用具有较少衍射光斑的平衡结构。

采用图 2.1 所示的 QPD 模型来评估 θ_Z检测的灵敏度。类似于式(2.1),QPD 上的激光光斑直径表示为

$$d = \frac{2.44f}{D} \tag{2.27}$$

式中:D 为投射到目标反射器上的准直激光光束的直径。

表 2.1 计算三轴倾角的方法

倾角	方法 1	方法 2	方法 3
θ_X	$(W_{+1st\_out}-W_{-1st\_out})/2$	$(W_{+1st\_out}-W_{-1st\_out})/2$	$W_{+1st\_out}-W_{0th\_out}$
θ_Y	W_{0th_out}	$(W_{+1st\_out}+W_{-1st\_out})/2$	W_{0th_out}
θ_Z	V_{0th_out}	$(V_{+1st\_out}+V_{-1st\_out})/2$	V_{0th_out}

假设 QPD1 沿 W 方向的相对输出为 $w_{-1\_QPD\_out}$。参考式(2.3)~式(2.7),$w_{-1st_QPD_out}$可写为

$$w_{-1st\_QPD\_out} = \frac{(I_1 + I_2) - (I_3 + I_4)}{(I_1 + I_2 + I_3 + I_4)} \times 100\% = \frac{8\Delta w_{\theta_Z}}{\pi d} \times 100\% \tag{2.28}$$

S_{θ_Z}表示用于检测 θ_Z的角度传感器的灵敏度,表达如下:

$$S_{\theta_Z} = \frac{w_{-1st\_QPD\_out}}{\theta_Z} \tag{2.29}$$

将式(2.19)、式(2.20)、式(2.27)和式(2.28)代入式(2.29),可得

$$S_{\theta_Z} = \frac{4}{1.22\pi} \cdot \frac{D}{g} \tag{2.30}$$

由式(2.30)可以看出,θ_Z检测的灵敏度与激光光束的直径 D 成正比,并且与光栅的间距 g 成反比,与焦距 f 无关。应该注意的是,灵敏度检测与表 2.1 所列的 3 种不同的 θ_Z检测方法是相同的。

检测 θ_X的灵敏度 S_{θ_X}和检测 θ_Y的灵敏度 S_{θ_Y}与式(2.10)和式(2.12),分别可以得出如下公式:

$$\begin{cases} S_{\theta_X} = \dfrac{w_{0th\_QPD\_out}}{\theta_X} = \dfrac{8}{1.22\pi} \cdot \dfrac{D}{\lambda} \\ S_{\theta_Y} = \dfrac{v_{0th\_QPD\_out}}{\theta_Y} = \dfrac{8}{1.22\pi} \cdot \dfrac{D}{\lambda} \end{cases} \tag{2.31}$$

式中：$w_{0th_QPD_out}$和$v_{0th_QPD_out}$分别为沿着 W 方向和 V 方向的 QPD2 的相对输出。

由式(2.31)可以看出，灵敏度 S_{θ_X}和 S_{θ_Y}由准直激光光束的波长 λ 和直径 D 决定，与焦距 f 无关。应该注意的是，表 2.1 所列为 3 种 θ_X和 θ_Y的检测方法的灵敏度是相同的。

图 2.24 中显示了一个基于表 2.1 中所示的方法 2 设计和制造的三轴激光自准直仪的原型。激光的波长 LD 为 0.683μm。除了使用 5.5μm 间距的矩形光栅作为目标反射器之外，该传感器与双轴激光自准直仪具有相似的结构。来自 LD 的

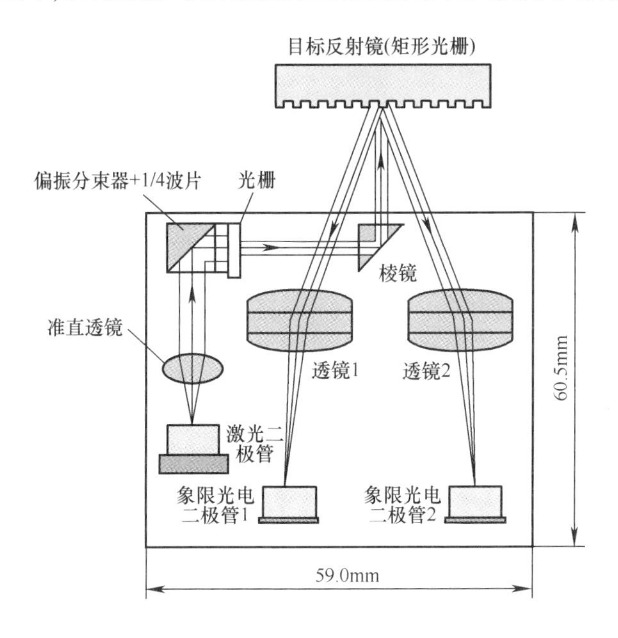

(a)

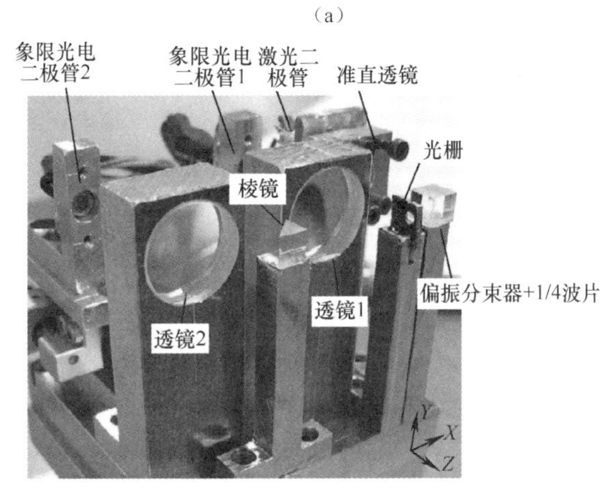

(b)

图 2.24　三轴激光自准直仪

(a)光学布置；(b)照片。

光束通过准直透镜准直,并通过直径为 2mm 的光栅形成,准直后的激光光束被投射到目标光栅上。图 2.21 所示的透镜被两个透镜(透镜 1 和透镜 2)所取代,以便接收反射的正负一阶衍射光束,从而可以减小透镜像差的影响。这两个镜头具有相同的焦距和直径,分别为 25.4mm 和 15.0mm。三轴角度传感器的尺寸为 59.0mm×60.5mm×59.0mm,传感器电子设备的截止频率设置为 3kHz。

图 2.25 中显示了三轴激光自准直仪检测 θ_Z 的性能。图 2.25(a)显示了施加的 θ_Z 相对于激光自准直仪输出 $w_{\theta_Z\_QPD\_out}$ 的关系曲线。$w_{\theta_Z\_QPD\_out}$ 的定义为

$$w_{\theta_Z\_QPD\_out} = \frac{w_{-1st\_QPD\_out} - w_{+1st\_QPD\_out}}{2} \tag{2.32}$$

式中:$w_{-1st\_QPD\_out}$ 和 $w_{+1st\_QPD\_out}$ 分别为 QPD1 和 QPD2 在 W 方向的相对输出。

如图 2.25(a)所示,θ_Z 检测的平均灵敏度 $S_{\theta_Z} \approx 0.144\%/('')$。

分辨率测试是采用 PZT 倾斜平台,通过施加幅度为 0.2″、频率为 1Hz 的周期性改变的倾斜运动来进行的。图 2.25(b)所示的分辨率约为 0.2″。如上所述,θ_Z 检测的灵敏度和分辨率主要取决于准直激光光束的直径和光栅的间距,并且可以通过缩短光栅间距来改善。

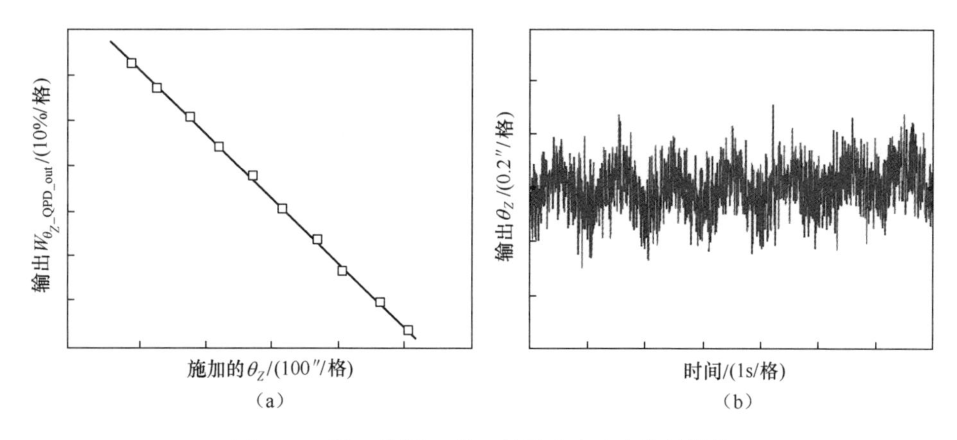

图 2.25 用于检测 θ_Z 的三轴激光自准直仪的性能
(a)施加 θ_Z 与传感器输出的关系;(b)分辨率测试。

图 2.26 中显示了用于检测 θ_X 和 θ_Y 的三轴激光自准直仪的性能。图 2.26(a)显示了激光自准直仪施加的 θ_X 与输出 $w_{\theta_X\_QPD\_out}$ 的关系曲线。图 2.26(b)显示了施加的 θ_Y 与输出 $w_{\theta_Y\_QPD\_out}$ 的关系曲线。$w_{\theta_X\_QPD\_out}$ 和 $w_{\theta_Y\_QPD\_out}$ 定义如下:

$$\begin{cases} w_{\theta_X\_QPD\_out} = \dfrac{w_{-1st\_QPD\_out} + w_{+1st\_QPD\_out}}{2} \\ w_{\theta_Y\_QPD\_out} = \dfrac{v_{-1st\_QPD\_out} + v_{+1st\_QPD\_out}}{2} \end{cases} \tag{2.33}$$

式中：$v_{-1st_QPD_out}$和 $v_{+1st_QPD_out}$分别为 QPD1 和 QPD2 在 V 方向的相对输出。

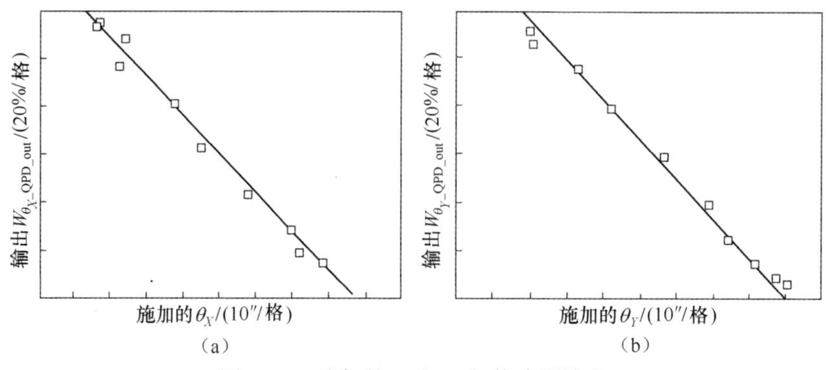

图 2.26　施加的 θ_X 和 θ_Y 与传感器输出

(a) θ_X；(b) Q_Y。

从图 2.26 中可以看出，θ_X 检测的平均灵敏度 $S_{\theta_X} \approx 1.604\%/('')$，$\theta_Y$ 检测的平均灵敏度 $S_{\theta_Y} \approx 1.650\%/('')$。$S_{\theta_X}$ 和 S_{θ_Y} 主要取决于准直激光光束的直径和 LD 的波长。可以发现，灵敏度 S_{θ_X} 和 S_{θ_Y} 比 S_{θ_Z} 高 10 倍，这与激光波长（$\lambda = 0.683\mu m$）和光栅节距（$g = 5.5\mu m$）的比例有关。为了匹配三轴中的传感器灵敏度，有必要将光栅间距缩小到 1/10。

图 2.27 中显示了检测 θ_X 和 θ_Y 的三轴激光自准直仪分辨率的测试结果。对传感器分别施加 0.02″和 1Hz 频率的周期性变化的倾斜运动作为 θ_X 和 θ_Y。图 2.27 所示的分辨率测试结果表明，三轴激光自准直仪能够以 0.02″的分辨率检测 θ_X 和 θ_Y，这与 2.2 节和 2.3 节所示的双轴激光自准直仪的分辨率相对应。

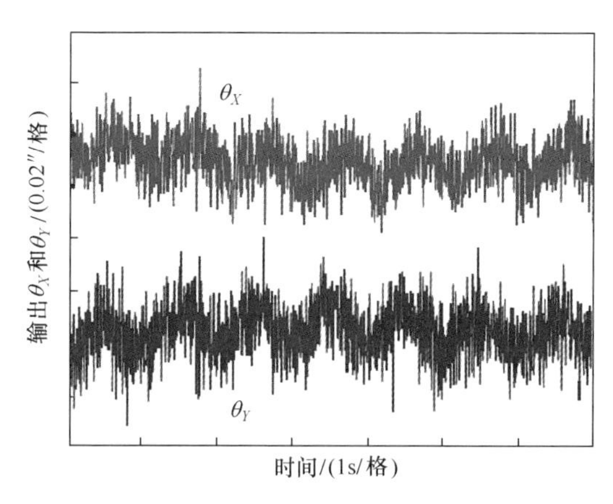

图 2.27　检测 θ_X 和 θ_Y 的分辨率测试

2.5 小结

本节描述了用于检测双轴和三轴倾斜运动的激光自准直器。在双轴激光自准直仪中，采用 LD 作为传感器的光源，在光束沿着 Z 轴投影到目标平面镜之前，激光首先由准直透镜准直，使用放置在透镜焦平面上的象限 PD 来检测聚焦在 QPD 上的激光光斑的两轴位移，以此分别来计算相对于 X 轴和 Y 轴的倾角 θ_X 和 θ_Y。基于自准直和衍射聚焦激光光束的原理，分析了输入倾角（θ_X 或 θ_Y）与 QPD 相对输出之间的关系，可以得出，用于检测 θ_X 和 θ_Y 的激光自准直仪的灵敏度与准直激光光束的直径成正比，并且与激光的波长成反比。由于灵敏度与镜头的焦距无关，因此可以通过选择短焦距镜头将传感器制作的更加紧凑。

通过用光栅反射器取代目标平面镜，改进了双轴激光自准直仪用以进行三轴测量。除了 θ_X 或 θ_Y 之外，还可以通过检测反射的衍射光束来获得关于 Z 轴的倾角 θ_Z。同时还讨论了使用不同组的衍射光束的方法。建议使用一阶衍射光束的方法是传感器结构和性能的最佳方法。我们也可以明确，θ_Z 检测的灵敏度与准直激光光束的直径成正比，与光栅节距成反比。

参考文献

[1] Bryan JB (1979) The Abbe principle revisited. Precis Eng 1(3):129-132

[2] Koning R, Flugge J, Bosse H (2007) A method for the in situ determination of Abbe errors and their correction. Meas Sci Technol 18(2):476-481

[3] Ennos AE, Virdee MS (1982) High accuracy profile measurement of quasi-conical mirror surfaces by laser autocollimation. Precis Eng 4(1):5-8

[4] Virdee MS (1988) Nanometrology of optical flats by laser autocollimation. Surf Topography 1: 415-425

[5] Gao W, Kiyono S, Satoh E (2002) Precision measurement of multi-degree-of-freedom spindle errors using two-dimensional slope sensors. Ann CIRP 51(1):447-450

[6] Jenkins FA, White HE (1976) Fundamentals of optics, chap 10. McGraw-Hill, New York

[7] Saito Y, Gao W, Kiyono S (2007) A single lens micro-angle sensor. Int J Precis Eng Manuf 8 (2):14-19

[8] Saito Y, Arai Y, Gao W (2009) Detection of three-axis angles by an optical sensor. Sens Actuators A 150:175-183

第3章 用于测量面内运动的表面编码器

3.1 概述

精密平面运动(*XY*)平台广泛用于纳米制造的机械工具、光刻设备和测量仪器[1-4]。测量平面内运动对于评估平台性能和/或对平台的反馈控制至关重要。除位置信息外,倾斜运动也是重要的测量参数。

这一平台的 *X*、*Y* 轴的位置通常采用激光干涉仪来进行测量[5],倾斜运动也可以通过增加干涉仪的数量来测量。激光干涉仪具有分辨率高,测量范围大,测量速度快,光路排列灵活,与长度定义直接相关等优点[6,7]。然而,为了避免空气压力、空气温度和相对湿度对折射率的影响,干涉仪需要在真空中操作。由于大多数的双轴载物台在空气中使用,因此很难保持干涉仪的测量精度,同时平面运动平台应用的另一个限制是由于多轴干涉仪的高成本。

另外,与激光干涉仪相比,线性编码器对测量环境更加稳健,性价比更高,更加适用于工业使用[8]。因此,双轴平台的位置可以通过使用两个线性编码器来测量。但是,进行倾斜运动测量需要采用额外的旋转编码器和自准直仪,这使多自由度(MDOF)测量系统变得复杂。但线性编码器的读数头/标尺组装结构导致表面电机驱动平面运动中使用具有单个移动部件的线性编码器变得不可能[9-11]。

本章介绍用于测量面内 *X*、*Y* 位置和倾斜运动的 MDOF 表面编码器。表面编码器采用双轴正弦曲线网格,上面产生沿 *X* 方向和 *Y* 方向的周期正弦波,使用两轴斜率传感器来检测网格表面的局部斜率轮廓,本章中还介绍了正弦网格的制作以及表面电机驱动平面运动平台中表面编码器的应用。

3.2 用于 MDOF 面内运动的表面编码器

3.2.1 多探针型 MDOF 表面编码器

图 3.1 中显示了用于 X、Y 位置测量的表面编码器的基本原理示意图[12-13]。表面编码器由一个双轴倾斜传感器和一个双轴正弦网格组成,网格上产生二维正弦波。

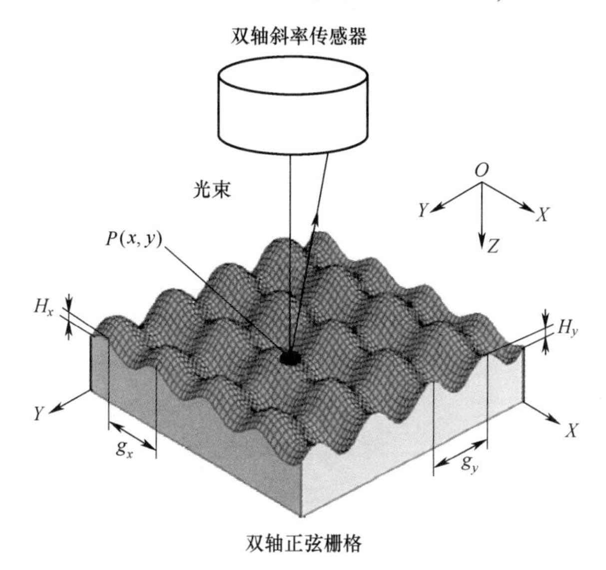

图 3.1 用于 X、Y 位置测量的表面编码器

正弦网格的高度分布是 X 方向和 Y 方向上正弦波的叠加,可以表示为

$$f(x,y) = H_x \sin\left(\frac{2\pi}{g_x}x\right) + H_y \sin\left(\frac{2\pi}{g_y}y\right) \tag{3.1}$$

式中:H_x、H_y分别为 X 方向和 Y 方向的正弦函数的幅度;g_x和 g_y为相应的间距。

斜率传感器的二维输出 $\alpha(x)$ 和 $\beta(y)$,表示正弦网格在 X 方向和 Y 方向的局部斜率,可从 $f(x,y)$ 的微分中获得。然后可以根据传感器输出 $\alpha(x)$ 和 $\beta(y)$ 确定位置的两轴分量 x 和 y:

$$x = \frac{g_x}{2\pi}\arccos\left[\frac{g_x}{2\pi H_x}\alpha(x)\right] \tag{3.2}$$

$$y = \frac{g_y}{2\pi}\arccos\left[\frac{g_y}{2\pi H_y}\beta(x)\right] \tag{3.3}$$

图 3.2 显示了用于测量 X、Y 轴的位置和 θ_Z倾斜运动 3 个自由度的表面编码

器的示意图。从图中可以看出,在传感器单元上安装了两个二维斜率传感器(1 和 2)。两个传感器可以同时检测正弦网格表面上 A 和 B 两点的二维局部斜率。除了 x 和 y 之外,还可以通过传感器 1 和 2 的输出获得旋转位移 θ_Z。假设平移位移和旋转位移都很小,当传感器单元从位置 1 移动到位置 2 时,θ_Z可近似评估为

$$\theta_Z \approx \frac{\sqrt{\Delta x_B^2 + \Delta y_B^2} - \sqrt{\Delta x_A^2 + \Delta y_A^2}}{L_{AB}} \tag{3.4}$$

式中:Δx_A 和 Δy_A 分别为由传感器 1 测量的点 A 的 X 位移和 Y 位移,$\Delta x_A = x - x'$,$\Delta y_A = y - y'$;Δx_B 和 Δy_B 分别为由传感器 2 测量的点 B 的 X 位移和 Y 位移 $\Delta x_B = x_B - x'_B$,$\Delta y_B = y_B - y'_B$;L_{AB} 为两个传感器之间的距离。通过调整传感器 2 的位置,使传感器 2 的输出相对于传感器 1 的输出具有 90°的相位差。正交的构造能够允许通过表面编码器算法来决定运动方向。

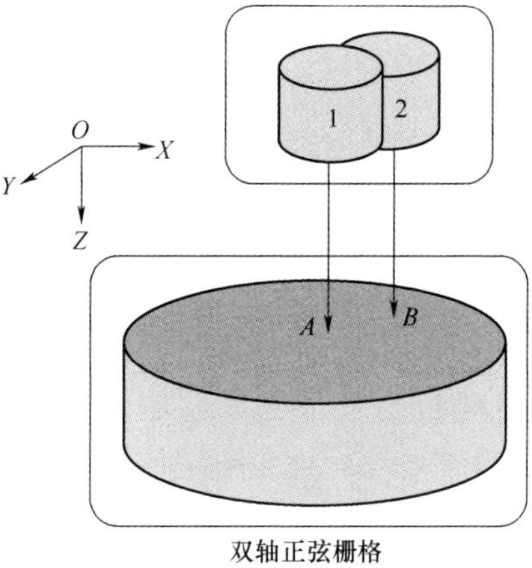

(a)

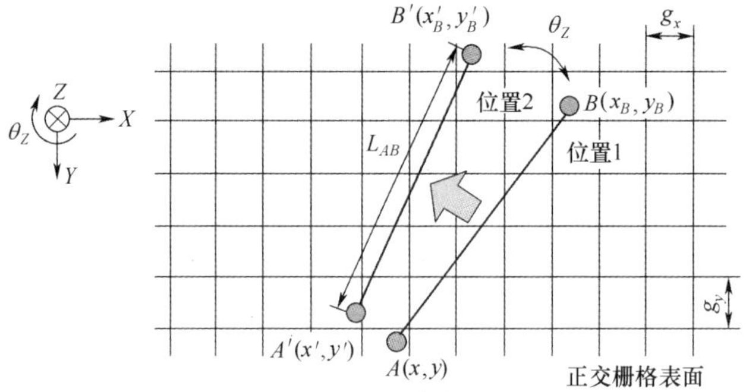

(b)

图 3.2 用于测量 X 方向位移、Y 方向位移和 θ_Z倾斜运动的多探头型三自由度表面编码器

(a)$XY\theta_Z$ 表面编码器的示意图;(b)由 θ_Z 运动引起的测量点的变化。

图 3.3 显示了 $XY\theta_Z$ 表面编码器样机的传感器单元的光学配置和照片。直径为 6mm、传播轴沿 Y 方向的准直激光光束在穿过孔板(该孔板上有使用光刻工艺

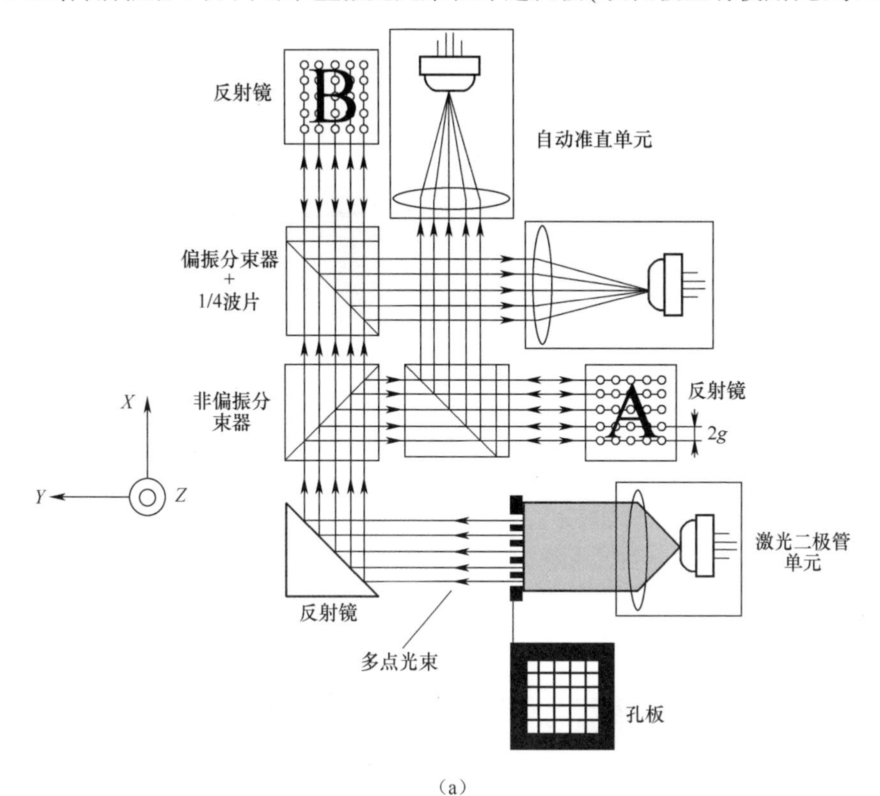

(a)

(b)

图 3.3　三自由度表面编码器样机的传感器单元

(a)光学布局;(b)照片。

制造的二维微方孔阵列)后,被转换成多点光束。多点光束是在 X 和 Z 方向上对准的一束细光束,间距为 200μm,该间距是正弦网格中正弦函数节距 g 的 2 倍。通过多点光束的平均效应来减少正弦网格表面的轮廓误差的影响。分束器(BS)将光束分成两束:一个光束沿 X 方向传播;另一个光束沿 Y 方向传播。通过使用相对于 XY-平面反射角为 45°的反射镜,光束的传播轴从 X 轴、Y 轴变为 Z 轴,使得光束可以投影到正弦网格表面的两个不同点(点 A 和点 B),且在 XY-平面上对准。来自正弦网格表面的反射光束返回到反射镜,并由偏振分束器(PBS)弯曲,然后由自准直单元接收,进而进行角度检测,这在第 1 章和第 2 章中已进行了介绍。

自准直单元由一个镜头和一个位于镜头焦平面上的光线位置检测器(光电探测器)组成。在二维检测传感器中,使用象限 PD 作为光电探测器。如第 1 章所述,自准直可以使角度的检测独立于传感器单元和正弦网格表面之间的距离。镜头的焦距为 30mm,点 A 和点 B 之间的距离设置为 56.6mm,传感器单元的尺寸为 90mm(长)×90mm(宽)×27mm(高),传感器的带宽为 4.8kHz。

表面编码器的基本性能在图 3.4 所示的装置中进行了研究。传感器单元和正弦网格分别安装在市场上可买到的空气滑块和空气主轴上,空气滑块的位置用作 X 方向位移和 Y 方向位移的参考,空气主轴用作 θ_Z 位移的参考。空气滑块和空气主轴的定位分辨率分别为 5nm 和 0.04″。

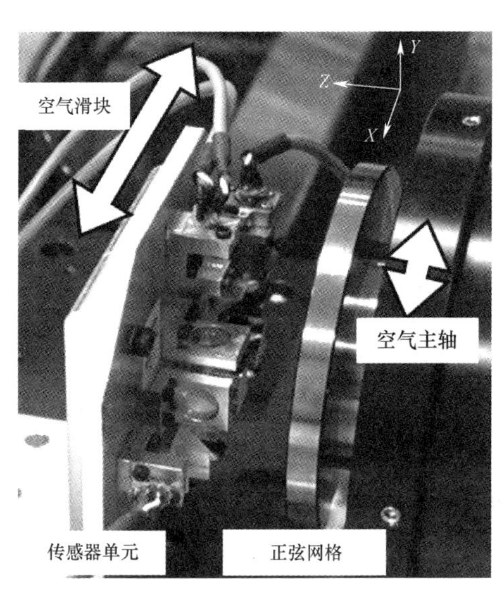

图 3.4　检查表面编码器性能的装置

图 3.5 显示了评估表面编码器的刻度间距偏差的结果,刻度间距设计为 100μm。在 40mm 的范围内,空气滑块沿 X 方向移动 100μm。从图中可以看出,表

面编码器输出和气动滑块位置之间的偏差约为 0. 2μm。应该注意的是,空气滑块的定位误差包含在偏差中。

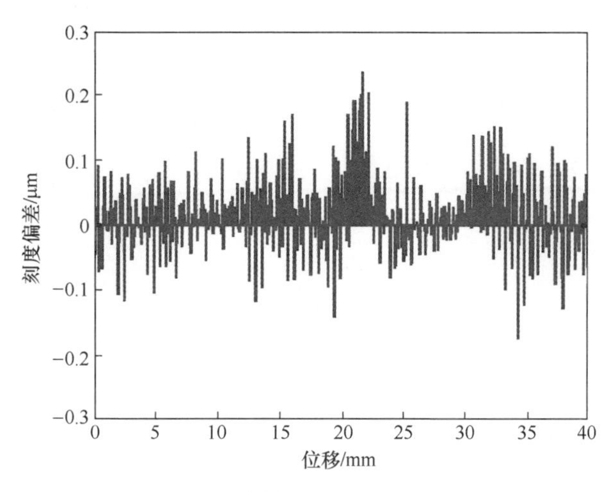

图 3. 5　刻度偏差的测试结果

图 3. 6 显示了当空气滑块在正弦网格两个刻度之间以 1μm 的步进沿 X 轴方向移动时的传感器输出,可以看出,两个传感器输出相位差为 90°的正弦信号。根据正交逻辑技术,使用这两个输出生成了图 3. 7 所示的插值数据,该技术提供了 100μm 的正弦网格刻度之间的位置信息。插值曲线的非线性表示插值误差,近似为 2. 5μm。通过校准和补偿过程,插值误差可以降低到插值误差的重复性水平,约为 0. 2μm。然而,在使用正交逻辑的情况下,θ_Z 的测量范围被限制为几弧秒,因为较大的 θ_Z 将显著改变两个传感器输出之间的相位差并降低插值精度。

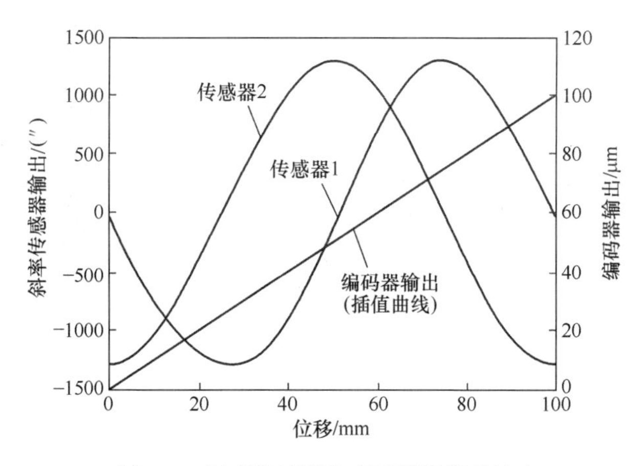

图 3. 6　斜率传感器和表面编码器的输出

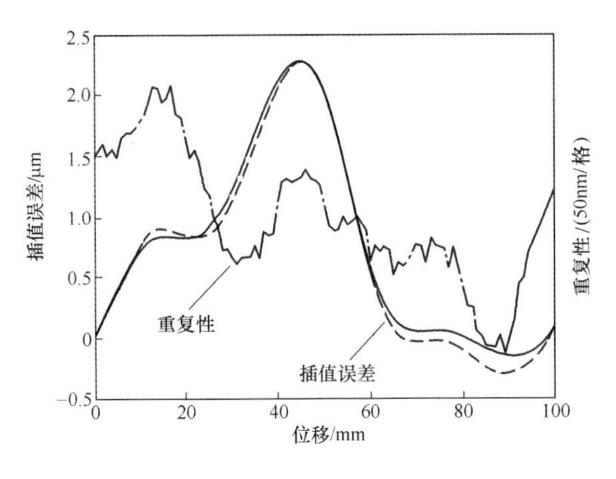

图 3.7　插值误差

图 3.8(a)显示了在 X 方向上测试表面编码器分辨率的结果。主轴保持静止并且空气滑块沿着 X 方向以 20nm 的步进移动,从图中可以看出,表面编码器的分辨率优于 20nm。表面编码器 Y-输出也显示在图中,Y-输出不随 X 方向步进而变化,表明表面编码器可独立检测 X 位移和 Y 位移。通过将传感器单元围绕 Z 轴旋转 90°来测试 Y 方向的分辨率,结果如图 3.8(b)所示。与 X 方向类似,表面编码器在 Y 方向上的分辨率也优于 20nm。图 3.9 显示了测试 θ_Z 方向分辨率的结果,空气滑块保持静止,空气主轴以 0.2″的步进移动,可以看出,表面编码器成功检测到了 0.2″的步进。

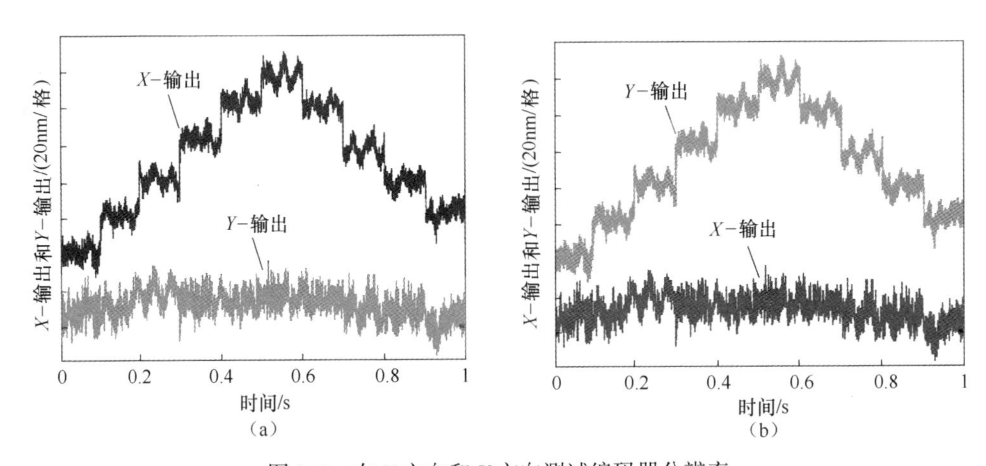

图 3.8　在 X 方向和 Y 方向测试编码器分辨率

(a)测试编码器 X 方向分辨率的结果;(b)测试编码器 Y 方向分辨率的结果。

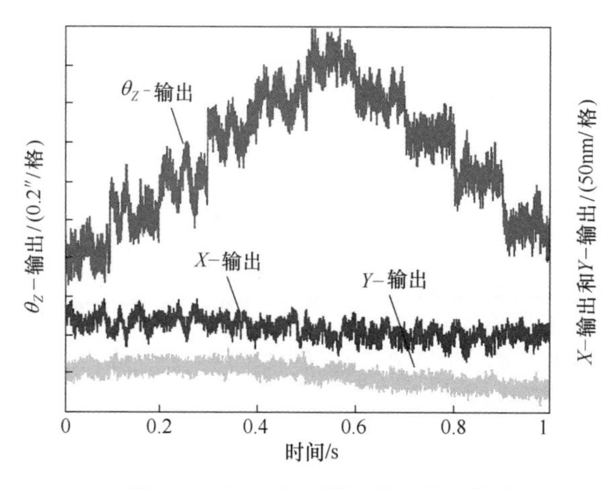

图 3.9　在 θ_Z 方向测试编码器分辨率

多探头型表面编码器可以通过增加更多的传感器来进行五自由度的测量,如图 3.10 所示[14]。在图中,斜率传感器 1 和 2 与三自由度表面编码器中使用的相同。可以从传感器输出(m_{1x} 和 m_{1y})和(m_{2x} 和 m_{2y})中获得 X 方向位移、Y 方向位移以及 θ_Z 倾斜运动。倾斜运动 θ_X 和 θ_Y 通过使用斜率传感器 3 的输出进行评估,斜率传感器 3 的光束直径大于正弦网格的间距。斜率传感器 3 检测的是 θ_X 和 θ_Y,而不是 X 方向和 Y 方向位移。因此,斜率传感器 3 的输出等于角位移:

$$\theta_Y = m_{3x} \tag{3.5}$$

$$\theta_X = m_{3y} \tag{3.6}$$

因此,表面编码器可以检测运动元件的 5 个自由度运动:2 个平移运动(x,y)和 3 个旋转运动($\theta_X,\theta_Y,\theta_Z$)。

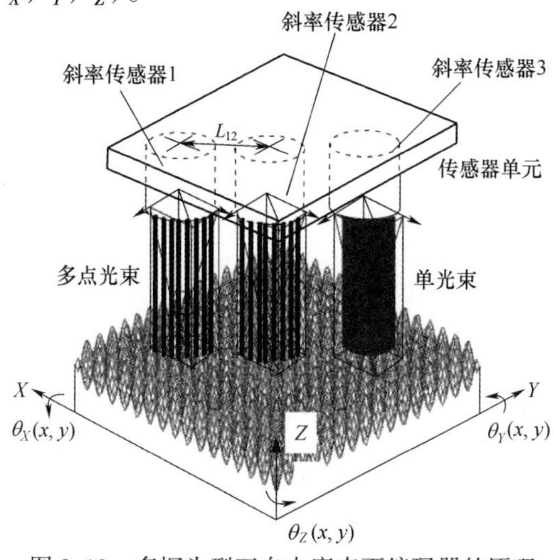

图 3.10　多探头型五自由度表面编码器的原理

图 3.11 显示了由斜率传感器单元和正弦网格组成的五自由度表面编码器样机。网格直径为 150mm，厚度为 10mm，模型的间距 $g = 100\mu m$，幅度 $H = 0.1\mu m$。传感器单元包含图 3.10 所示的用于检测正弦网格表面的局部斜率的三斜率传感器。LD 用作光源，并且发射的激光光束的直径被准直至 7mm。使用 33%棱镜（棱镜 1）、50%分光镜（棱镜 2）和三棱镜（棱镜 3）将激光光束分成 3 束强度相等的光束，3 个激光光束分别用于传感器 1、2 和 3。对于传感器 1 和 2，孔径板插入激光路径中，以产生间距为 100μm（等于正弦网格的间距）的薄激光光束。正弦网格表面上的传感器 1 和 2 的检测点之间的距离 L 被设定为 21mm。传感器 3 的激光光束的直径大于正弦网格的间距，并且传感器固定在任意位置以检测正弦网格的整体倾斜度。3 束激光从正弦网格的表面反射，并通过偏振分束器（PBS）导向 3 个自准直单元。所有的光学部件都安装在不锈钢（SUS304）传感器底座上并进行遮盖，以避免空气流动造成的干扰。斜率传感器单元设计并组装成了长为 66mm、宽为 110mm、高为 60mm 的小尺寸。

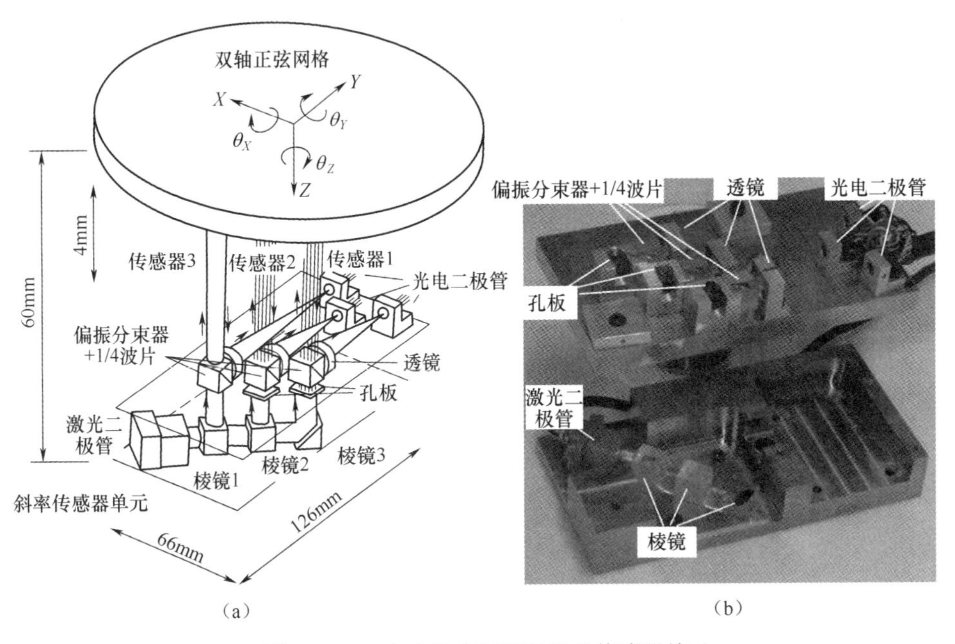

(a)　　　　　　　　　　　　　　　(b)

图 3.11　五自由度表面编码器的传感器单元

(a) 光学布局；(b) 照片。

图 3.12 显示了表面编码器在 θ_X 方向和 θ_Y 方向分辨率的测试结果。可以看出，表面编码器可以在这两个方向上检测到 0.01″的倾斜运动。图 3.13 显示了通过表面编码器检测的 θ_Y 运动和 θ_Z 运动的结果，每个轴的倾斜运动独立进行。如图 3.13（a）所示，θ_Y 运动的输出与 θ_Y 输入成比例变化，而其他输出保持相对恒定。

对于图 3.13(b)所示的 θ_Z 运动和图 3.14 所示的 X 运动也有类似的结果。通过其他测试也证实了测量 Y 运动和 θ_X 运动的可行性。这一演示证实了表面编码器可以同时检测 5 个自由度的运动。

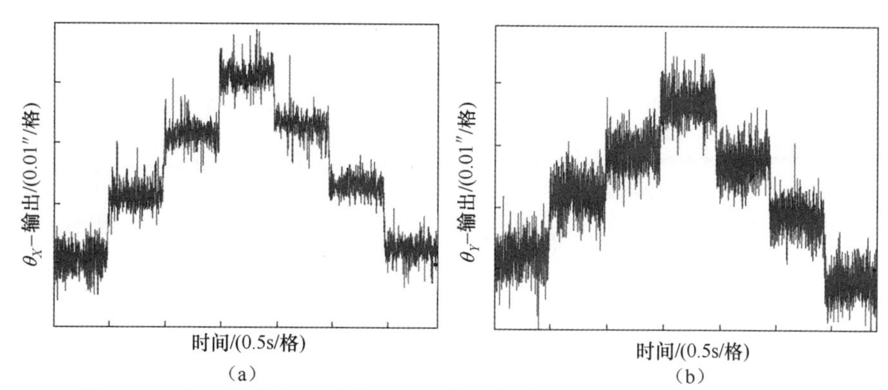

图 3.12　在 θ_X 方向和 θ_Y 方向上测试多探头类型的五自由度编码器分辨率

(a)测试编码器 X 方向分辨率的结果;(b)测试编码器 Y 方向分辨率的结果。

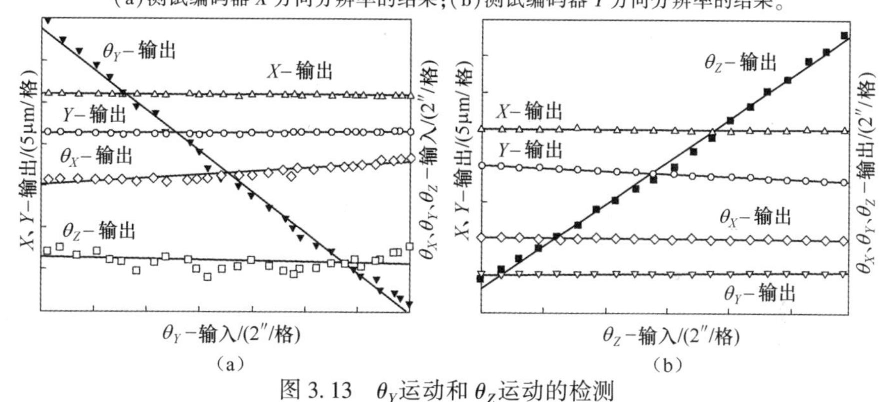

图 3.13　θ_Y 运动和 θ_Z 运动的检测

(a)测试 θ_Y 运动的结果;(b)测试 θ_Z 运动的结果。

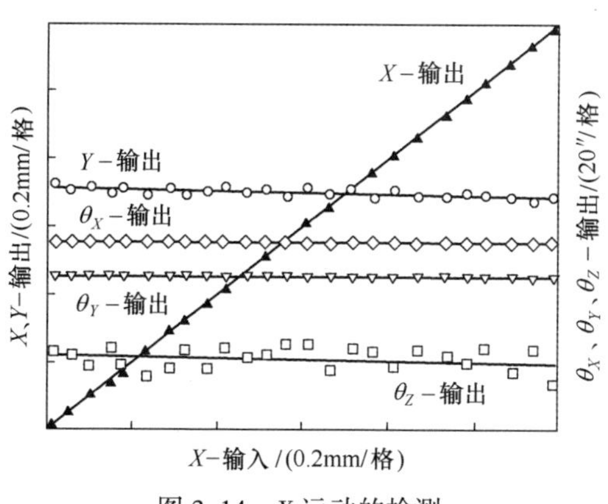

图 3.14　X 运动的检测

3.2.2 扫描激光光束型 MDOF 表面编码器

扫描激光光束型表面编码器的基本原理如图 3.15 所示。在光束扫描仪打开的情况下,斜率传感器的激光光束以恒定的速度 V 沿着直线 PP' 在网格表面周期性地扫描。如图 3.16 所示,对于所有的扫描,光束入射和扫描长度 PP' 是恒定的。激光光束也比正弦网格的运动速度快得多,以致在每次扫描期间可以认为正弦网格是静止的。线 PP' 和 X 轴之间的角度设置为 φ。$f(x)$ 和 $g(y)$ 为零的正弦网格的 X 方向零线和 Y 方向零线分别由 i 和 j 编号。由于在正弦函数的每个周期中有两个零点,X 和 Y 方向上两条相邻线之间的距离分别为 $g_x/2$ 和 $g_y/2$。

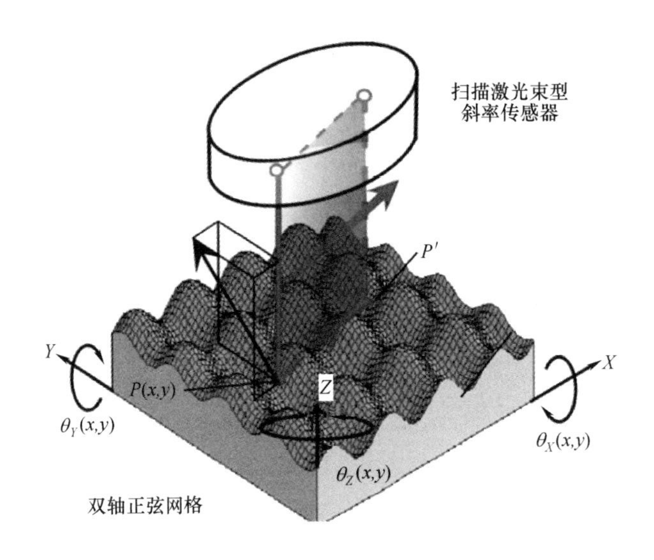

图 3.15　扫描激光光束型表面编码器的基本原理

让光束从 P 点行进到 i 行和 j 行的时间分别为 t_X 和 t_Y,P 点的位置可以由式(3.7)、式(3.8)得到[15]:

$$\begin{cases} x = \left(i - \dfrac{t_X}{T_{X1} + T_{X2}}\right) \cdot g_x = \left(i - \dfrac{t_X}{T_X}\right) \cdot g_x \\ y = \left(j - \dfrac{t_Y}{T_{Y1} + T_{Y2}}\right) \cdot g_y = \left(j - \dfrac{t_Y}{T_Y}\right) \cdot g_y \end{cases} \tag{3.7}$$

式中:$T_{X1}(T_{X2})$ 和 $T_{Y1}(T_{Y2})$ 分别为光束在 X 方向和 Y 方向上的两条相邻零线之间行进的时间;V_X 和 V_Y 分别为 V 的 X 方向和 Y 方向分量。

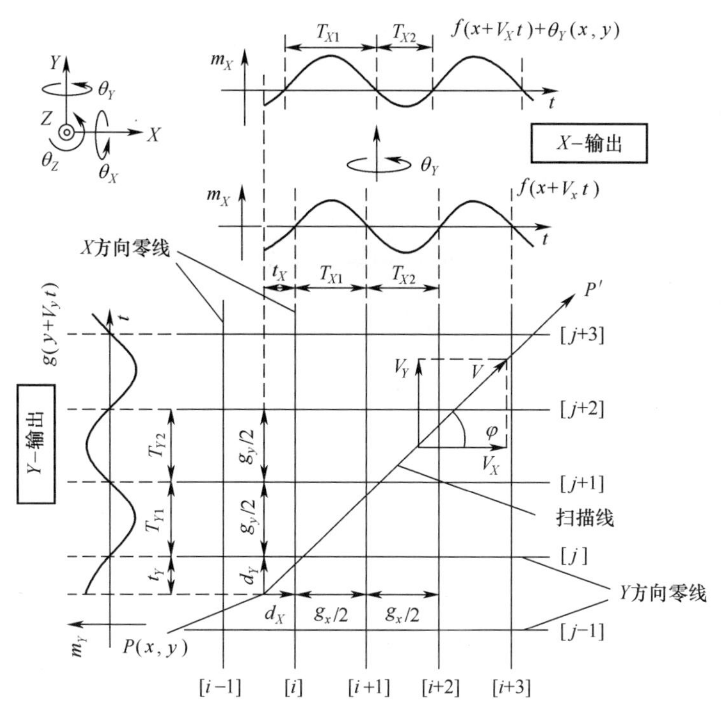

图 3.16　正弦网格上的扫描激光光束

除了双轴位置测量外，表面编码器还可用于检测与平移运动相关的倾斜运动。假设在点 $P(x,y)$ 处关于 Y 轴的倾斜运动为 $\theta_Y(x,y)$，则斜率传感器的 X 方向输出可表示为

$$m_X(x+V_Xt,y+V_Yt)=f(x+V_Xt)+\theta_Y(x,y)$$
$$=\frac{2\pi H_x}{g_x}\sin\left(2\pi\cdot\frac{x+V_Xt}{g_x}\right)+\theta_Y(x,y) \tag{3.8}$$

则 T_{X1} 和 T_{X2} 变成：

$$T_{X1}(x,y)=\frac{g_x}{V_X}\left[\frac{1}{2}-\frac{1}{\pi}\arcsin\left(-\frac{g_x\theta_Y}{2\pi H_x}\right)\right] \tag{3.9}$$

$$T_{X2}(x,y)=\frac{g_x}{V_X}\left[\frac{1}{2}+\frac{1}{\pi}\arcsin\left(-\frac{g_x\theta_Y}{2\pi H_x}\right)\right] \tag{3.10}$$

如果 $\theta_Y(x,y)$ 很小，则可以得到

$$\theta_Y(x,y)=k_Y\cdot\frac{T_{X2}(x,y)-T_{X1}(x,y)}{T_{X2}(x,y)+T_{X1}(x,y)},\quad k_Y=\frac{\pi^2H_x}{g_x} \tag{3.11}$$

类似地，关于 X 轴的倾斜运动 $\theta_X(x,y)$ 可以从相应的 T_{Y1} 和 T_{Y2} 中求出。当存

在围绕 Z 轴的倾斜运动 $\theta_Z(x,y)$ 时,扫描线 PP' 与 X 轴之间的角度将变为 $\varphi + \theta_Z(x,y)$,将会导致 V_Y 与 V_X 比率的变化。$\theta_Z(x,y)$ 可以表示为

$$\theta_Z(x,y) = \arctan \frac{T_{X1}(x,y) + T_{X2}(x,y)}{T_{Y1}(x,y) + T_{Y2}(x,y)} \cdot \frac{g_y}{g_x} - \varphi \tag{3.12}$$

由于只有网格表面的零线用于测量,网格表面的形式误差对测量精度的影响较小。

图 3.17 为实现 5-DOF 测量原理而设计和构建的原型表面编码器。斜率传感器为 125mm(L)×66mm(W)×45mm(H)。正弦网格表面的间距 g_x 和 g_y 均为 150μm,振幅(H_x,H_y)为 100nm,网格的直径为 150mm,这构成了表面编码器的位置测量范围。

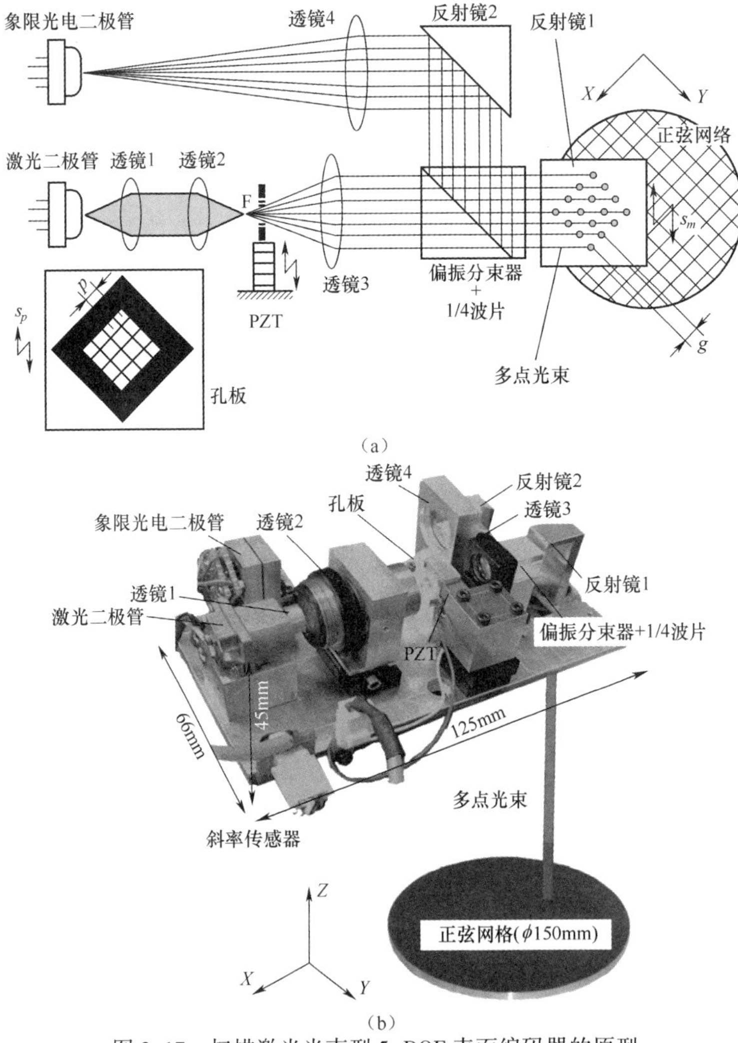

图 3.17 扫描激光光束型 5-DOF 表面编码器的原型

(a)光学布局;(b)照片。

玻璃孔板上每个微孔的尺寸为 3μm×3μm，孔的间距 $p=6\mu m$，点 F 是透镜 2 和透镜 3 的焦点，透镜 2 的 NA=0.1。孔板位于与点 F 距离为 L 的位置处，与正弦网格相同的多光束的间距 g 可以通过下式确定：

$$g=\frac{f_3}{L}p=k_m p \tag{3.13}$$

式中：f_3 为透镜 3 的焦距；k_m 是光束间距 g 与光圈间距 p 的放大率。

在原型传感器中，假设 $f_3=20\text{mm}$，L 调整为 800μm，则 k_m 变为 25，并且 $g=150\mu m$。投影在网格表面上的多点的数量约为 900。

通过用压电驱动器（PZT）移动孔板来实现多光束的扫描。PZT 的移动范围和多个光束在网格表面上的扫描长度分别由 s_p 和 s_m 表示。s_m 与 s_p 相比也等于 k_m。用一个运动范围为 16μm 的 PZT 来产生一个 400μm 的 s_m。多光束的扫描线与 X 轴之间的角度被设定为 45°。

图 3.18 显示了用于测量的时间参数 t_X、T_{X1} 和 T_{X2} 来计算位置和倾斜运动的技术示意图。为了清楚起见，图中未示出的 t_Y、T_{Y1} 和 T_{Y2} 可以以相同的方式测量。由函数信号发生器 1 产生的周期性三角波形 A 施加到 PZT 扫描仪以完成正弦网格

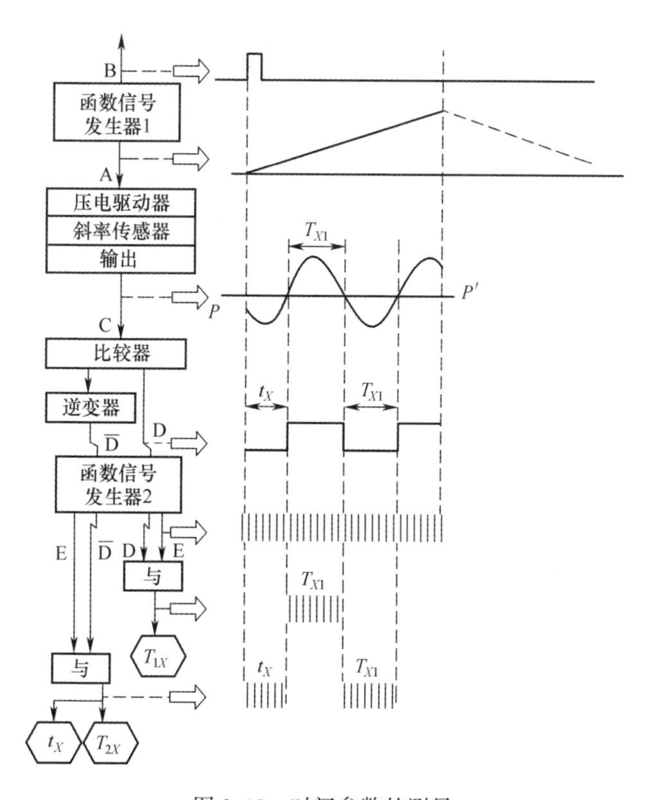

图 3.18　时间参数的测量

表面上的多个光束的扫描,同样从函数信号发生器输出脉冲信号 B 以确定扫描的起始点。来自斜率传感器的相应正弦输出 C 在通过比较器后转换为方波,比较器 D 的输出和由函数发生器 2 产生的高频时钟脉冲信号一起输入到逻辑与门,然后可以通过时钟脉冲周期和由脉冲计数器计数的与门输出来获得 T_{X1}。T_{X2} 和 t_X 也可以同样获得。函数发生器 1 和 2 的频率分别设置为 100Hz 和 1MHz。

图 3.19 显示了位置测量的结果。网格沿着周期性的平方根移动了一个双轴平台,而斜率传感器保持静止。与双轴激光干涉仪相比,其测量误差约为 3.5μm。该误差主要由 PZT 扫描仪的移动误差引起的。图 3.20 显示了倾斜运动测量的结果。图 3.20(a) 显示了 θ_X 测量的结果,同时也检测 θ_Y 的编码器输出来评估交叉敏感度。如图 3.20 所示,交叉灵敏度约为 3.6%。交叉敏感度的误差是由正弦网格、斜率传感器和平台之间的轴线对准误差引起的。PZT 运动的直线性是交叉敏感性误差的另一个原因。θ_Y 测量和 θ_Z 测量也获得类似的结果,如图 3.20(b) 所示。

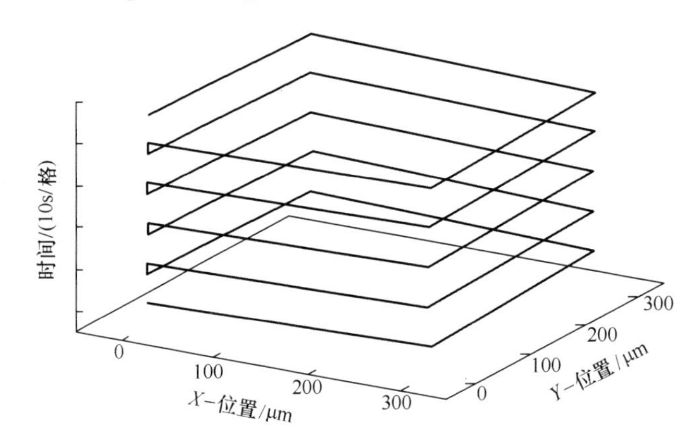

图 3.19　扫描激光光束型五自由度表面编码器的 X 和 Y 运动的测量结果

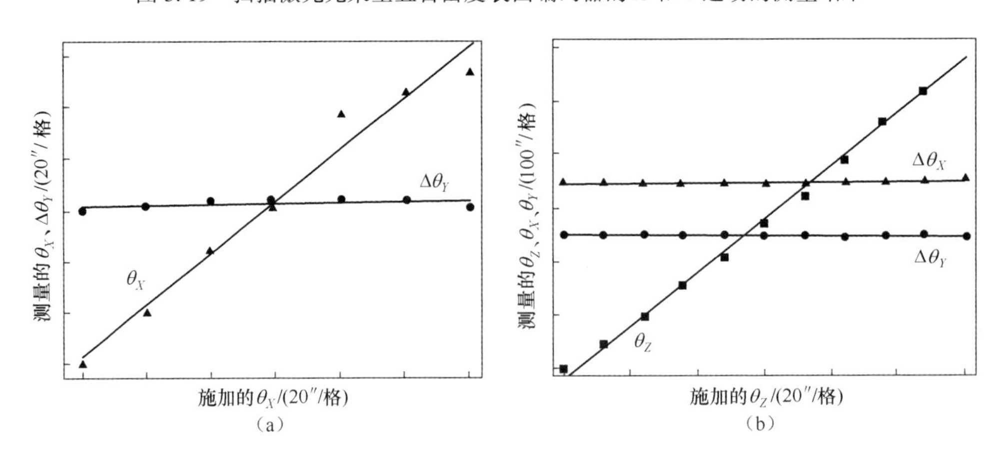

图 3.20　扫描激光光束型五自由度表面编码器的倾斜运动测量结果

(a) θ_X 运动;(b) θ_Z 运动。

3.3 表面编码器两轴正弦网格的制造

3.3.1 制造系统

图 3.21 显示了双轴正弦网格的制造系统。该系统由金刚石车床,快速工具伺服系统(FTS)和 PC 组成。FTS 安装在金刚石车床的 X-滑块上,工件通过真空吸盘固定在主轴上,其轴线沿着 Z 方向。X-滑块的运动和主轴的旋转是同步的。

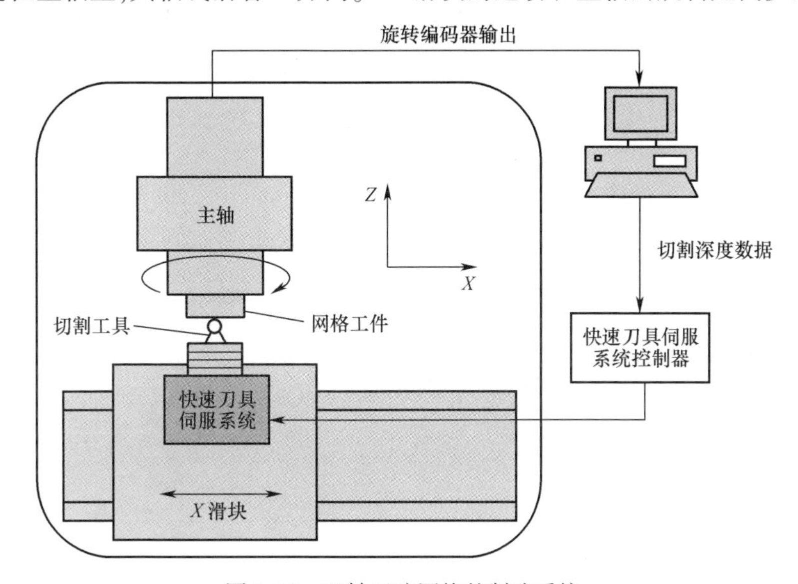

图 3.21　双轴正弦网格的制造系统

XY-平面[16]中刀尖位置的极坐标如下:

$$(r_i, \theta_i) = \left(r_0 - \frac{Fi}{UT}, 2\pi \frac{i}{U}\right), \qquad i = 0, 1, \cdots, N-1 \tag{3.14}$$

式中:r_0为工件半径(mm);F 为 X-滑块的进给速率(mm/min);U 为每转一圈的主轴旋转编码器的脉冲数(脉冲/r);T 为主轴的转速(r/min);i 为第 i 个旋转编码器脉冲;N 为 X-滑块到达中心的旋转编码器的总脉冲数。金刚石工具沿 Z 方向的切割深度由 FTS 控制。根据式(3.1)和式(3.15)计算每个点的切割深度,并在制造前储存在 PC 中,即

$$\begin{aligned} z(i) &= f(r_i \cos\theta_i, r_i \sin\theta_i) \\ &= f\left[\left(r_0 - \frac{Fi}{UT}\right)\cos\left(2\pi \frac{i}{U}\right), \left(r_0 - \frac{Fi}{UT}\right)\sin\left(2\pi \frac{i}{U}\right)\right] \end{aligned} \tag{3.15}$$

当制造开始时,切割数据被输出到控制器,以响应来自主轴旋转编码器的触发信号。在制造实验中,工件材料为 A5052,每一转的旋转编码器脉冲为 30000,主轴的转速为 20r/min,X-滑块的进给速率为 5μm/转,在其上制造正弦网格的工件直径为 150mm。

3.3.2 制造误差的分析和补偿

选择采用干涉显微镜作为制作网格的轮廓仪器。由于显微镜的测量面积约为 1mm×1mm,因此在整个 150mm 直径范围内的测量效果不佳。另外,从图 3.22 所示的转动过程的角度来看,沿着圆周方向的区域 A、B、C…的轮廓误差特征应该是类似的,并且其中一个区域的评估结果也代表其他区域。

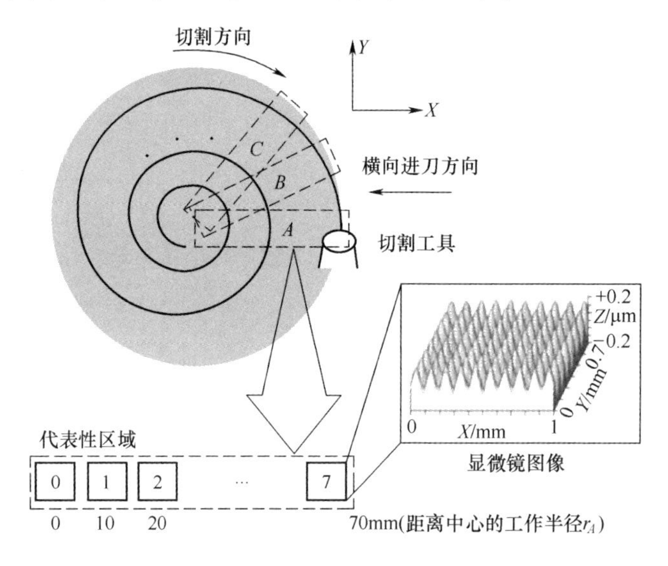

图 3.22 评估区域

选择图 3.22 中编号为 0、1、2、…、7 的沿径向的几个区域作为评估轮廓误差的代表性区域。区域 0 在工件中心,区域 7 是距离中心 70mm 的区域。区域 7 的干涉显微镜图像如图 3.22 所示。由于网格具有正弦轮廓,采用干涉显微镜图像的二维离散傅里叶变换(二维 DFT)来识别表面轮廓中的误差分量。图 3.23 是区域 7 的二维 DFT 干涉显微镜图像的光谱,f_X和f_Y轴分别显示 X 方向和 Y 方向的空间频率,$m(f_X,f_Y)$轴显示光谱的振幅。在频率 0.01μm^{-1}处,显示了对应于 100μm 波长的 4 个最大分量,即所需的正弦曲面轮廓分量。谱中显示的其他组分是轮廓误差。这些提供了空间频率和轮廓误差方向的信息。根据干涉显微镜规格,最小空间波长和最大空间波长分别为 4.6μm 和 1mm。

如图 3. 23 所示，频谱在 f_X 轴上的误差峰值为 0. 02μm^{-1}，为网格空间间距的1/2。在所有区域都观察到了误差峰值，每个区域误差峰值的振幅：区域 1 的为7. 8nm，区域 2 的为 9. 5nm，区域 3 的为 9. 5nm，区域 4 的为 10. 4nm，区域 5 的为10. 2nm，区域 6 的为 11. 5nm，区域 7 的为 13. 2nm。误差峰值通常仅出现在工具进给方向上，并且出现在轮廓组件空间频率的 1/2 处。当切割数据计算为网格的完整轮廓时，这些点与编程的切割位置不同(图 3. 24)，这种差异导致轮廓错误。因为在正弦波的顶部和底部微分值为零，所以轮廓没有显示误差，并且轮廓误差的波长变得等于正弦网格间距的一半。仿真研究了这个错误，结果如图 3. 25所示。结果表明，由于圆头几何形状，切割点的差异导致波长为 50μm的轮廓误差。

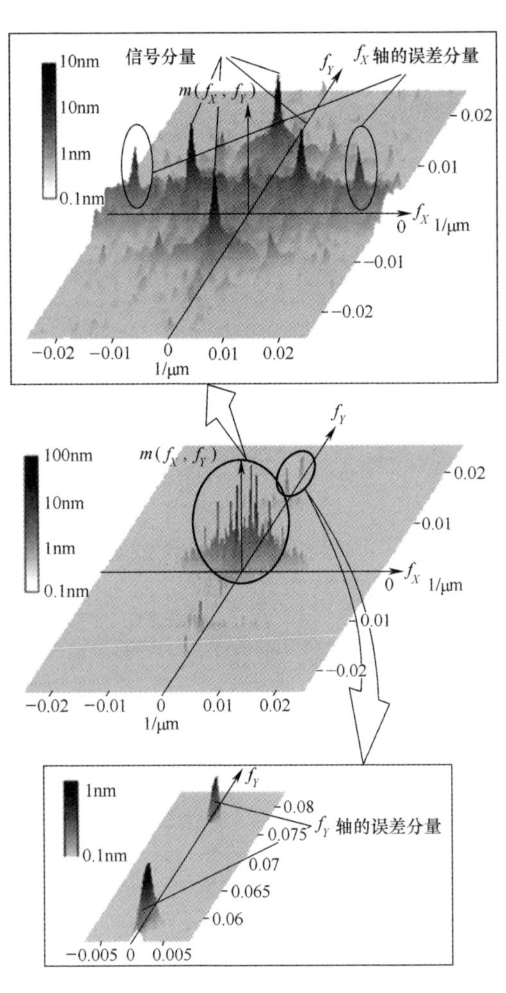

图 3. 23　区域 7 表面轮廓的光谱分布

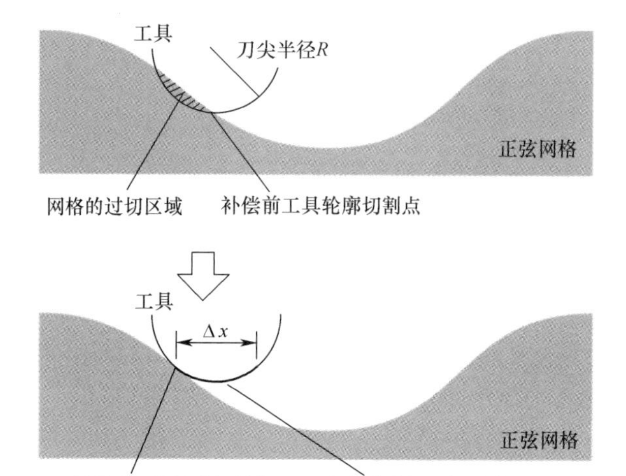

图 3. 24　补偿圆头切割工具切割刃上的切割位置

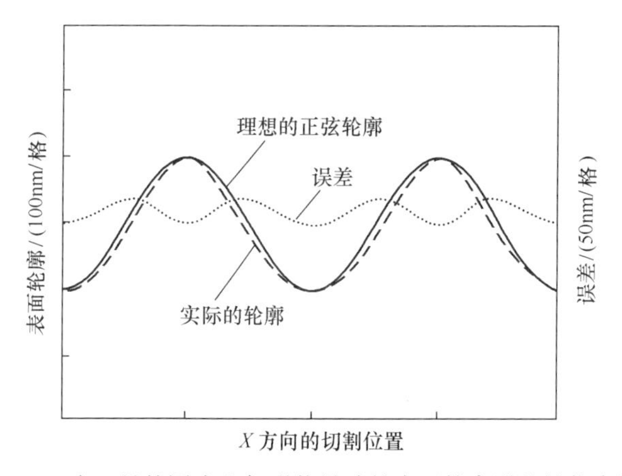

图 3. 25　由工具的圆头几何形状导致的表面轮廓误差的仿真结果

在已知宽度为 Δx 的工具切割刃部分的局部半径 R' 的情况下，可以根据图 3. 24所示的模型补偿轮廓误差。Δx 的计算方法为

$$\Delta x = \frac{2R}{\sqrt{1 + \left(\frac{g}{2\pi H}\right)^2}} \tag{3.16}$$

式中：R 为标称刀尖半径；g 和 H 分别为正弦网格的节距和幅度。假设 $R = 1000\mu m$，$g = 100\mu m$，$H = 0.1\mu m$，计算 $\Delta x = 13\mu m$。这部分中的 R' 可能与 R 不相同，也很难准确评估。为了确定用于补偿的局部半径的最佳值，在工件小面积上重复地进行制造，其中使用不同的半径值来补偿工具圆头几何形状。通过干涉显微镜

对制造的正弦曲面进行成像以获得每次的离散傅里叶变换(DFT)谱。

图 3.26 显示了在 50μm 波长($f_X=0.02\mu m^{-1}$)处的误差分量的幅度与用于补偿的局部半径之间的关系。从图中可以看出,用于补偿的工具局部半径的最佳值被评估约为 1.05mm,其与标称工具半径 1mm 之间有 50μm 的差异。此外,为了研究工具磨损的影响,还获得了 4.8km 切割后的局部半径。可以看出,切割 4.8km 后局部半径为 1.55mm。

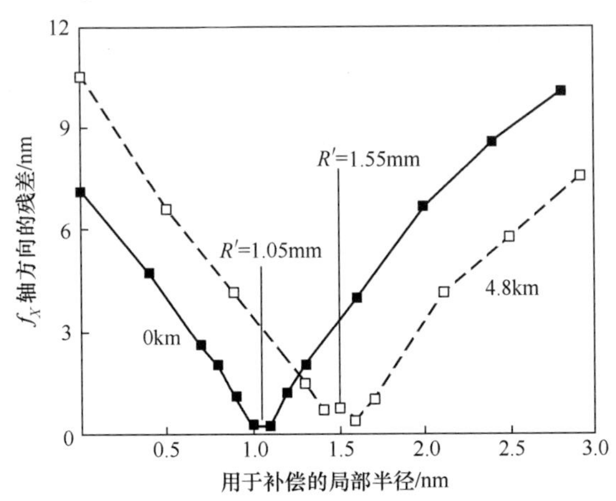

图 3.26 评估用于补偿的局部半径

由于与 YZ-平面中的工具半径相对应的工具半径约为 50nm,这比网格表面的最小曲率小得多,因此沿着切割方向产生的轮廓误差分量足够小,可以被忽略。这就是在图 3.23 中的 $f_Y=0.02\mu m^{-1}$处没有观察到大的误差分量的原因。但另一方面,图 3.23 中的 f_Y轴出现了一些更高频率的误差峰。图 3.27 显示了每个评估区域中误差峰值的幅度和空间频率,可以看出,随着工作半径 r_A 的增加,幅度减小并且频率增加。在工件的圆周方向 f_Y上,相邻切割点之间的间隔与半径成正比,并且与每转主轴的旋转编码器脉冲的数量成反比。当所有半径的旋转编码器脉冲相同时,如果半径较大,则间隔较大。因此,认为误差是由切割点的数字化引起的,这导致相邻切割点之间的间隔。图 3.28 显示了假设快速工具伺服系统误差为 2.3kHz 的误差的仿真结果。尽管测量结果和仿真结果之间的误差峰值大小不同,但仿真显示的行为几乎与从测量结果中观察到的行为相同。

切割点数字化造成的误差可以通过增加旋转编码器每转的脉冲数和缩短切割点间隔来简单地补偿。但是,主要有两个限制:①每转的最大旋转编码器脉冲数,由金刚石车床确定;②由于 FTS 频率带宽的限制,来自数模转换器的切割数据的输出会引起延迟。虽然这个问题可以通过降低主轴的转速来解决,但是制造时间会因此而增加。在如下所述的制造实验中,制造参数被优化以减少由切割点的数字化引起的误差,考虑的参数如下:

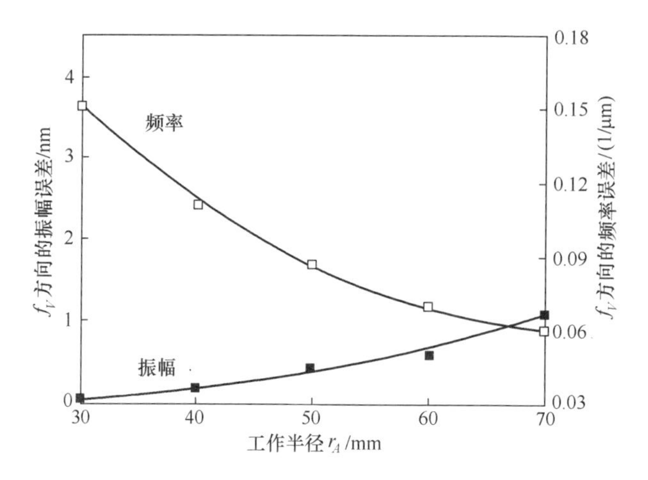

图 3.27　数字化引起误差的测量结果

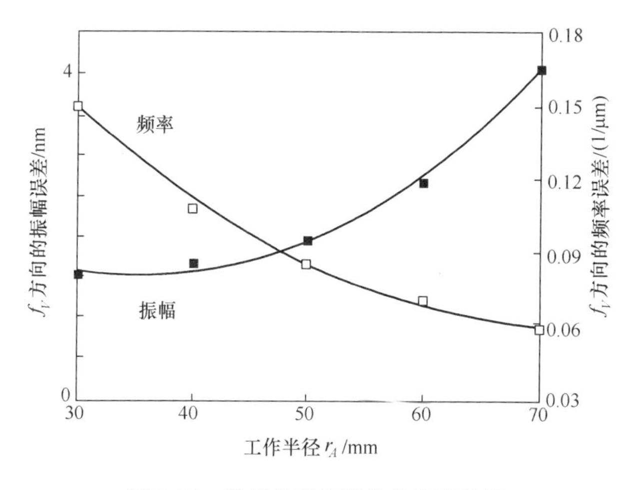

图 3.28　数字化引起误差的仿真结果

- T 为主轴的转速(r/min)；
- U 为主轴旋转编码器每转的脉冲数(脉冲/r)；
- t_U为 X 方向的轨道间距(μm/圈)；
- r 为工件的径向位置(μm)；
- $V=2\pi rT$ 为切割速度(μm/min)；
- $F_S=UT/60$ 为切割数据的输出频率(Hz)；
- $L_S=2\pi r/U$ 为圆周方向的间隔(μm)；
- $F_{\text{FTS}}=2\pi rT/(60g)$为 FTS 的驱动频率(Hz),其中 g 是网格间距;
- $D_U = Ur_{\max}/tU$ 为切割数据点的总数。

主要限制如下：

- $T<167$，主轴旋转编码器的响应极限；
- $U<180000$，旋转编码器每转脉冲数的最大值；
- $F_{FTS}<1600\text{Hz}$，FTS 的带宽。

图 3.29(a)显示了修改前的制造条件。圆周方向 L_S 上的间隔为 15.7μm，为正弦网格间距的 1/6。如果旋转编码器每转脉冲数增加 3 倍，L_S 将变为大约 5μm，这与轨道间距 t_U 相同。但是，切割数据的输出频率也会增加。在研究制造系统中的最大输出频率，修改制造条件之后，系统进行了输出误差的测试。通过使用如 0、1、0、1、0…的矩形数据作为切割数据来研究在不同输出频率下的输出条件。超过输出频率限制会导致数据缺失，如 0、1、0、0、1…，这由示波器的毛刺触发功能检测到的。在低于 120kHz 的频率下观察 10min，没有发现数据缺失。图 3.29(b)显示了新的制造条件。U 设置为 90000，比修改前使用的对应值大了 3 倍，最外侧区域

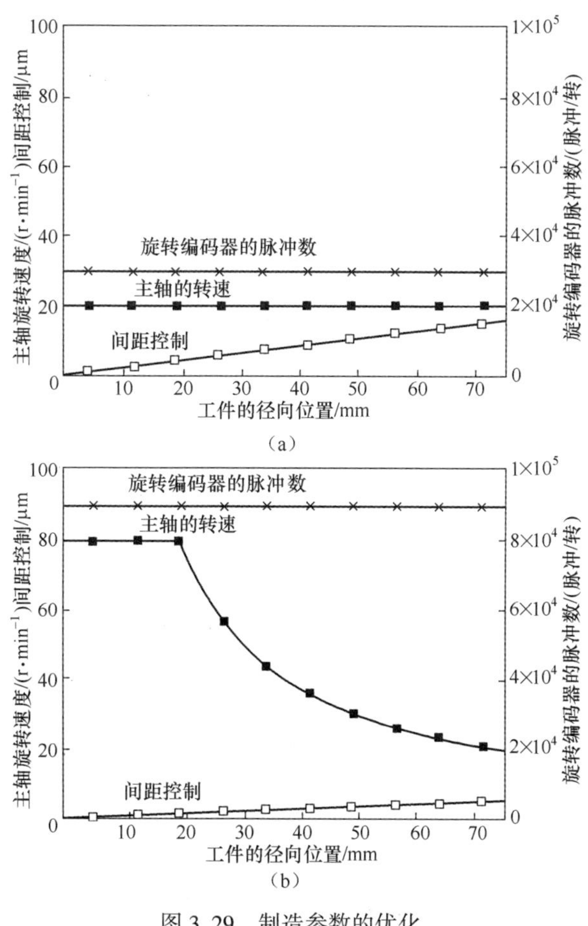

图 3.29 制造参数的优化

(a)优化前；(b)优化后。

的圆周方向的切割数据的间隔缩短为 5.2μm。主轴的旋转速度在远离中心 20mm 的区域设定为 $T=1500\times10^3$r/min(20~80r/min)。得出制造时间减少到 6.6h，这是制造条件改变之前所需时间的 1/2。最大输出频率为 120kHz 时，主轴的最高转速限制为 80r/min。

在修改制造条件之后进行制造补偿，对正弦网格进行二维 DFT 分析。图 3.30 显示了由切割工具的圆头几何形状引起的误差的幅度以及由切割点的数字化引起的误差的幅度。可以看出，前者误差从 13.2nm 减小到 1.5nm，而后者从 1nm 减小到 0.1nm。

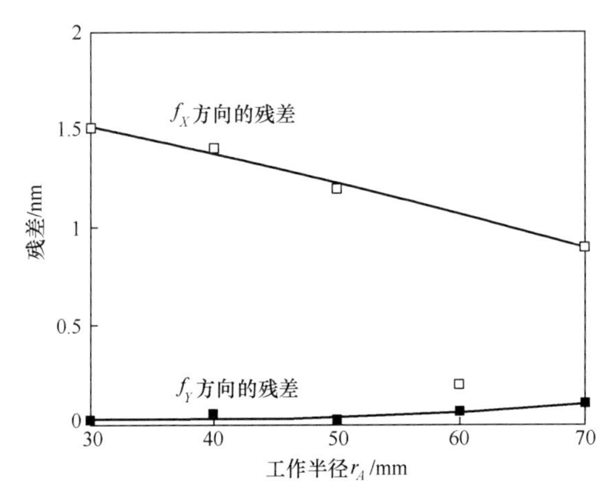

图 3.30 使用优化条件的制造结果

3.4 表面编码器在表面电机驱动平面阶段的应用

3.4.1 平台系统

图 3.31 显示了由表面电机平台和图 3.3 所示的三自由度表面编码器组成的平台系统的示意图。平面运动平台由一个运动元件(压盘)和一个平台底座组成。压盘由四个无刷式两相直流电机驱动，线性电机对称安装在同一个 XY-平面内，两个在 X 方向(X 电机)，另外两个在 Y 方向(Y 电机)，每个电机由一对磁性阵列和一个定子(线圈)组成。磁阵列和线圈分别安装在压盘和平台底座的背面，移动磁铁/固定线圈结构避免了线圈导线与压盘移动的干扰。线圈产生的热量很容易被移除到台架底座上，而不会传递到压盘上。每个磁阵列有 10 个间距为 10mm 的 Nd-Fe-B 永磁体。定子有两个线圈，它们以 35mm 的间距反串联连接，构成一个两相线性电机。每个线圈有126 匝 ϕ0.5mm 的线，电阻为

2Ω,电感为$610\mu H$。线圈具有非磁芯,因此推力波动和磁吸引力可以最小化。磁阵列和定子之间的间隙为 1mm。对线性电机的两相力施加简单的换向法则,从而可以在整个行程范围内获得与施加的线圈电流成比例的恒定力。X 和 Y 方向的全程行程为 40mm。测量的 X 和 Y 线性电机对的推力增量为 1.6N/A。压盘由尺寸为 260mm×260mm×8mm 的铝板制成。由压盘、磁阵列和正弦网格组成的压盘组件的总质量约为 2.8kg。压盘的最大加速度增益在 X 和 Y 方向上计算为 $0.57m/s^2/A$。构建简单和低成本的线性电机的主要动机是为了展示用表面编码器精确定位的可能性。推力和加速度可以根据需要,通过采用市场上可买到的高功率线性电动机来提高。

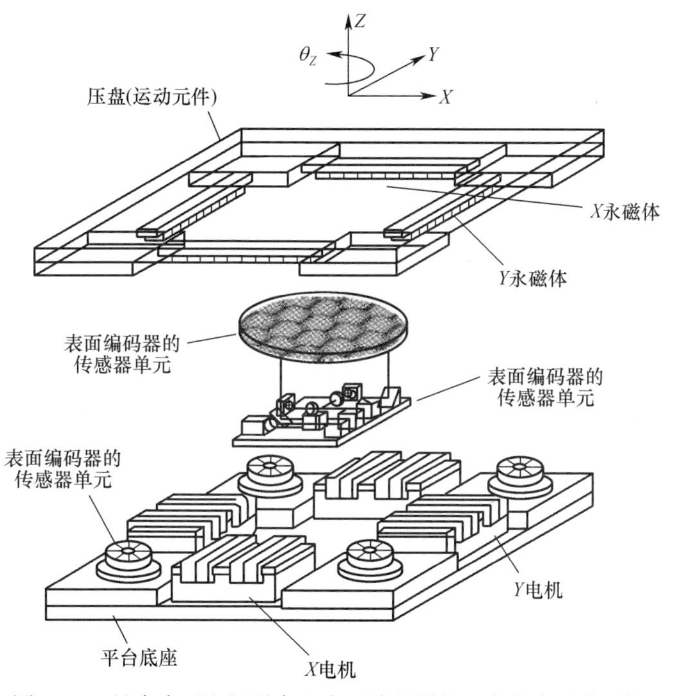

图 3.31　具有表面电机平台和表面编码器的三自由度平台系统

安装有线性电机定子,悬浮空气主轴和传感器单元的平台底座的不锈钢板的尺寸为 250mm×250mm×15mm,质量为 7.4kg。有四个空气主轴用于在 Z 方向上悬浮压盘,静止的轴承垫结构用来避免气管对压盘运动的干扰。在轴承衬垫表面上产生凹槽,从而可以在衬垫表面上获得均匀的悬浮力。用于支撑压盘质量的每个空气主轴上的力为 6.9N。空气主轴中也使用永磁体,以使每个空气主轴的负载增加到 20.6N,这导致 Z 方向的刚度更高,为 $1.4\mu m/N$。考虑压盘的移动范围和轴承的尺寸,压盘上相对的不锈钢垫尺寸设计为 70mm×70mm×8mm。

图 3.32 显示了驱动平台压盘的模型。假定时间 t 时,线性电机的推力矢量 $\boldsymbol{F}(t)$ 和定子线圈电流矢量 $\boldsymbol{I}(t)$ 分别定义为

$$\boldsymbol{F}(t)=\begin{bmatrix} f_{X1}(t) \\ f_{X2}(t) \\ f_{Y1}(t) \\ f_{Y2}(t) \end{bmatrix} \tag{3.17}$$

$$\boldsymbol{I}(t)=\begin{bmatrix} i_{X1}(t) \\ i_{X2}(t) \\ i_{Y1}(t) \\ i_{Y2}(t) \end{bmatrix} \tag{3.18}$$

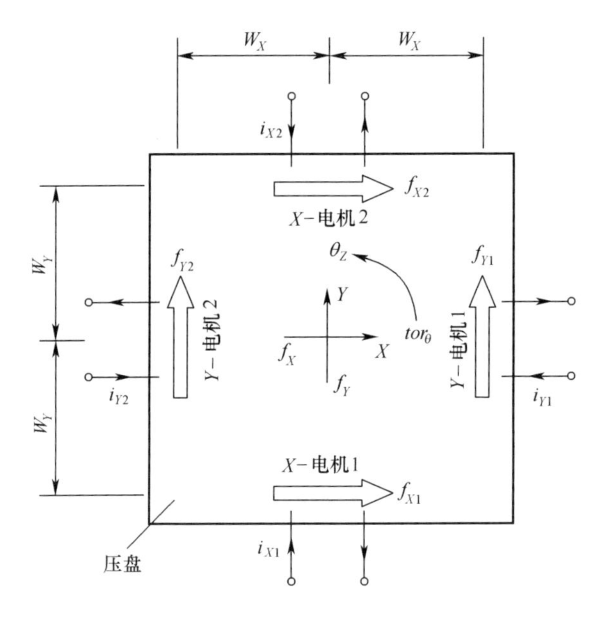

图 3.32　压盘的驱动模型

推力矢量和线圈电流矢量之间的关系可以表示为

$$\boldsymbol{F}(t)=\boldsymbol{K}_{\text{force}}\boldsymbol{I}(t) \tag{3.19}$$

式中：$\boldsymbol{K}_{\text{force}}$为力常数矩阵，定义为

$$\boldsymbol{K}_{\text{force}}=\begin{bmatrix} k_{X1} & 0 & 0 & 0 \\ 0 & k_{X2} & 0 & 0 \\ 0 & 0 & k_{X3} & 0 \\ 0 & 0 & 0 & k_{X4} \end{bmatrix} \tag{3.20}$$

压盘的运动方程可写为

$$
\begin{bmatrix} f_x(t) \\ f_y(t) \\ \mathrm{tor}_\theta(t) \end{bmatrix} = \boldsymbol{M}_{\mathrm{iner}} \begin{bmatrix} \dfrac{\mathrm{d}^2 x(t)}{\mathrm{d}t^2} \\ \dfrac{\mathrm{d}^2 y(t)}{\mathrm{d}t^2} \\ \dfrac{\mathrm{d}^2 \theta_Z(t)}{\mathrm{d}t^2} \end{bmatrix} \tag{3.21}
$$

其中,质量和惯性矩阵 $\boldsymbol{M}_{\mathrm{iner}}$ 可表示为

$$
\boldsymbol{M}_{\mathrm{iner}} = \begin{bmatrix} m & 0 & 0 \\ 0 & m & 0 \\ 0 & 0 & m \end{bmatrix} \tag{3.22}
$$

式中:m 和 J 分别为压盘的质量和惯量 $m = 2.8\mathrm{kg}, J = 0.04\mathrm{kg} \cdot \mathrm{m}^2$;$f_X(t)$、$f_Y(t)$ 和 $tor_\theta(t)$ 分别为在 X、Y 和 θ_Z 方向驱动压盘的合力和扭矩。

使用以下线性电机力组合来生成 $f_X(t)$、$f_Y(t)$ 和 $tor_\theta(t)$:

$$
\begin{bmatrix} f_X(t) \\ f_Y(t) \\ tor_\theta(t) \end{bmatrix} = \begin{bmatrix} 1 & 1 & 0 & 0 \\ 0 & 0 & 1 & 1 \\ W_X & -W_X & 0 & 0 \end{bmatrix} \begin{bmatrix} f_{X1}(t) \\ f_{X2}(t) \\ f_{Y1}(t) \\ f_{Y2}(t) \end{bmatrix} \tag{3.23}
$$

为了将合力和转矩与线圈电流联系起来,式(3.23)变为

$$
\begin{bmatrix} f_X(t) \\ f_Y(t) \\ tor_\theta(t) \\ 0 \end{bmatrix} = \begin{bmatrix} 1 & 1 & 0 & 0 \\ 0 & 0 & 1 & 1 \\ W_X & -W_X & 0 & 0 \\ 0 & 0 & W_Y & -W_Y \end{bmatrix} \begin{bmatrix} f_{X1}(t) \\ f_{X2}(t) \\ f_{Y1}(t) \\ f_{Y2}(t) \end{bmatrix} \tag{3.24}
$$

将式(3.19)代入式(3.24),可得

$$
\begin{bmatrix} f_X(t) \\ f_Y(t) \\ tor\theta(t) \\ 0 \end{bmatrix} = \begin{bmatrix} 1 & 1 & 0 & 0 \\ 0 & 0 & 1 & 1 \\ W_X & -W_X & 0 & 0 \\ 0 & 0 & W_Y & -W_Y \end{bmatrix} \times \boldsymbol{K}_{\mathrm{force}} \times \begin{bmatrix} i_{X1}(t) \\ i_{X2}(t) \\ i_{Y1}(t) \\ i_{Y2}(t) \end{bmatrix} \tag{3.25}
$$

用于产生必要的合力和转矩的线圈电流可以表示为

$$
\begin{bmatrix} i_{X1}(t) \\ i_{X2}(t) \\ i_{Y1}(t) \\ i_{Y2}(t) \end{bmatrix} = \frac{\boldsymbol{K}_{\mathrm{force}}^{-1}}{2} \begin{bmatrix} f_X(t) + \dfrac{tor_\theta(t)}{W_X} \\ f_X(t) - \dfrac{tor_\theta(t)}{W_X} \\ f_Y(t) \\ f_Y(t) \end{bmatrix} \tag{3.26}
$$

式中：$\boldsymbol{K}_{\text{force}}^{-1}$为$\boldsymbol{K}_{\text{force}}$的矩阵逆。

通过表面编码器测量的压盘在X、Y和θ_Z方向上的位置可以通过A/D转换器发送到PC中作为反馈信号，将测量的位置与PC中的命令位置进行比较，以获得误差信号。通过PC[17]中的软件PID控制器后，误差信号用于确定产生致动力和转矩所必须的定子线圈电流。然后通过D/A转换器和电流放大器把PC控制的线圈电流施加到线性电机上，以将压盘驱动到指令位置。PID控制器中的参数值首先通过基于阶段动力学模型的计算机仿真来确定，这些值在随后的实验中通过反复实验过程进行调整。

3.4.2 平台性能

平面运动平台的定位实验在图3.33所示的装置中进行。表面编码器输出用作位置反馈的信号，采用三轴干涉仪系统来监测平台的实际运动。

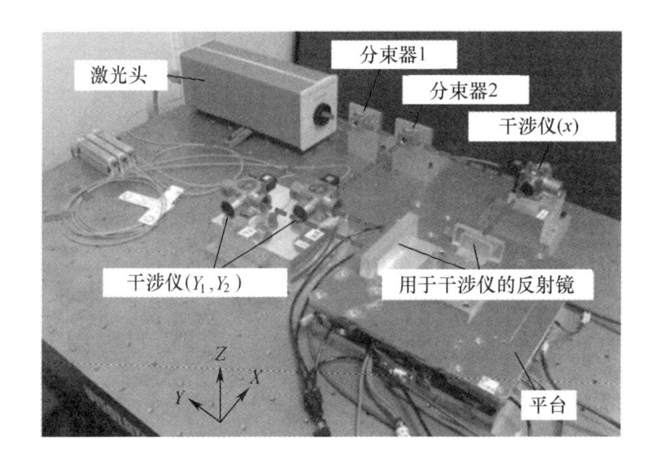

图3.33 定位实验的装置

图3.34显示了在X方向和Y方向测试平台定位分辨率的结果。平台先在X方向移动一个200nm的步进，而Y和θ_Z位置保持静止。然后，平台在X和θ_Z位置保持静止，同时以相同的步进沿Y方向移动。图3.34(a)显示了用作反馈信号的表面编码器的输出，图3.34(b)显示了干涉仪输出，说明了平台的实际运动。可以看出，在X方向和Y方向上的定位分辨率约为200nm。图3.35显示了测试θ_Z位置的分辨率的结果，θ_Z方向的分辨率由X方向和Y方向的分辨率决定，约为1″。干涉仪的X输出和Y输出的变化是由于测量点偏离旋转中心所致。干涉仪θ_Z输出的变化是由于平台定位的不完善造成的。图3.34和图3.35所示的结果也表明，该平台可以独立控制X、Y和θ_Z方向。

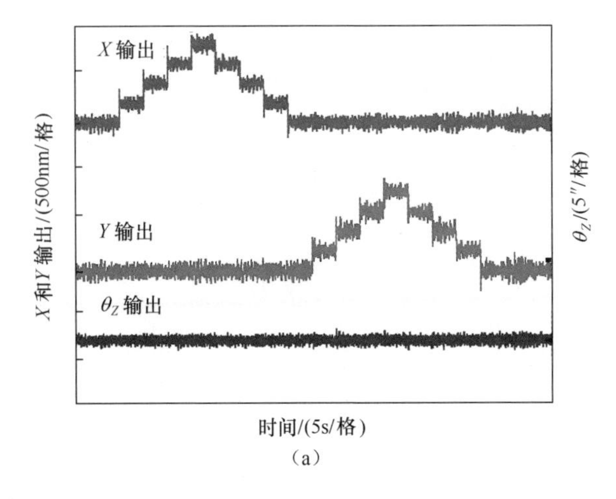

(a)

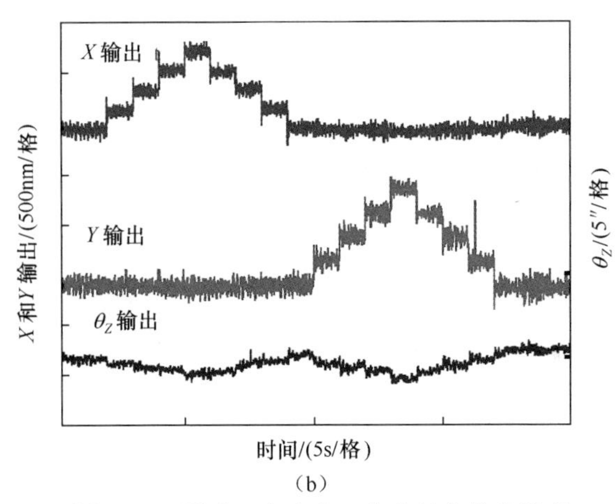

(b)

图 3.34 测试 X 方向和 Y 方向的定位分辨率

(a)用作反馈信号的表面编码器的输出;(b)干涉仪的输出。

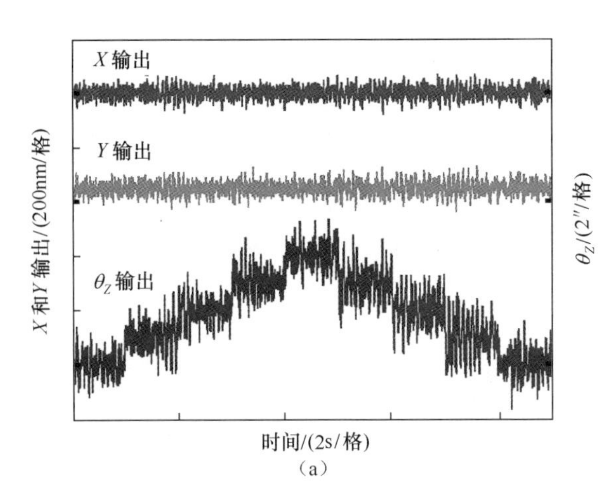

(a)

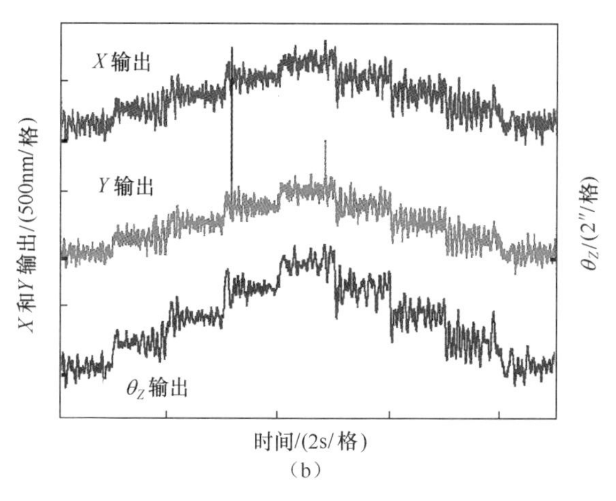

图 3.35　测试 θ_Z 方向的定位分辨率

(a)用作反馈信号的表面编码器的输出;(b)干涉仪的输出。

3.5　小结

本节描述了用于测量平面内运动的多自由度(MDOF)表面编码器,其由一个正弦网格和一个斜率传感器单元组成,并介绍了两种类型的用于 MDOF 平面内运动测量的斜率传感器单元,分别是多探头型和扫描激光光束型。在多探头型三自由度表面编码器的斜率传感器单元中采用了两个双轴倾斜传感器,以同时测量两个点的 X 和 Y 的位置,θ_Z 倾斜运动是从两点的 X 和 Y 的位置计算出来的。传感器单元中增加了一个可以直接检测 $\theta_X\theta_Y$ 倾斜运动的具有大光束的两轴倾斜传感器,用于测量五自由度面内运动。在扫描激光光束型表面编码器中,激光光束以恒定速度沿直线周期性地扫描网格表面,X 和 Y 的位置和 $\theta_X\theta_Y\theta_Z$ 倾斜运动可以通过零斜率穿越线的时间参数获得。与多探头型表面编码器相比,扫描激光光束型结构简单,测量速度慢。

本节提出了一种用于制造正弦曲线网格表面的制造系统,该系统基于快速工具伺服的金刚石车削。基于正弦网格表面的干涉显微镜图像的二维 DFT 的有效评估技术已用于制造的网格表面,由金刚石工具的圆头几何形状和切割数据数字化引起的误差分量已经通过评估技术识别。通过评估结果的补偿程序,误差分量的幅度已减小到几纳米。

表面编码器被集成到平面运动平台中。平台上的压盘通过空气主轴在 Z 方向悬浮,由 4 个两相线性电动机驱动,即在 X 和 Y 方向上各一对。平台在 X 和 Y 方向上的行程为 40mm。上文所描述的定位实验演示了该平台的表现。

参考文献

[1] Fan KC, Ke ZY, Li BK (2009) Design of a novel low-cost and long-stroke co-planar stage for nanopositioning. Technisches Messen 76(5):248–252

[2] Hocken RJ, Trumper DL, Wang C (2001) Dynamics and control of the UNCC/MIT sub-atomic measuring machine. Ann CIRP 50(1):373–376

[3] Kim WJ, Trumper DL (1998) High-precision magnetic levitation stage for photolithography. Precis Eng 22(2):66–77

[4] Weckenmann A, Estler WT, Peggs G, McMurtry D (2004) Probing systems in dimensional metrology. Ann CIRP (53)2:657–684

[5] Kunzmann H, Pfeifer T, Flugge J (1993) Scales versus laser interferometers, performance and comparison of two measuring systems. Ann CIRP 42(2):753–767

[6] Büchner HJ, Stiebig H, Mandryka V, Bunte E, Jäger G (2003) An optical standingwave interferometer for displacement measurements. Meas Sci Technol 14:311–316

[7] Steinmetz CR (1990) Sub-micron position measurement and control on precision machine tools with laser interferometry. Precis Eng 12(1):12–24

[8] Teimel A (1992) Technology and applications of grating interferometers in highprecision measurement. Precis Eng 14(3):147–154

[9] Tomita Y, Koyanagawa Y, Satoh F (1994), Surface motor-driven precise positioning system. Precis Eng 16(3):184–191

[10] Gao W, Dejima S, Yanai H, Katakura K, Kiyono S, Tomita Y (2004) A surface motor-driven planar motion stage integrated with an $XY\theta_Z$ surface encoder for precision positioning. Precis Eng 28(3):329–337

[11] Dejima S, Gao W, Shimizu H, Kiyono S, Tomita Y (2005) Precision positioning of a five degree-of-freedom planar motion stage. Mechatronics 15(8):969–987

[12] Kiyono S, Cai P, Gao W (1999) An angle-based position detection method for precision machines. Int J Jpn Soc Mech Eng 42(1):44–48

[13] Kiyono S (2001) Scale for sensing moving object, and apparatus for sensing moving object. US Patent 6,262,802, 17 July 2001

[14] Gao W, Dejima S, Kiyono S (2005) A dual-mode surface encoder for position measurement. Sens Actuators A 117(1):95–102

[15] Gao W, Dejima S, Shimizu Y, Kiyono S (2003) Precision measurement of two-axis positions and tilt motions using a surface encoder. Ann CIRP 52(1):435–438

[16] Gao W, Araki T, Kiyono S, Okazaki Y, Yamanaka M (2003) Precision nanofabrication and evaluation of a large area sinusoidal grid surface for a surface encoder. Precis Eng 27(3):289–298

[17] Dejima S, Gao W, Katakura K, Kiyono S, Tomita Y (2005) Dynamic modeling, controller design and experimental validation of a planar motion stage for precision positioning. Precis Eng 29(3):263–271

第4章 用于测量平面内和平面外运动的光栅编码器

4.1 概述

在纳米制造中,不仅要产生 XY-平面内的运动,还要产生 Z 方向平面外的运动[1]。用于生成平面内和平面外运动的很多平台需要在 XY 轴上有大的行程和在 Z 轴上有相对小的行程,具有纳米分辨率的三轴位移测量对于这样平台的精确定位是必不可少的。通过组合第 3 章中介绍的用于测量 XY-平面内平移运动的表面编码器和用于 Z 轴测量的短程位移传感器,可实现三轴位移测量。与激光干涉仪相比,表面编码器和位移传感器的组合具有更好的热稳定性,并且更加便宜,这对于实际应用而言非常重要。然而,用两个传感器测量相同的点会导致大的阿贝误差,这将使测量变得相对困难,传感器类型的不同也会造成平台控制系统难度增加。因此,需要将表面编码器从 XY-平面内测量改进为平面内(XY-)和平面外(Z)的三轴测量。

另一方面,在精密线性平台中也要求多轴平面内和平面外平移运动的测量[2-3]。传统上,采用线性编码器来测量精密线性平台沿着移动轴(X 轴)的位置[4-5]。线性编码器的输出信号通常用于平台位置的反馈控制以减小定位误差,这是影响平台性能的最重要因素之一。精密线性平台运动的不平直度(定义为沿垂直于运动轴(Z 轴)的轴的误差运动)是影响平台性能的另一个重要因素[6-7]。直线度误差运动是几百纳米量级的小位移,通常使用激光干涉仪的直线度测量套件[8-10]或将短程位移传感器与直尺[11-12]组合,采用纳米分辨率进行测量。然而,用于位置和直线度的多传感器系统会使精确平台的测量变得复杂且低效。因此需要开发一种二自由度的线性编码器,不仅可以测量精确平台 X 方向的位置,而且还可以测量 Z 方向的直线度。

本章介绍了一种用于测量平面内和平面外运动的新型光栅编码器。不同于传统的使用迈克尔逊干涉仪的平面镜[13]进行 Z 方向的位移测量,新型光栅编码器分别采用两个具有相同间距的光栅镜作为固定参考镜和移动目标镜,来自两个光栅镜的正/负一阶衍射光彼此干涉以产生干涉信号,由此可同时获得目标光栅镜的面内和面外位移。

4.2 二自由度线性光栅编码器

图 4.1 显示了用于测量双轴位移的二自由度线性光栅编码器的原理图。该编码器由一个间距为 g 的反射型光栅和一个光学传感器头组成[14]。光学传感器头由激光二极管(LD)、准直透镜、光栅、四棱镜、非偏振分束器(BS)、参考光栅和检测器单元组成。除刻度长度外,刻度光栅和参考光栅的排列分别与迈克尔逊干涉仪的移动平面反射镜和参考平面反射镜的排列类似。探测器单元由两个光电探测器(PD)组成,它们分别是 PD_{X+1} 和 PD_{X-1}。

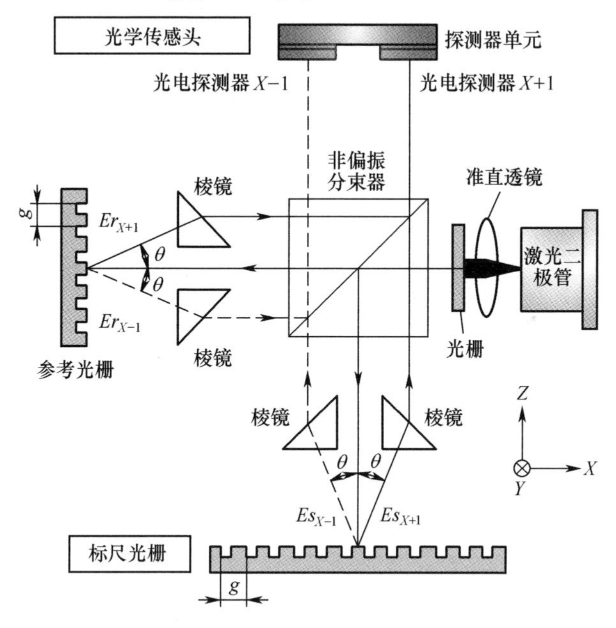

图 4.1　二自由度线性光栅编码器的原理图

从 LD 发出的波长为 λ 的激光光束由准直透镜准直,准直的激光被 BS 分成两束:一个光束投射到刻度光栅上;另一个投射到参考光栅上。来自衍射角为 θ 的两个光栅的正一阶衍射光束和负一阶衍射光束被棱镜弯曲并叠加产生干涉信号。棱镜和 PD 以这样的方式排列,即只有一阶衍射光束可以被检测器单元接收,其中正一级衍射光束产生的干涉信号和负一阶衍射光束产生的干涉信号分别由 PD_{X+1} 和 PD_{X-1} 检测。

假设来自标尺光栅和参考光栅的正一阶和负一阶的衍射光束的波前函数分别由 $Es_{X\pm1}$和 $Er_{X\pm1}$表示。图 4.2 所示的刻度光栅是沿着 X 轴移动 Δx 的位移的情况,为了简单起见,标尺光栅和参考光栅彼此平行放置。类似于传统的光栅干涉仪[15],Δx 改变 $Es_{X\pm1}$的相位和光程差如下:

$$
\begin{cases}
Es_{X+1} = E_0\exp(\mathrm{i}\varphi) & (4.1\mathrm{a}) \\
Es_{X-1} = E_0\exp(-\mathrm{i}\varphi) & (4.1\mathrm{b}) \\
\varphi = \dfrac{2\pi}{g}\Delta x & (4.1\mathrm{c}) \\
L_x = \dfrac{\lambda}{g}\Delta x & (4.1\mathrm{d})
\end{cases}
$$

式中:E_0为与 LD 的激光强度成比例的正和负一阶衍射光束的幅度;φ 为由 Δx 引起的 $Es_{X\pm1}$ 的相位差;L_x 为光束的光程差。

Z 方向的位移 Δz 也会在衍射光束 $Es_{X\pm1}$ 上产生相位变化。图 4.3 显示了与 Δz 有关的 $Es_{X\pm1}$ 和 $Er_{X\pm1}$ 的光路示意图。当施加 Δz 时,衍射光束 $Es_{X\pm1}$ 将相对于光束 $Er_{X\pm1}$ 发生横向偏移,光束 $Es_{X\pm1}$ 中的光线 b_s 和光束 $Er_{X\pm1}$ 中的光线 b_r 彼此叠加以产生干涉信号。相位差 ω 和对应于 Δz 的光程差 L_Z 分别为

$$\omega = (1+\cos\theta)\cdot\frac{2\pi}{\lambda}\cdot\Delta z \tag{4.2}$$

$$L_Z = (1+\cos\theta)\cdot\Delta z \tag{4.3}$$

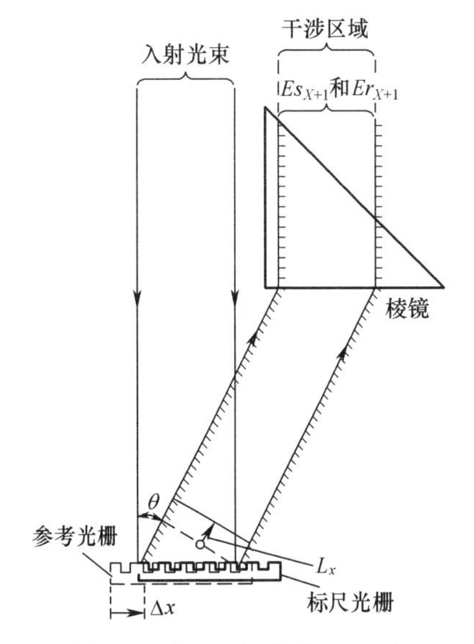

图 4.2　与 Δx 相关的 $Es_{X\pm1}$和 $Er_{X\pm1}$的光路示意图

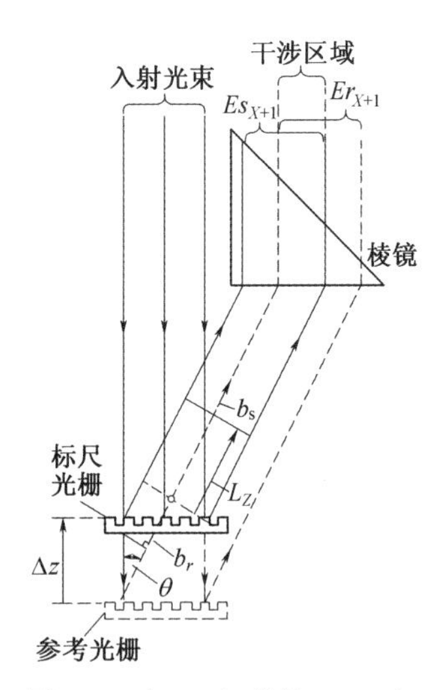

图 4.3　与 Δz 相关的 $Es_{X\pm1}$和 $Er_{X\pm1}$的光路示意图

因此，当 Δx 和 Δz 适用于刻度光栅时，$Es_{X\pm1}$ 和 $Er_{X\pm1}$ 可以分别由下式计算：

$$Es_{X+1} = E_0\exp(\mathrm{i}\varphi)\cdot\exp(\mathrm{i}\omega) \tag{4.4}$$

$$Er_{X+1} = E_0 \tag{4.5}$$

$$Es_{X-1} = E_0\exp(-\mathrm{i}\varphi)\cdot\exp(\mathrm{i}\omega) \tag{4.6}$$

$$Er_{X-1} = E_0 \tag{4.7}$$

设干涉光束的波前函数叠加来自标度光栅和参考光栅的正一阶衍射光束为 E_{X+1}，叠加负一阶衍射光束为 E_{X-1}，E_{X+1} 和 E_{X-1} 可以表示为

$$E_{X+1} = Es_{X+1} + Er_{X+1} \tag{4.8}$$

$$E_{X-1} = Es_{X-1} + Er_{X-1} \tag{4.9}$$

因此，X 和 Z 方向的位移可以由干涉光束的强度 $I_{X\pm1}$ 计算：

$$I_{X+1} = E_{X+1}\cdot\overline{E_{X+1}} = 2{E_0}^2\{1+\cos(\varphi+\omega)\} \tag{4.10}$$

$$I_{X-1} = E_{X-1}\cdot\overline{E_{X-1}} = 2{E_0}^2\{1+\cos(-\varphi+\omega)\} \tag{4.11}$$

从式(4.3)、式(4.5)、式(4.13)和式(4.14)可以看出，干扰信号 $I_{X\pm1}$ 相对于 Δx 和 Δz，分别具有的 g 和 $\lambda/(1+\cos\theta)$ 的信号周期[15]。

图 4.4 显示了改进光学传感器头的配置来消除 E_0 变化的影响并识别刻度光栅位移的方向。除了图 4.1 所示的光学元件外，还增加了 3 个偏振分束器(PBS)、5 个 1/4 波片(QWP)、1 个 BS 和 4 个检测器单元。图中显示了 QWP 的快轴、干扰波 $E_{X\pm1}$ 被 BS 和 PBS 分成 4 个子波。子波的相位和偏振方向由 PBS 和 QWP 以这样的方式控制，即由检测器单元(0°)、检测器单元(90°)、检测器单元(180°)和检测器单元(270°)检测到的相应强度具有 0°、90°、180°和 270°的相位差异。从 PD 检测到的强度获得具有 90°相位差的正交干扰信号 Q_α 和 Q'_α（$\alpha=X+1, X-1$），计算如下：

$$Q_{X+1} = \frac{I_{X+1}(0^\circ) - I_{X+1}(180^\circ)}{I_{X+1}(0^\circ) + I_{X+1}(180^\circ)} = \sin(\varphi+\omega) \tag{4.12}$$

$$Q'_{X+1} = \frac{I_{X+1}(90^\circ) - I_{X+1}(270^\circ)}{I_{X+1}(90^\circ) + I_{X+1}(270^\circ)} = \cos(\varphi+\omega) \tag{4.13}$$

$$Q_{X-1} = \frac{I_{X-1}(0^\circ) - I_{X-1}(180^\circ)}{I_{X-1}(0^\circ) + I_{X-1}(180^\circ)} = \sin(-\varphi+\omega) \tag{4.14}$$

$$Q'_{X-1} = \frac{I_{X-1}(90^\circ) - I_{X-1}(270^\circ)}{I_{X-1}(90^\circ) + I_{X-1}(270^\circ)} = \cos(-\varphi+\omega) \tag{4.15}$$

由此可以看出，E_0 的影响从 Q_α 和 Q'_α 中消除。此外，标尺光栅位移的方向可以从 90°相位差的正交干扰信号 Q_α 和 Q'_α 中识别[14]。相位差 φ 和 ω 也可以从 Q_α 和 Q'_α 得到：

$$\varphi+\omega = \arctan\left(\frac{Q_{X+1}}{Q'_{X+1}}\right) \tag{4.16}$$

$$-\varphi+\omega=\arctan\left(\frac{Q_{X-1}}{Q'_{X-1}}\right) \tag{4.17}$$

最后，X 方向和 Z 方向传感器的位移输出 $S_{\Delta x}$，$S_{\Delta z}$的计算如下：

$$S_{\Delta x}=\frac{1}{2}\cdot\frac{g}{2\pi}\cdot\left\{\arctan\left(\frac{Q_{X+1}}{Q'_{X+1}}\right)-\arctan\left(\frac{Q_{X-1}}{Q'_{X-1}}\right)\right\}=\Delta x \tag{4.18}$$

$$S_{\Delta z}=\frac{1}{2}\cdot\frac{1}{1+\cos\theta}\cdot\frac{\lambda}{2\pi}\cdot\left\{\arctan\left(\frac{Q_{X+1}}{Q'_{X+1}}\right)-\arctan\left(\frac{Q_{X-1}}{Q'_{X-1}}\right)\right\}=\Delta z \tag{4.19}$$

类似于基于光栅衍射的传统线性编码器[15]，所提出的沿 X 轴的二自由度线性编码器的分辨率和范围由刻度光栅的节距和长度确定，预计分别优于 1nm 和几百毫米。与采用 LD 作为光源的传统迈克尔逊干涉仪类似，所提出的沿 Z 轴的二自由度线性编码器的分辨率和范围预期会优于 1nm 和高达 100μm[16]。这些规格是以下所述的适用于精密线性工作台的位置和直线度测量的二自由度线性编码器原型机的设计目标。

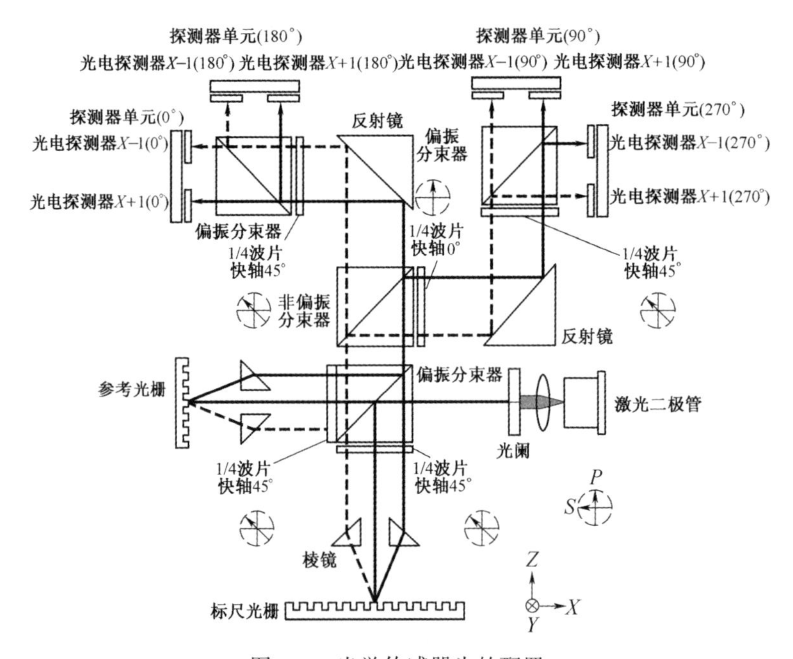

图 4.4　光学传感器头的配置

图 4.5 显示了基于图 4.4 所示光学配置设计和构建的二自由度线性编码器原型机的照片。光学传感器头的尺寸约为 50mm(X)×50mm(Y)×30mm(Z)，使用波长为 685nm 的 LD 作为光源，准直激光光束通过孔径的直径约为 1mm。采用间距 1.6μm 和长度 12.7mm 的商业光栅分别作为刻度光栅和参考光栅。需注意的是，可以采用更长的光栅作为刻度光栅，用于沿 X 轴的更大范围的位移测量。刻度光

栅安装在双轴 PZT 台上,刻度光栅和光学传感器头之间的工作距离约为 5mm。电流-电压转换器电路首先将来自 PD 的电流信号(其对应于干涉光束的强度)转换为电压信号,通过使用调整电路将电压信号的幅度调整为相同。Q_α和 Q'_α通过一个 16 位 A/D 转换器接入 PC。在 PC 中,X 和 Z 方向的传感器输出($S_{\Delta x}$,$S_{\Delta z}$)根据式(4.18)和式(4.19)计算。传感器电子元件中模拟器件的带宽在-3dB 时约为 100kHz。

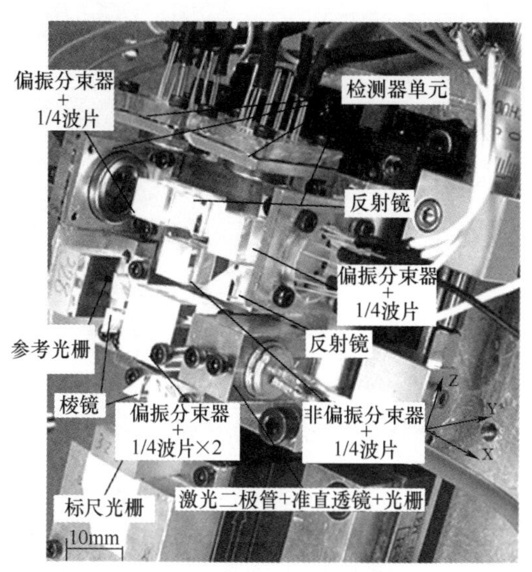

图 4.5　光学传感器头的照片

二自由度线性编码器原型机的分辨率通过检测保持静止的双轴 PZT 平台的振动来测试。该振动同时也被分辨率为 0.08nm 的商用位移传感器检测到[17],数据采集的采样率为 100kHz。由于商用位移传感器只能检测单轴位移,因此如图 4.6 和图 4.7 所示,位移传感器的位置沿不同的轴进行测量,结果绘制在图 4.8 中。两个传感器都检测到频率约为 250Hz,振幅约为 0.5nm 的振动分量,表明二自由度线性编码器原型机在 X 轴和 Z 轴上的分辨率均优于 0.5nm。

图 4.9 显示了用于评估二自由度线性编码器原型机的插值误差的装置,它与信号周期内的正交干扰信号的细分相关联。用两个商用干涉仪[16]作为同时测量双轴 PZT 平台的 X 和 Z 方向运动的参考。图 4.10 和图 4.11 分别显示了正交干涉信号 Q_α和 Q'_α以及当标尺光栅沿着 X 轴和 Z 轴分别被 PZT 平台移动超过 5 个信号周期时的相应插值误差。周期性插值误差在正交干扰信号的信号周期的±1%以内。在图 4.12 和图 4.13 中,绘制了由插值误差引起的 X 方向和 Z 方向传感器输出的位移测量误差。可以看出,由插值误差引起的位移的测量误差在 X 轴和 Z 轴上分别为 20nm 和 5nm。

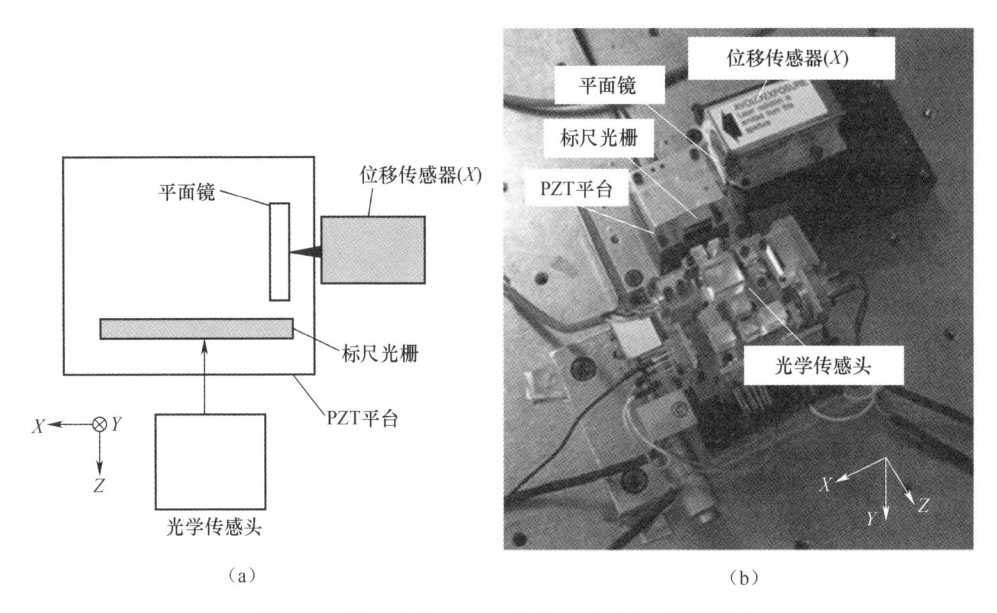

图 4.6 用于监控 PZT 平台的 X 方向振动的设置
(a)概念;(b)照片。

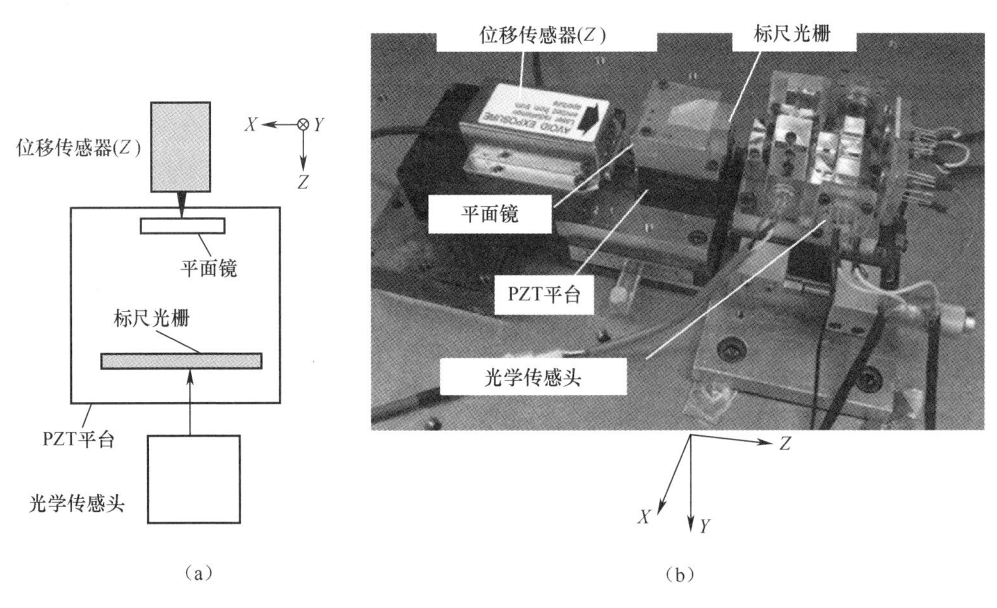

图 4.7 用于监视 PZT 平台的 Z 方向振动的设置
(a)概念;(b)照片。

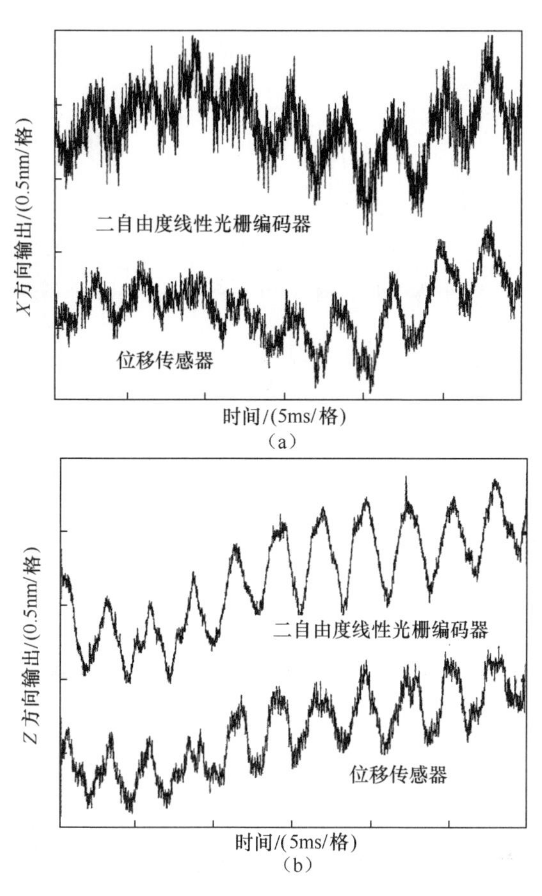

图 4.8 振动检测结果
(a) X 方向输出;(b) Z 方向输出。

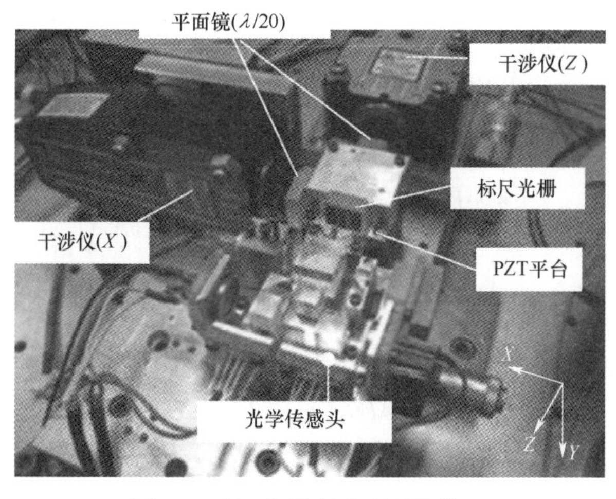

图 4.9 用于评估插值误差的装置

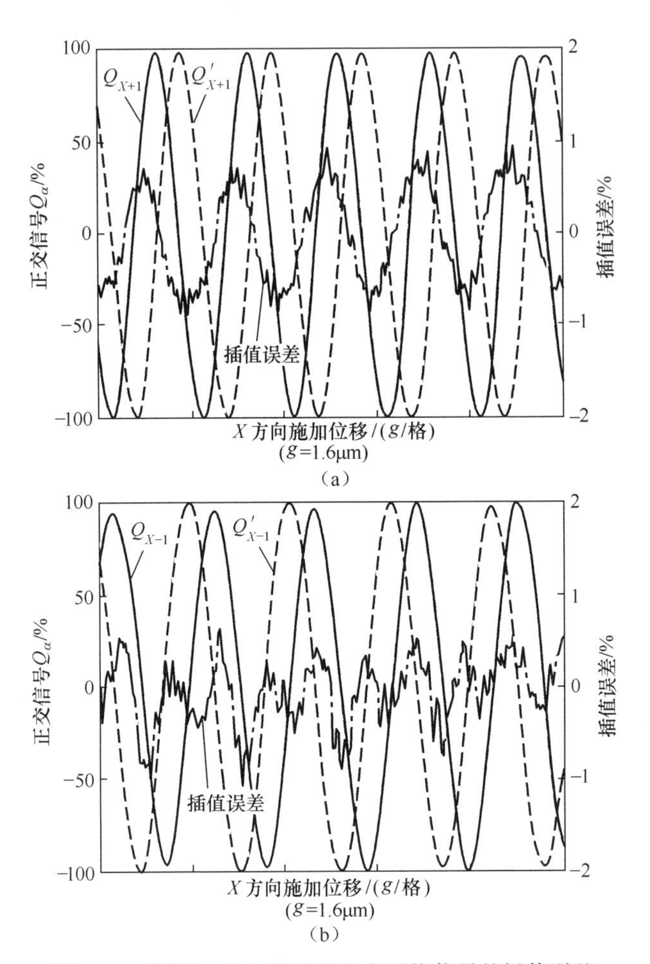

图 4.10 用于 X 方向测量的正交干扰信号的插值误差

(a) Q_{X+1} 和 Q'_{X+1}；(b) Q_{X-1} 和 Q'_{X-1}。

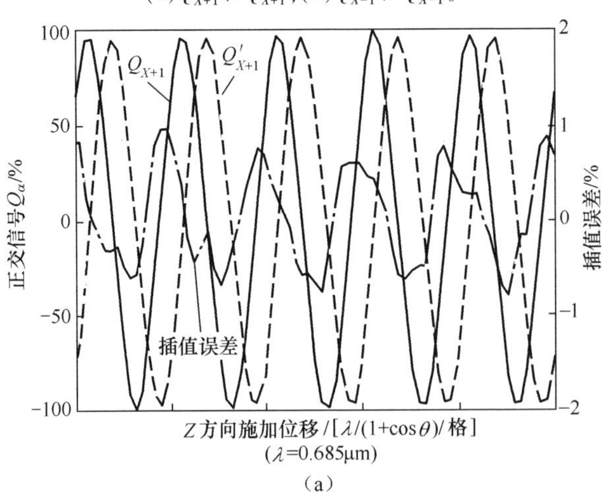

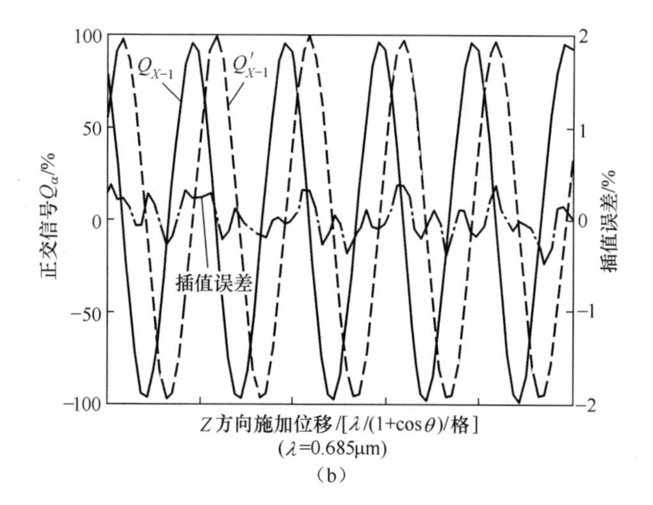

(b)

图 4.11　用于 Z 方向测量的正交干扰信号的插值误差

(a) Q_{X+1} 和 Q'_{X+1}；(b) Q_{X-1} 和 Q'_{X-1}。

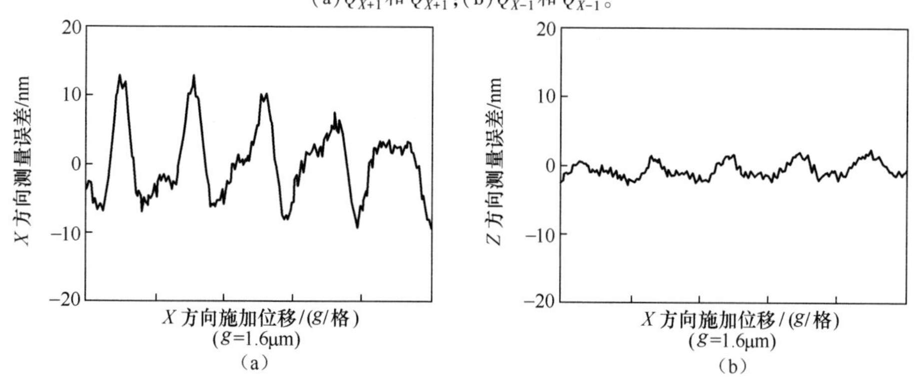

图 4.12　当在 X 方向上施加位移时，二自由度线性编码器的测量误差

(a) X 方向输出误差；(b) Z 方向输出误差。

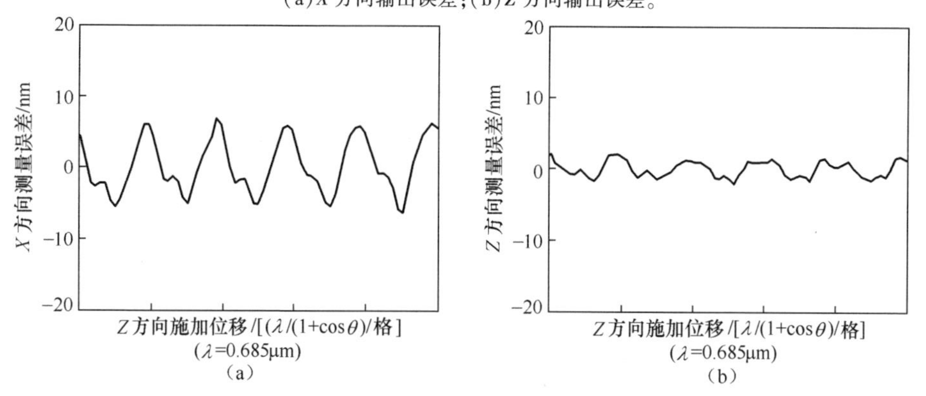

图 4.13　当在 Z 方向上施加位移时，二自由度线性编码器的测量误差

(a) X 方向输出误差；(b) Z 方向输出误差。

图 4.14 显示了当尺度光栅与光学传感器头的工作位置有不同的偏移 Δw_d 时，Q_α 和 Q'_α 的幅度以及相应的位移测量误差，Δw_d 设计为沿 Z 轴约 5mm。尽管当 Δw_d 在 1mm 的范围内变化时，正交干扰信号的幅度显著变化，但测量误差几乎保持不变。这表明光学传感器头对于沿 Z 轴的工作位置具有大约±0.5mm 的公差。

图 4.15~图 4.17 分别显示了刻度光栅和光学传感器头之间围绕 X、Y 和 Z 轴的角度偏差 $\Delta\theta_X$、$\Delta\theta_Y$ 和 $\Delta\theta_Z$ 的变化结果。角位移通过手动倾斜平台施加到刻度光栅，光学传感器头与刻度光栅之间的角度公差分别约为 ± 80″($\Delta\theta_X$)、± 80″($\Delta\theta_Y$) 和 ± 320″($\Delta\theta_Z$)。

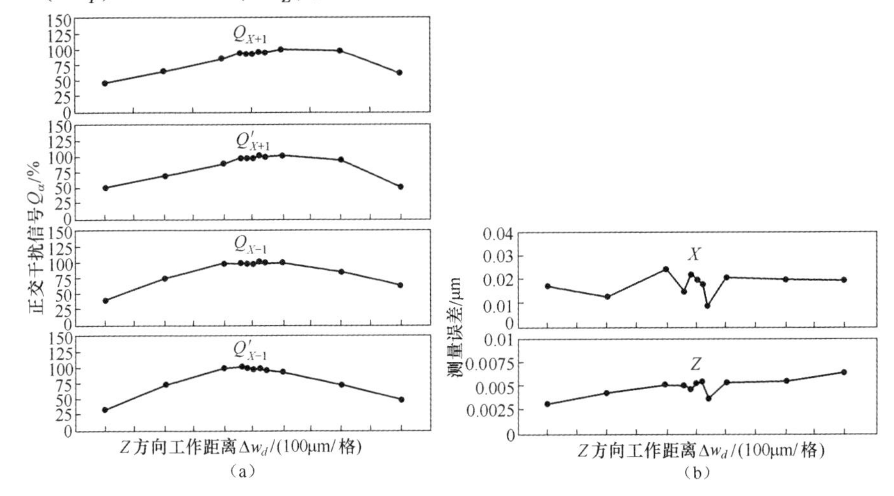

图 4.14　正交干涉信号的振幅和相对于沿 Z 轴的工作距离 Δw_α 的变化测量误差
(a)正交干扰信号 Q_a;(b)测量误差。

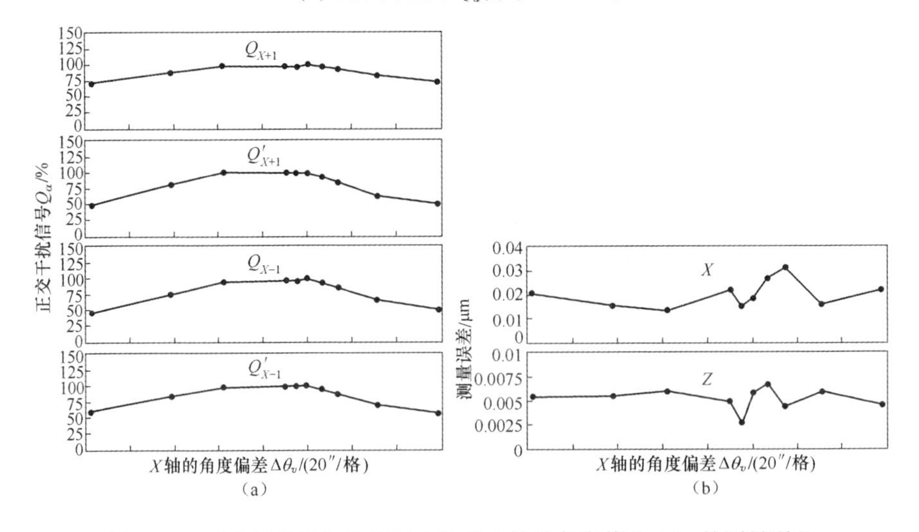

图 4.15　正交干扰信号的振幅和关于 X 轴的角度偏差 $\Delta\theta_X$ 的测量误差
(a)正交干扰信号 Q_α;(b)测量误差。

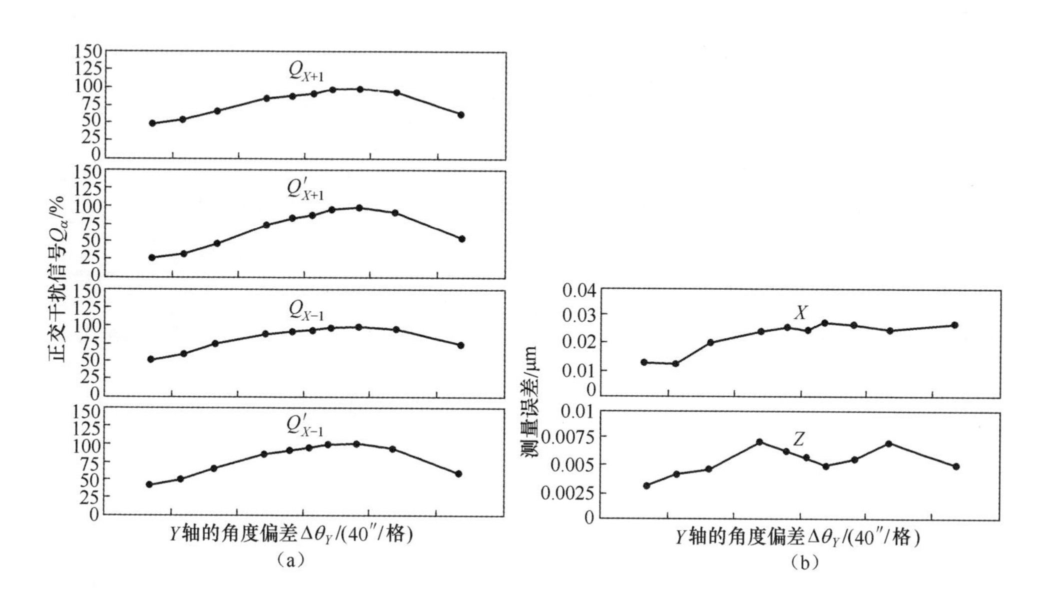

图 4.16　正交干扰信号的振幅和关于 Y 轴的角度偏差 $\Delta\theta_Y$ 的测量误差

(a)正交干扰信号 Q_α;(b)测量误差。

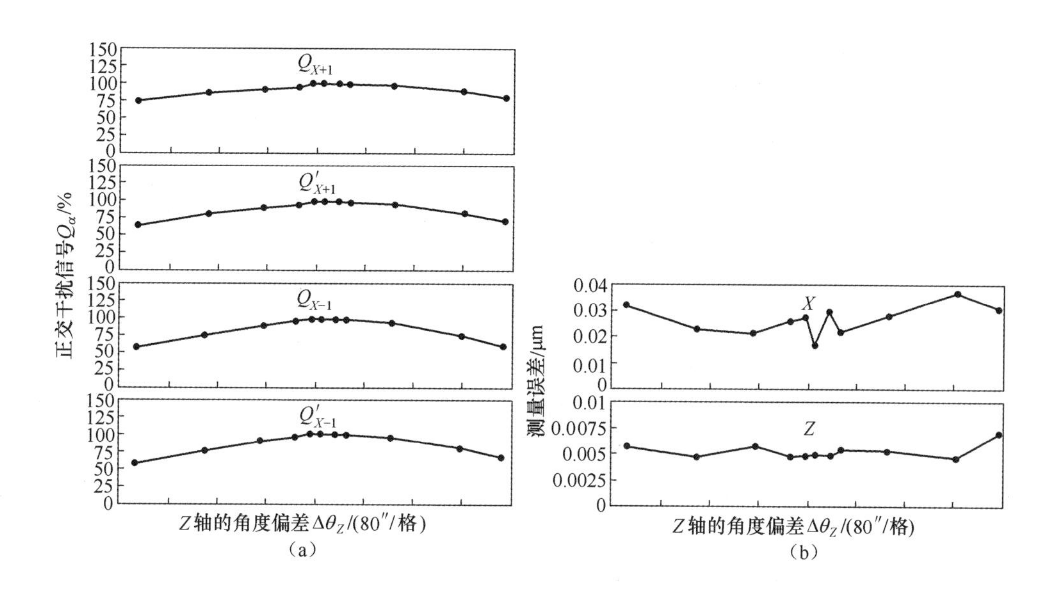

图 4.17　正交干扰信号的振幅和关于 Z 轴的角度偏差 $\Delta\theta_Z$ 的测量误差

(a)正交干扰信号 Q_α;(b)测量误差。

4.3 带正弦网格的三轴光栅编码器

二自由度线性编码器的测量原理扩展到用于沿 X、Y 和 Z 轴进行位移测量的三轴光栅编码器。图 4.18 显示了检测三轴位移的基本原理,光栅编码器由读取头和用作相位光栅的正弦标尺网格组成。读取头由激光源、偏振分束器(PBS)、两个 1/4 波片(QWP)、正弦参考网格和光电探测器单元组成。读头保持静止,以检测移动标尺网格沿 X、Y 和 Z 方向的位移,分别表示为 Δx、Δy 和 Δz。刻度网格和参考网格具有相同的间距 g 和幅度 H。

准直光束从波长为 λ 的激光源输出,激光束在 PBS 处被分成 p 偏振分量和 s 偏振分量,p 偏振光束,s 偏振光束分别投射到刻度格栅和参考格栅上。在每个网格处产生的 X 方向的正和负一阶衍射光束,Y 方向的正和负一阶衍射光束用于测量三轴位移。来自刻度网格的衍射光束在 PBS 处弯曲,而来自参考网格的衍射光束通过 PBS,使得两组衍射光束在由 4 个光电二极管(A、B、C、D)组成的光电探测器单元处可以相互干涉。为了简单起见,从 p 偏振和 s 偏振获得相同的偏振分量而放置在光电探测器单元之前的偏振器未在图中标出。

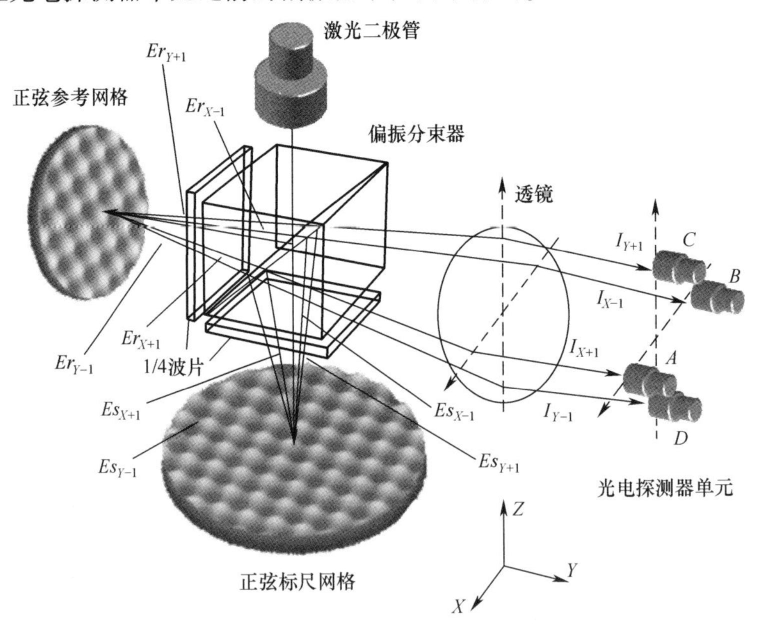

图 4.18　三轴光栅编码器的原理图

类似于二自由度线性编码器,来自刻度光栅与参考光栅之间相应的衍射光束的干涉信号可以分别表示如下[18]:

$$\begin{cases}I_{X+1} = (Es_{X+1} + Er_{X+1}) \cdot \overline{Es_{X+1} + Er_{X+1}} = 2E_0^2\{1 + \cos(\varphi + \omega)\} \\ I_{X-1} = (Es_{X-1} + Er_{X-1}) \cdot \overline{Es_{X-1} + Er_{X-1}} = 2E_0^2\{1 + \cos(-\varphi + \omega)\} \\ I_{Y+1} = (Es_{Y+1} + Er_{Y+1}) \cdot \overline{Es_{Y+1} + Er_{Y+1}} = 2E_0^2\{1 + \cos(\tau + \omega)\} \\ I_{Y-1} = (Es_{Y-1} + Er_{Y-1}) \cdot \overline{Es_{Y-1} + Er_{Y-1}} = 2E_0^2\{1 + \cos(-\tau + \omega)\}\end{cases} \tag{4.20}$$

式中:φ、ω 分别为式(4.1c)和式(4.2)中所示的沿 X 轴和 Z 轴的相位差。沿 Y 轴的相位差可以表示为

$$\tau = \frac{2\pi}{g}\Delta y \tag{4.21}$$

式中:g 为正弦网格的节距。

图 4.19 显示了三轴光栅编码器的光学配置,可以区分移动方向并消除与光源强度成正比的 E_0 的变化的影响。来自网格的衍射光束的干涉波被非偏振 BS 和两个 PBS 分开以产生 4 组光束,每组光束都被图 4.18 所示的光电探测器单元探测到。3 个 QWP 放置在 BS 和 PBS 之间的光路中,以调整每个光束的相位和偏振方向。图 4.19 中显示了 QWP 的快轴。

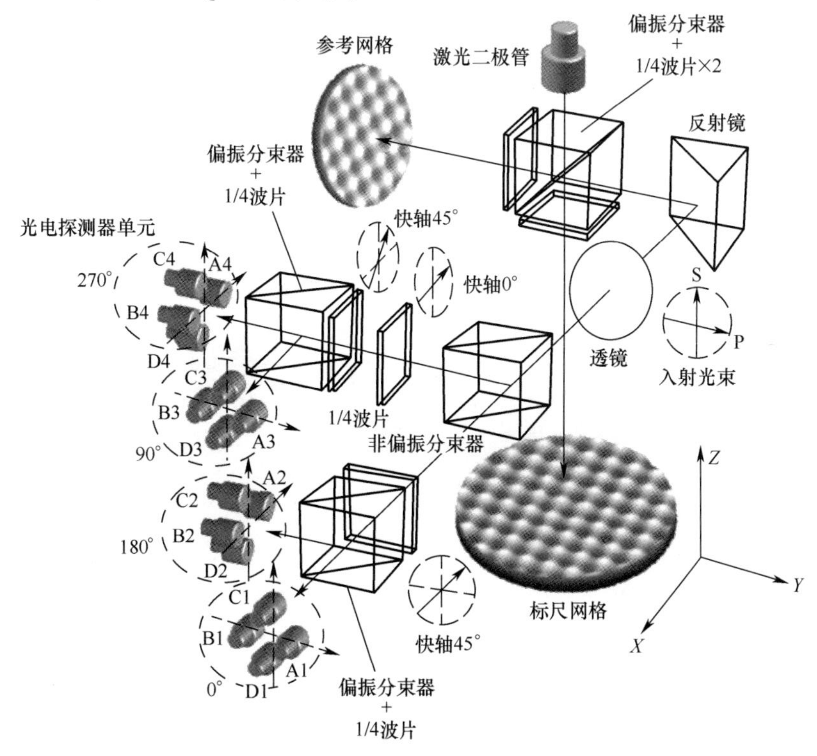

图 4.19　三轴光栅编码器的光学配置

正交干扰信号 Q_α 和 $Q'_\alpha(\alpha = X+1, X-1)$ 可以从 I_{X+1} 和 I_{X-1} 获得，如式(4.12) ~ 式(4.15) 所示。Q_α 和 $Q'_\alpha(\alpha = Y+1, Y-1)$ 可以从 I_{Y+1} 和 I_{Y-1} 获得，即

$$Q_{Y+1} = \frac{I_{Y+1}(0°) - I_{Y+1}(180°)}{I_{Y+1}(0°) + I_{Y+1}(180°)} = \sin(\tau + \omega) \tag{4.22}$$

$$Q'_{Y+1} = \frac{I_{Y+1}(90°) - I_{Y+1}(270°)}{I_{Y+1}(90°) + I_{Y+1}(270°)} = \cos(\tau + \omega) \tag{4.23}$$

$$Q_{Y-1} = \frac{I_{Y-1}(0°) - I_{Y-1}(180°)}{I_{Y-1}(0°) + I_{Y-1}(180°)} = \sin(-\tau + \omega) \tag{4.24}$$

$$Q'_{Y-1} = \frac{I_{Y-1}(90°) - I_{Y-1}(270°)}{I_{Y-1}(90°) + I_{Y-1}(270°)} = \cos(-\tau + \omega) \tag{4.25}$$

可以计算三轴传感器输出($S_{\Delta x}$、$S_{\Delta y}$、$S_{\Delta z}$)，以获得沿 X、Y 和 Z 轴的位移：

$$S_{\Delta x} = \frac{1}{2} \cdot \frac{g}{2\pi} \cdot \left\{\arctan\left(\frac{Q_{X+1}}{Q'_{X+1}}\right) - \arctan\left(\frac{Q_{X-1}}{Q'_{X-1}}\right)\right\} = \Delta x \tag{4.26}$$

$$S_{\Delta y} = \frac{1}{2} \cdot \frac{g}{2\pi} \cdot \left\{\arctan\left(\frac{Q_{Y+1}}{Q'_{Y+1}}\right) - \arctan\left(\frac{Q_{Y-1}}{Q'_{Y-1}}\right)\right\} = \Delta y \tag{4.27}$$

$$\begin{aligned} S_{\Delta y} = \frac{1}{4} \cdot \frac{1}{1+\cos\theta} \cdot \frac{\lambda}{2\pi} \cdot \left\{\arctan\left(\frac{Q_{X+1}}{S'_{X+1}}\right) - \arctan\left(\frac{Q_{X-1}}{S'_{X-1}}\right) + \right. \\ \left. \arctan\left(\frac{Q_{Y+1}}{Q'_{Y+1}}\right) + \arctan\left(\frac{Q_{Y-1}}{Q'_{Y-1}}\right)\right\} = \Delta z \end{aligned} \tag{4.28}$$

图 4.20 为三轴光栅编码器原型机的照片，采用波长为 685nm 的 1.5mW

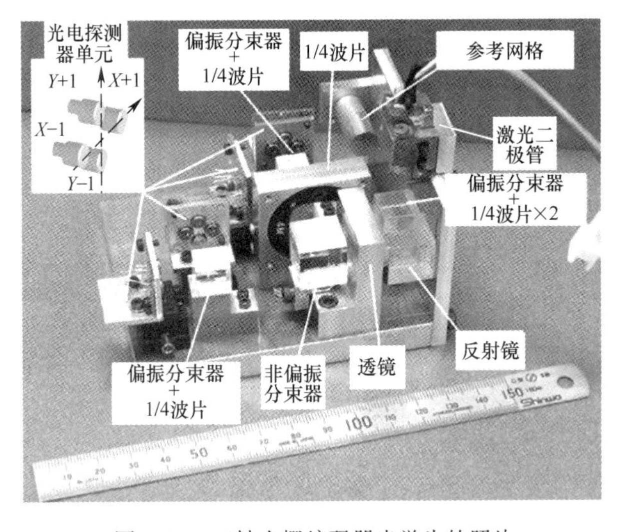

图 4.20　三轴光栅编码器光学头的照片

激光二极管作为光源,准直激光光束的直径为6mm,传感器的尺寸为100mm(X)×100mm(Y)×60mm(Z)。正弦XY坐标系采用装配有第3章中所示的快速工具伺服系统的金刚石车床制造。根据制造系统的能力,网格的正弦函数间距设定为10μm。基于光学仿真的结果,正弦函数的幅度为60nm,其中一阶衍射光束具有最大强度。参考网格的直径要求比光束直径大,为10mm,X和Y方向测量范围的标尺面积为20mm。在这样的区域上制造正弦网格大约需要22h,通过增加制造时间可以达到更大的制造面积。图4.21显示了制造系统的照片和制造网格的一部分的显微镜图像。

一阶衍射光束的衍射角计算为3.93°。光学头的设计方式要求只有一阶衍射光束可以入射到光学头。

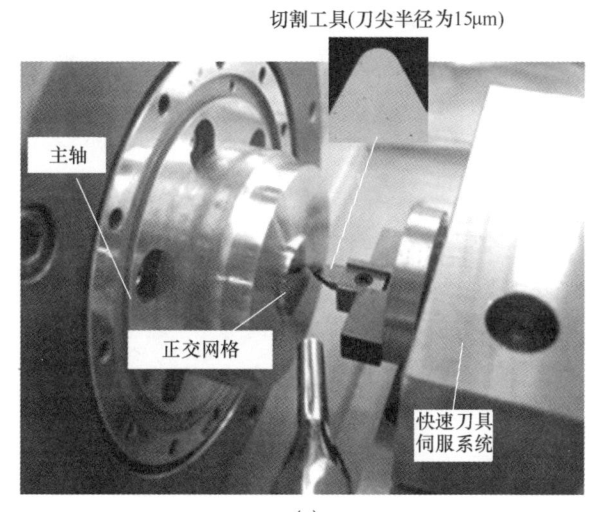

(a)

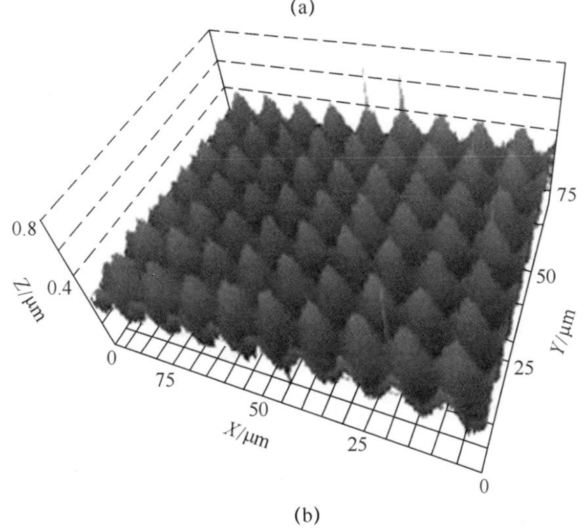

(b)

图4.21　10μm间距正弦网格表面的制作

(a)正弦网格的制造系统;(b)10μm间距正弦网格表面的一部分的显微镜图像。

开展实验以测试三轴光栅编码器原型机的基本性能。读数头保持静止，刻度网格安装在由 PZT 执行器驱动的市售 XYZ-平台系统上。光栅编码器原型机的带宽设置为 0~30Hz。平台系统由 3 个单轴平台重叠组成，底部是 XY-平台，顶部是 Z-平台。每个平台配备一个电容式位移传感器，使得该平台在 100μm 的行程内具有 0.02%的闭环线性度。图 4.22 显示了多轴位移测量的结果。刻度网格首先沿着 X 轴移动 100μm，然后沿着 Y 轴移动 100μm，最后沿着 Z 轴移动 20μm。可以看出，光栅编码器可以同时测量 X、Y、Z 方向的位移。光栅编码器和电容式传感器的结果轴之间的最大角差分别为 0.011°（X 轴）、0.093°（Y 轴）和 0.86°（Z 轴）。这些差异是由于平台轴和传感器轴未对准造成的。图 4.23~图 4.25 分别显示了 X 轴、Y 轴和 Z 轴分辨率的测试结果，刻度网格在每个轴上移动 5nm，图中标出了光栅编码器和电容传感器的输出数据。可以看出，光栅编码器能够以纳米分辨率检测三轴位移。

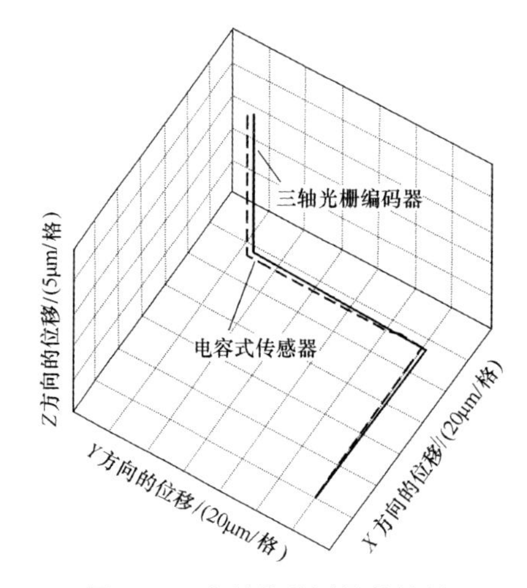

图 4.22　多轴位移测量的结果

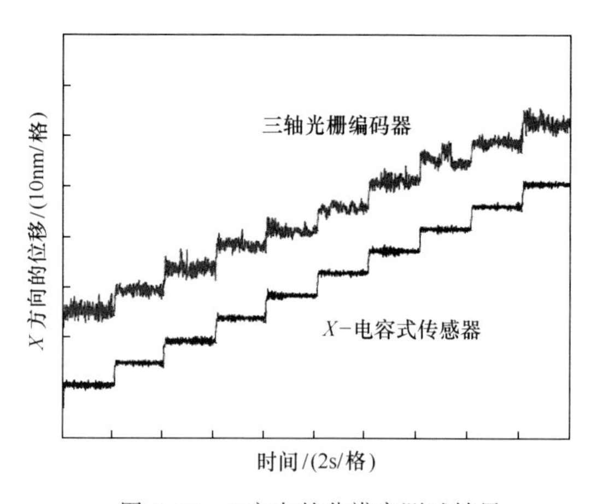

图 4.23　X 方向的分辨率测试结果

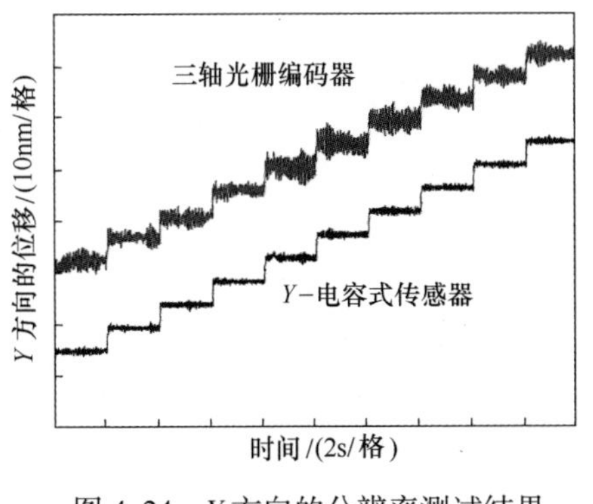

图 4.24　Y 方向的分辨率测试结果

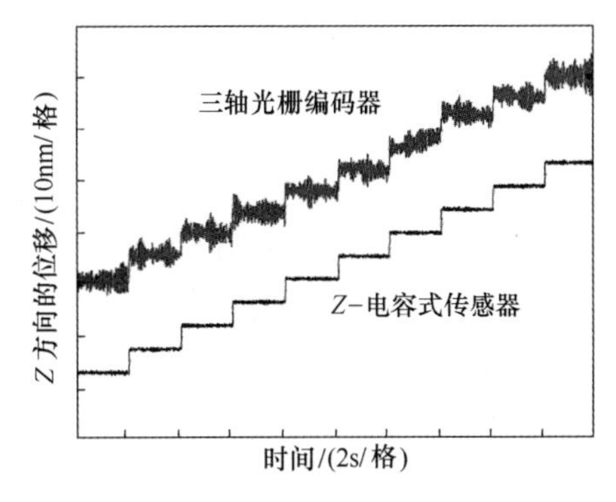

图 4.25　Z 方向的分辨率测试结果

4.4　矩形 XY-网格的三轴光栅编码器

三维光栅编码器在 X 方向和 Y 方向的分辨率由 XY-网格的间距决定。通过图 4.21(a)所示的机械切割来制造间距小于 10μm 的正弦网格是困难和耗时的。在本节中,采用光刻法[19]制作的间距为 1μm 的矩形 XY-网格作为刻度网格和参考网格。图 4.26(a)显示了网格的示意图,图 4.26(b)显示了网格的照片和扫描电子显微镜图像。网格的深度为 0.2μm,宽度为 0.35μm,因此一阶衍射光束具有较大的强度。实验中使用的刻度网格尺寸为 30mm(X)×30mm(Y),参考网格尺寸为 10mm(X)×10mm(Y),光刻设备的能力允许制造最大尺寸为 130mm(X)×130mm(Y)的网格。

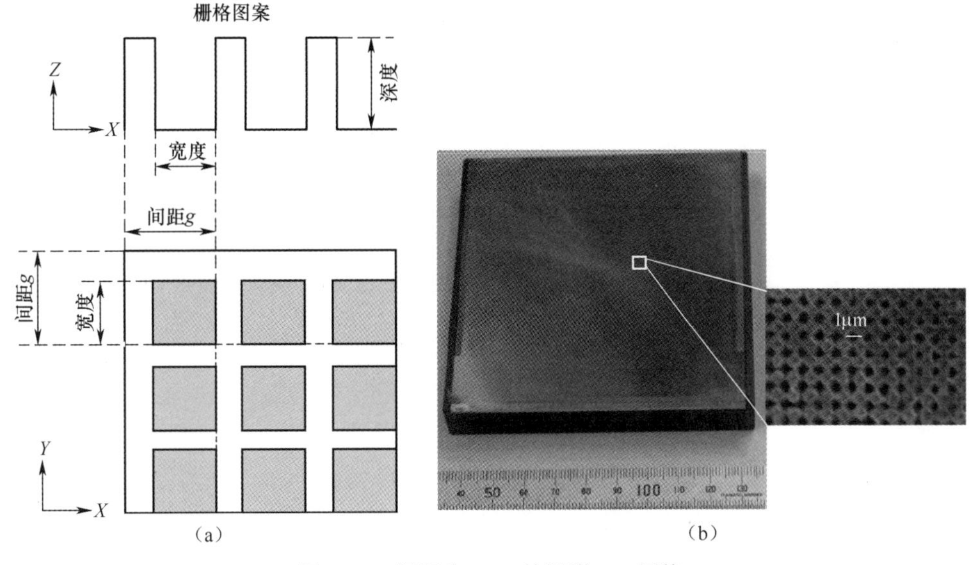

图 4.26　间距为 1μm 的矩形 XY-网格

(a)矩形网格的几何形状;(b)通过光刻制成的矩形网格的照片。

图 4.27 显示了设计的 1μm 间距 *XY*-网格的光学头的示意图。原理与图 4.18 和图 4.19 所示的原理相同。采用波长为 685nm 的 LD 作为光源,一阶衍射光束的

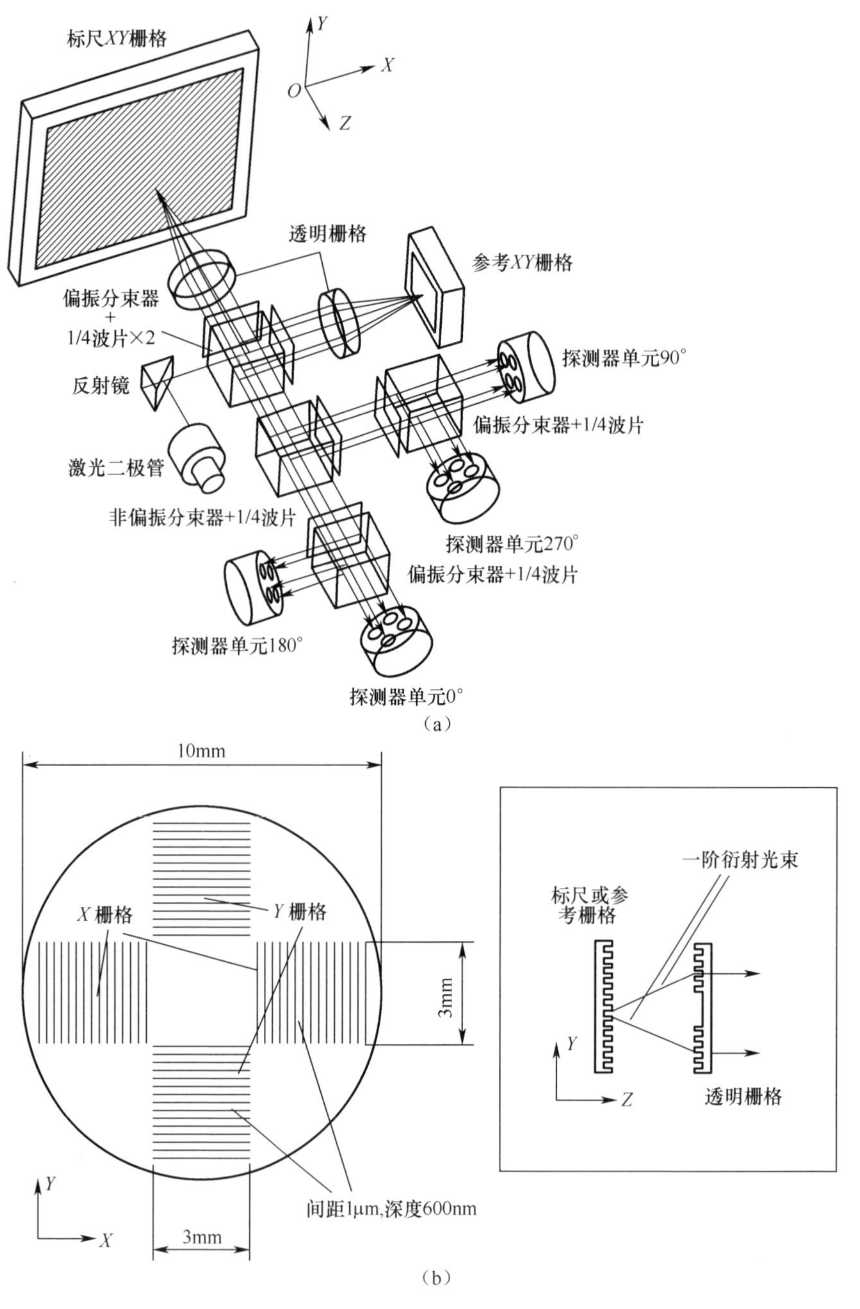

图 4.27　用于矩形 *XY*-网格的光学头

(a)具有矩形 *XY*-网格的三轴光栅编码器的光学布局;(b)用于弯曲一阶衍射光束的透明网格。

衍射角在网格中计算为 43.2°，比 4.3 节中使用的 10μm 间距网格的大 10 倍。

图 4.27(b)所示的透明网格用来弯曲来自网格的衍射光束。网格节距与刻度网格相同，均为 1μm。网格的深度设计为 0.6μm，以获得来自刻度网格的一阶衍射光束的高透明效率。

图 4.28 显示了三轴光栅编码器检测工作台三轴振动的结果，3 台商用干涉仪也被用来同时检测振动。可以看出，三轴光栅编码器可实现亚纳米分辨率来检测三轴振动。

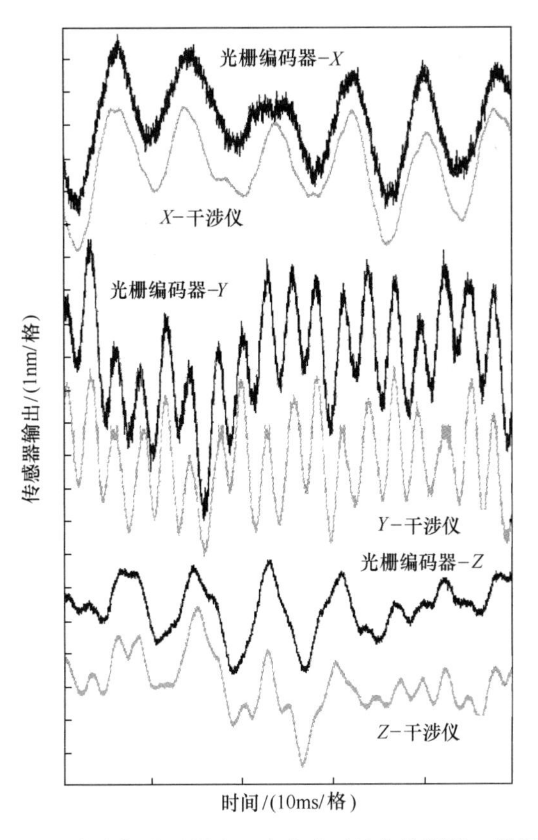

图 4.28　由光栅编码器和 3 个商业干涉仪检测的三轴振动

4.5　小结

本章描述了可以同时测量 *X* 方向位置和 *Z* 方向直线度的二自由度线性编码器。在二自由度线性编码器中，来自标度光栅和参考光栅的正负一阶衍射光束相互叠加以产生干涉信号，由此可以评估 *X* 和 *Z* 方向的位移。2-DOF 线性编码器的光学头已经设计和构造用于间距为 1.6μm 的光栅。已经证实,正交干扰信号的插值误差作为周期性误差对 *X* 方向传感器和 *Z* 方向传感器的输出都有贡献,其辐度分别为 20nm 和 5nm。传感器的分辨率被证实优于 0.5nm。

2-DOF 测量原理也已扩展到三轴位移测量。两种 *XY*-网格已经制作成了三轴光栅编码器。一种是正弦型 *XY*-网格,其通过使用快速工具伺服的金刚石切割来制造。实验中使用的正弦网格的节距为 10μm。另一种是通过光刻法制造的松饼型 *XY*-网格,实验中使用的松饼型 *XY*-网格的节距为 1μm。已经证实,具有正弦网格的光栅编码器沿 *X*、*Y* 和 *Z* 轴具有纳米分辨率。具有松饼型的光栅编码器在所有三轴上都达到亚纳米分辨率。

参考文献

[1] Shamoto E, Murase H, Moriwaki T (2000) Ultra-precision 6-axis table driven by means of walking drive. Ann CIRP 49(1):299-302

[2] Fan KC, Chen MJ (2000) A 6-degree-of-freedom measurement system for the accuracy of X-Y stages. Precis Eng 24:15-23

[3] Jäger G, Manske E, Hausotte T, Büchner HJ (2009) The metrological basis and operation of nanopositioning and nanomeasuring machine NMM-1. Technisches Messen 76(5):227-234

[4] Low KS (2003) Advanced precision linear stage for industrial automation applications. IEEE Trans Instrum Meas 52(3):785-789

[5] Otsuka J, Ichikawa S, Masuda T, Suzuki K (2005) Development of a small ultraprecision positioning device with 5 nm resolution. Meas Sci Technol 16:2186-2192

[6] Matsuda K, Roy M, Eiju T, O'Byrne JW, Sheppard Colin JR (2002) Straightness measurements with a reflection confocal optical system: an experimental study. Appl Opt 41(19):3966-3970

[7] Gao W, Arai Y, Shibuya A, Kiyono S, Park CH (2006) Measurement of multidegree-of-freedom error motions of a precision linear air-bearing stage. Precis Eng 30(1):96-103

[8] Baldwin RR (1974) Interferometer system for measuring straightness and roll. US Patent 3,790,284,5 Feb.1974

[9] Agilent Technologies Inc. (2010) Laser interferometer catalogue. Agilent Technologies Inc., Palo Alto

[10] Lin ST (2001) A laser interferometer for measuring straightness. Opt Laser Technol 33:195-199

[11] Estler WT (1985) Calibration and use of optical straightedges in the metrology of precision machines. Opt.Eng 24(3):372-379

[12] Gao W, Tano M, Araki T, Kiyono S, Park CH (2007) Measurement and compensation of error motions of a diamond turning machine. Precis Eng 31(3):310-316

[13] Steinmetz CR (1990) Sub-micron position measurement and control on precision machine tools

with laser interferometry. Precis Eng 12(1):12-24

[14] Kimura A, Gao W, Arai Y, Zeng LJ (2010) Design and construction of a twodegree-of-freedom linear encoder for nanometric measurement of stage position and straightness. Precis Eng 34 (1):145-155

[15] Teimel A (1992) Technology and applications of grating interferometers in highprecision measurement. Precis Eng 14(3):147-154

[16] Renishaw plc (2010) Fibre-optic laser encoder RLE 10. Renishaw plc, Gloucestershire, UK

[17] Canon Inc. (2010) Micro-laser interferometer DS-80. Canon Inc., Tokyo, Japan

[18] Gao W, Kimura A (2007) A three-axis displacement sensor with nanometric resolution. Ann CIRP 56(1):529-532

[19] Zeng LJ, Li L (2007) Optical mosaic gratings made by consecutive, phaseinterlocked, holographic exposures using diffraction from latent fringes. Opt Lett 32:1081-1083

第5章
测量圆度的扫描多传感器系统

5.1 引言

圆度是精密工件最基本的几何形状之一。大多数圆形精密工件是通过车削工艺制造的,其中采用主轴来旋转工件。工件的圆度偏离基本由主轴的误差运动决定。测量工件的圆度误差和主轴误差是保证制造精度的基本任务。

扫描传感器方法[1-2]是测量工件圆度最广泛使用的方法。在这种方法中,移动安装在旋转台上的位移传感器或斜率传感器来扫描工件表面。平台的旋转扫描运动必须足够好,以便它可以用作测量参考。然而,对于纳米级圆度,工件圆度所需的测量精度必须与平台扫描运动的测量精度保持在同一水平,在使用机床主轴的机床测量中可以找到类似的情况。在这种情况下,必须将工件圆度误差与主轴误差分开[3-4]。使用球或圆柱体作为测量参考的主轴误差测量中也需要误差分离。

为了执行误差分离,有必要建立包含工件圆度误差和主轴误差的联立方程。基于如何建立方程式,有两种误差分离方法[5],一个称为多步技术[6-8],另一个是多传感器技术[9-13]。多步方法,包括反转方法,通过用一个传感器进行多次测量来建立方程。而多传感器方法通过使用多个传感器来进行一次测量来建立方程。与多步方法相比,因为主轴误差的重复性不是必需的,所以多传感器方法更适合机上测量。

圆度测量涉及三个参数:工件的圆度误差、主轴误差的 X 方向分量和 Y 方向分量。采用三位移传感器的三位移传感器方法[14]能够实现误差分离,以获得精确的工件圆度。在本章中,提出了一种新的使用三个二维斜率传感器的三传感器方法——三斜率传感器方法,不仅可以测量工件圆度,还可以测量多自由度主轴误差分量。

然而,由于谐波抑制的问题,使用三传感器方法不能精确地测量一些圆度误差的高频分量,仅通过增加传感器的数量不能完全解决这个问题[11,14]。因此,5.3节介绍了一种称为混合方法的新型多传感器方法,以克服三传感器方法的缺点。

5.2 斜率传感器方法

图5.1显示了使用一个位移传感器进行圆度测量的原理。位移传感器在空间上是固定的,用于在工件旋转时扫描圆形工件。设 P 为工件的代表点,圆度误差用函数 $r(\theta)$ 来描述,该函数是与平均半径为 R_r 的圆的偏差,θ 是点 P 和传感器之间的角度。设 α 为传感器与 Y 轴之间的角度。如果不存在主轴旋转误差(主轴误差),如图5.1所示,则可以从传感器输出 $m(\theta)$ 正确获得圆度误差 $r(\theta)$,即

$$m(\theta)=r(\theta) \tag{5.1}$$

但是,如果主轴误差存在,如图5.2所示,传感器输出 $m(\theta)$ 变为

$$m(\theta)=r(\theta)+\Delta m(\theta) \tag{5.2}$$

其中

$$\Delta m(\theta)=e_X(\theta)\sin\alpha+e_Y(\theta)\cos\alpha \tag{5.3}$$

式中:$e_X(\theta)$ 和 $e_Y(\theta)$ 分别为主轴误差的 X 方向分量和 Y 方向分量。

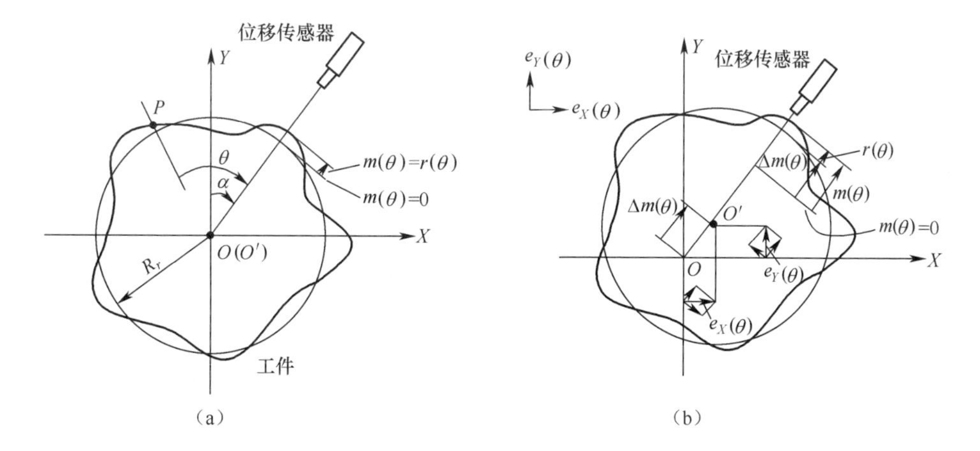

图5.1 使用位移传感器测量圆度

(a)没有主轴误差;(b)有主轴误差。

图5.2为使用3个位移传感器的三位移传感器方法的原理。3个位移传感器围绕圆柱形工件固定,工件旋转时,传感器扫描工件。如果传感器的位移输出分别用 $m_1(\theta)$、$m_2(\theta)$ 和 $m_3(\theta)$ 表示,则输出可以表示为

$$m_1(\theta)=r(\theta)+e_Y(\theta) \tag{5.4}$$

$$m_2(\theta)=r(\theta+\phi)+e_X(\theta)\sin\phi+e_Y(\theta)\cos\phi \tag{5.5}$$

$$m_3(\theta) = r(\theta + \tau) + e_X(\theta)\sin\tau + e_Y(\theta)\cos\tau \tag{5.6}$$

主轴误差被消除的三位移传感器方法的差分输出 $m_{3D}(\theta)$ 可表示为

$$m_{3D}(\theta) = r(\theta) + a_1 r(\theta + \phi) + a_2 r(\theta + \phi) \tag{5.7}$$

其中

$$a_1 = -\frac{\sin\tau}{\sin(\tau - \phi)}, a_2 = \frac{\sin\phi}{\sin(\tau - \phi)} \tag{5.8}$$

式(5.7)中,可以将 $r(\theta)$ 作为输入,将 $m_{3D}(\theta)$ 作为输出。根据数字滤波器理论[15],输入 $r(\theta)$ 和输出 $m_{3D}(\theta)$ 之间的关系可以通过三位移传感器方法的传递函数来定义:

$$H_{3D}(n) = \frac{M_{3D}(n)}{R(n)} = 1 + a_1 \mathrm{e}^{-\mathrm{j}n\phi} + a_2 \mathrm{e}^{-\mathrm{j}n\tau} \tag{5.9}$$

式中:n 为空间频率(每转的起伏数);$M_{3D}(n)$ 和 $R(n)$ 分别为 $m_{3D}(\theta)$ 和 $r(\theta)$ 的傅里叶变换。$R(n)$ 可以从 $M_{3D}(n)$ 和 $H_{3D}(n)$ 中获得,因此可以通过 $R(n)$ 的快速傅里叶逆变换(IFFT)来评估 $r(\theta)$。

传递函数 $H_{3D}(n)$ 的幅度表示复合谐波三位移传感器方法的灵敏度。$H_{3D}(n)$ 的幅度(谐波灵敏度)和相位角表示如下:

$$H_{3D}(n) = \sqrt{1 + a_1^2 + a_2^2 + 2[a_1\cos(n\phi) + a_2\cos(n\tau) + a_1 a_2 \cos n(\tau - \phi)]} \tag{5.10}$$

$$\arg[H_{3D}(n)] = \arctan\left(-\frac{a_1\sin(n\phi) + a_2\sin(n\tau)}{1 + a_1\cos(n\phi) + a_2\cos(n\tau)}\right) \tag{5.11}$$

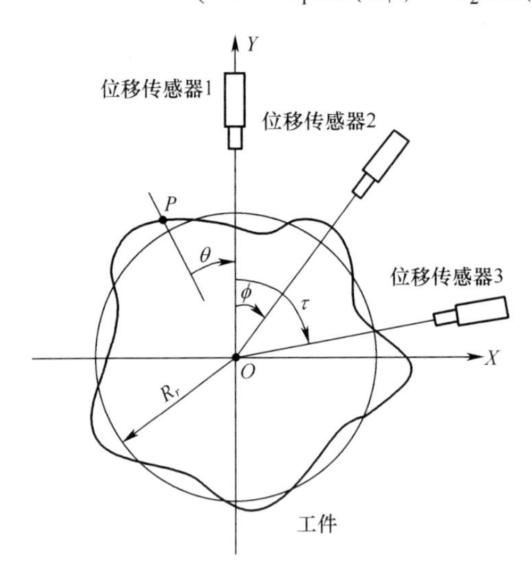

图 5.2　用于圆度测量的三位移传感器方法

传递函数 $H_{3D}(\omega)$ 如图 5.3 所示。从图中可以看出，三位移传感器方法的传递函数中某些频率处的振幅接近零，这正确地防止了三位移传感器方法测量相应的频率分量。

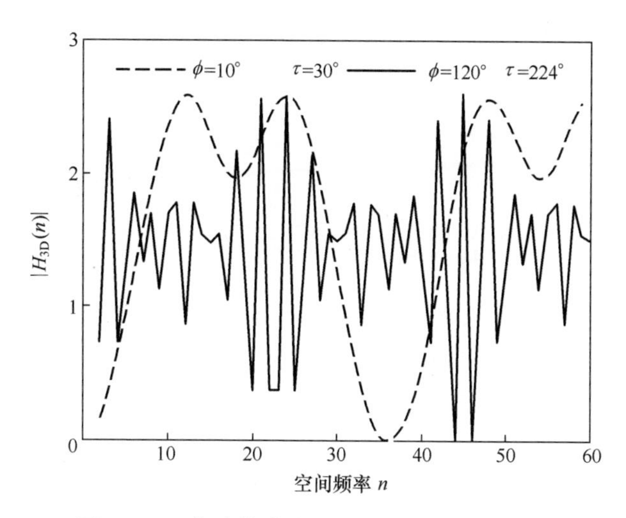

图 5.3　三位移传感器测量圆度的谐波灵敏度

如图 5.4 所示，我们也可以使用一个斜率传感器来执行圆度测量。

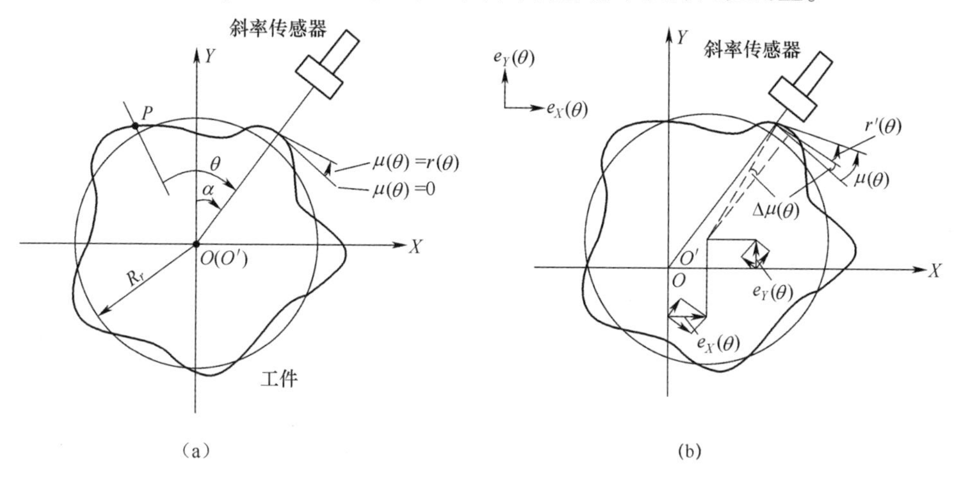

图 5.4　使用斜率传感器进行圆度测量

(a) 没有主轴误差；(b) 有主轴误差。

用函数 $r'(\theta)$ 描述曲面的局部斜率。如果不存在主轴误差（图 5.4(a)），则可以通过斜率传感器的输出正确测量局部斜率 $r'(\theta)$ [16]：

$$\mu(\theta) = r'(\theta) \tag{5.12}$$

$$r'(\theta)=\frac{\mathrm{d}r(\theta)}{\mathrm{d}(R_r\theta)} \tag{5.13}$$

式中:R_r为工件的平均半径。

然后可以通过积分 $r'(\theta)$ 来获得圆度误差。但是,如果存在图 5.4(b)所示的主轴误差,由于测量点在工件圆周上的移动,主轴误差在传感器输出中产生角度变化 $\Delta\mu(\theta)$,有

$$\mu(\theta)=r'(\theta)=\Delta\mu(\theta) \tag{5.14}$$

其中

$$\Delta\mu(\theta)=\frac{e_X(\theta)\cos\alpha-e_Y(\theta)\sin\alpha}{R_r} \tag{5.15}$$

图 5.5 所示为三斜率传感器方法的原理。三斜率传感器围绕圆柱形工件固定,并在工件旋转时扫描工件。如果传感器的斜率输出分别用 $\mu_1(\theta)$、$\mu_2(\theta)$ 和 $\mu_3(\theta)$ 表示,则输出可表示为

$$\mu_1(\theta)=r'(\theta)+\frac{e_X(\theta)}{R_r} \tag{5.16}$$

$$\mu_2(\theta)=r'(\theta+\phi)+\frac{e_X(\theta)\cos\phi}{R_r}-\frac{e_Y(\theta)\sin\phi}{R_r} \tag{5.17}$$

$$\mu_3(\theta)=r'(\theta+\tau)+\frac{e_X(\theta)\cos\tau}{R_r}-\frac{e_Y(\theta)\sin\tau}{R_r} \tag{5.18}$$

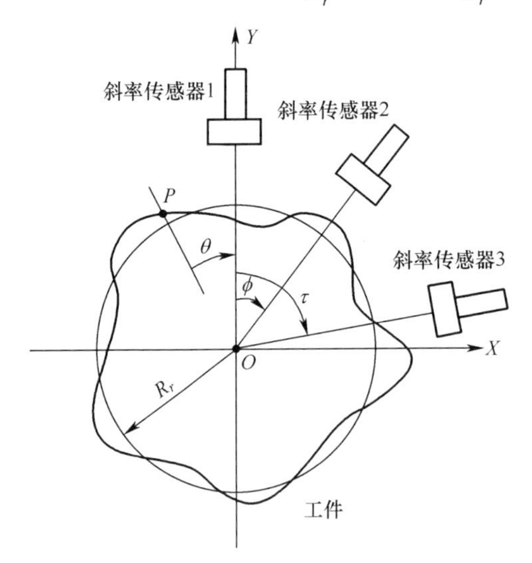

图 5.5　用于圆度测量的三斜率传感器方法

三斜率传感器方法的差分输出 $m_{3S}(\theta)$可表示为

$$m_{3S}(\theta)=r(\theta)+a_1 r(\theta+\phi)+a_2 r(\theta+\tau) \tag{5.19}$$

其中

$$a_1=-\frac{\sin\tau}{\sin(\tau-\phi)},a_2=\frac{\sin\phi}{\sin(\tau-\phi)} \tag{5.20}$$

结果,主轴误差被消除。

三斜率传感器方法的传递函数 $H_{3S}(n)$ 可以表示为

$$H_{3S}(n)=\frac{M_{3S}(n)}{R(n)}=jn(1+a_1\mathrm{e}^{-jn\phi}+a_2\mathrm{e}^{-jn\tau}) \tag{5.21}$$

式中:n 为空间频率(每转的起伏数);$M_{3S}(n)$ 和 $R(n)$ 分别是 $m_{3S}(\theta)$ 和 $r(\theta)$ 的傅里叶变换。$R(n)$ 可以从 $M_{3D}(n)$ 和 $H_{3S}(n)$ 得到,因此可以通过 $R(n)$ 的傅里叶变换(IFFT)来评估 $r(\theta)$。

$H_{3S}(n)$ 的振幅(谐波灵敏度)和相位角表示如下:

$$|H_{3S}(n)|=n\sqrt{1+a_1^2+a_2^2+2[a_1\cos n\phi+a_2\cos(n\tau)+a_1a_2\cos n(\tau-\phi)]} \tag{5.22}$$

$$\arg[H_{3S}(n)]=\arctan\left(\frac{1+a_1\cos(n\phi)+a_2\cos(n\tau)}{a_1\sin(n\phi)+a_2\sin(n\tau)}\right) \tag{5.23}$$

传递函数 $H_{3S}(n)$ 的幅度如图 5.6 所示。类似于三位移传感器方法,三斜率传感器方法的传递函数中某些频率处的振幅接近零。幅度为零的频率与具有相同传感器排列的三位移传感器方法的频率相同。

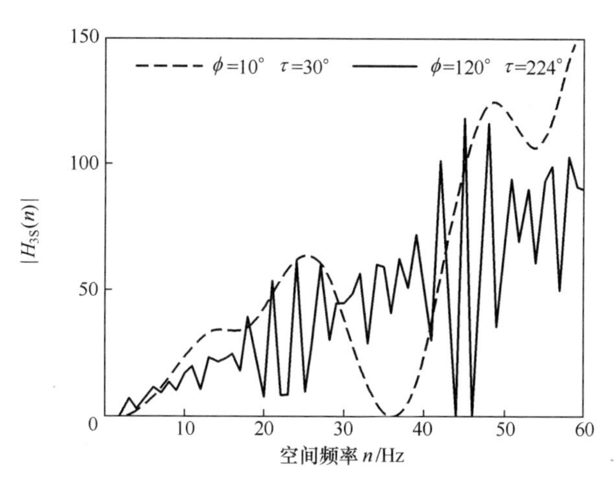

图 5.6　三斜率传感器法测量圆度的谐波灵敏度

通过使用二维斜率传感器,如图 5.7 所示,三斜率传感器方法也可用于测量沿 Z 方向的表面斜率和主轴倾斜误差运动。图 5.8 显示了测量原理的示意图,其中 $r(\theta,z)$ 是圆柱形工件的表面轮廓。每个传感器检测工件表面上一个点的二维局部斜率。一方面,沿圆周方向 $r_r'(\theta,z)$ 的局部斜率分量与式(5.13)中所示的相同,并可通过使用斜率传感器的径向输出分量与主轴径向误差分量 $e_r(\theta,z)$ 分离,如式(5.16) ~ 式(5.20) 所示。另一方面,沿 Z 方向的局部斜率分量 $r_Z'(\theta,z)$ 定义为

$$r_z'(\theta) = \frac{\mathrm{d}r(\theta,z)}{\mathrm{d}z} \tag{5.24}$$

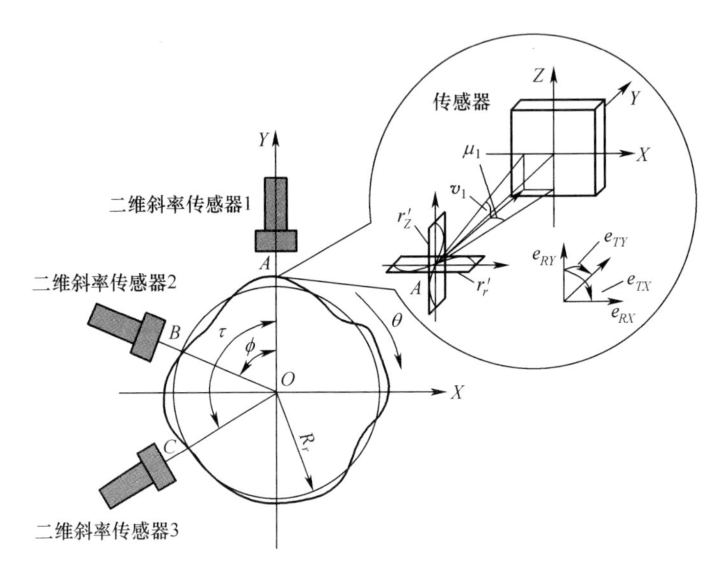

图 5.7　具有二维斜率传感器的三斜率传感器方法

$r_Z'(\theta,z)$ 和倾斜误差运动 $e_T(\theta,z)$ 可以通过斜率传感器的角度输出组件类似地相互分离,表达如下:

$$v_1(\theta) = r_Z'(\theta) - e_{TY}(\theta) \tag{5.25}$$

$$v_2(\theta) = r_Z'(\theta + \phi) + e_{TX}(\theta) \cdot \sin\phi - e_{TY}(\theta) \cdot \cos\omega \tag{5.26}$$

$$v_3(\theta) = r_Z'(\theta + \tau) + e_{TX}(\theta) \cdot \sin\tau - e_{TY}(\theta) \cdot \cos\tau \tag{5.27}$$

用于计算 $e_{TX}(\theta)$ 和 $e_{TY}(\theta)$ 的差分输出表示为

$$\begin{aligned}\Delta v_{TX}(\theta) &= a_3 \cdot v_1(\theta + \varphi) - a_3 \cdot v_2(\theta) + a_4 \cdot v_3(\theta) - a_4 \cdot v_1(\theta + \tau) + \\ &\quad a_5 \cdot v_2(\theta + \tau) - a_5 \cdot v_3(\theta + \phi) \\ &= e_{TX}(\theta) + a_1 \cdot e_{TX}(\theta + \phi) + a_2 \cdot e_{TX}(\theta + \tau),\end{aligned} \tag{5.28}$$

$$\begin{aligned}\Delta v_{TY}(\theta) &= a_1 \cdot v_2(\theta) - a_1 \cdot v_1(\theta + \phi) + a_2 \cdot v_3(\theta) - a_2 \cdot v_1(\theta + \tau) \\ &= e_{TY}(\theta) + a_1 \cdot e_{TY}(\theta + \phi) + a_2 \cdot e_{TY}(\theta + \tau)\end{aligned} \tag{5.29}$$

式中:a_1 和 a_2 在式(5.20)中已定义。

a_3、a_4 和 a_5 由定义得

$$a_3 = \frac{\cos\tau}{\sin(\tau - \phi)}, a_4 = \frac{\cos\phi}{\sin(\tau - \phi)}, a_5 = \frac{1}{\sin(\tau - \phi)} \tag{5.30}$$

图 5.8 显示了为实验设计和构造的二维斜率传感器单元的示意图。传感器单元由 3 个二维斜率传感器组成,传感器之间的角度 ϕ 和 τ 分别设计为 60°和 96°。这种传感器配置使得三斜率传感器方法对每次旋转波动高达 28,是实验中最高的计算次数。应该指出的是,如果需要测量每转更高的起伏,则需要优化传感器排列。传感器利用自动准直原理进行斜率检测。从传感器 1 的示意图可以看出,来自 LD 的准直光束在穿过偏振分束器(PBS)和 1/4 波片后被投射到工件表面上的点 A 上,反射光束在 PBS 处再次被反射,然后置于透镜焦点位置的由物镜和象限光电二极管(QPD)组成的自动准直单元接收。点 A 处的二维斜率信息可以从 QPD 的光电流获得。为保障结构紧凑,传感器 2 和传感器 3 共享光源,激光光束被分束器(BS)分成两束,分别投射到工件表面上的点 B 和 C 上。反射光束由两个自动准直单元接收,从而可以分别检测 B 点和 C 点的二维斜率信息。激光光束的直径设定为 0.5mm,透镜的焦距为 30mm。传感器的斜率灵敏度约为 0.1″。传感器 A 的尺寸为 90mm(长)×80mm(宽)×40mm(高),传感器 B、C 的尺寸均为 160mm(长)×100mm(宽)×40mm(高)。

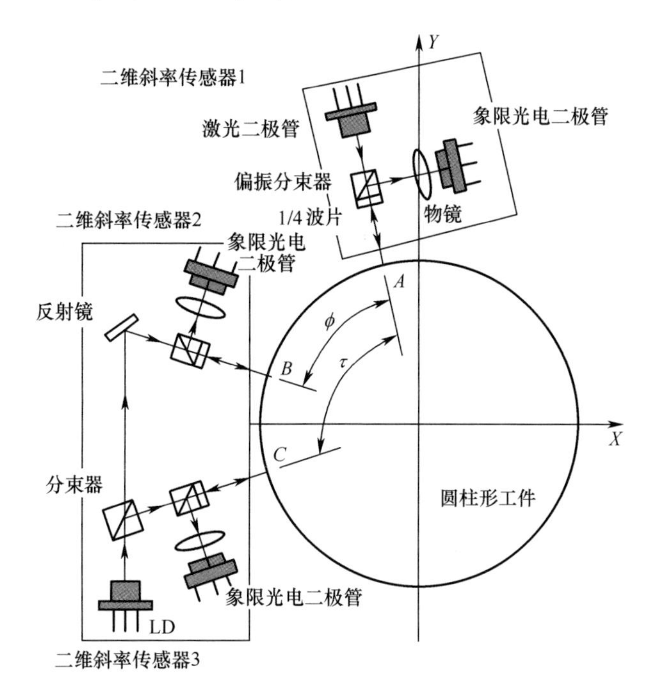

图 5.8　用于三斜率传感器方法的二维斜率传感器单元的示意图

图 5.9 显示了圆度和主轴误差测量的实验装置示意图。使用直径为 80mm 的金刚石翻转圆柱形工件作为样品,工件被安装在空气主轴上,斜率传感器的输出通过 12 位 AD 转换器由计算机同时采样。主轴的旋转角度由光学编码器测量,工件

的圆度也通过采用 3 个电容式位移传感器的常规三位移传感器方法进行测量以进行比较。测得的主轴误差和工件圆度分别如图 5. 10 和图 5. 11 所示。

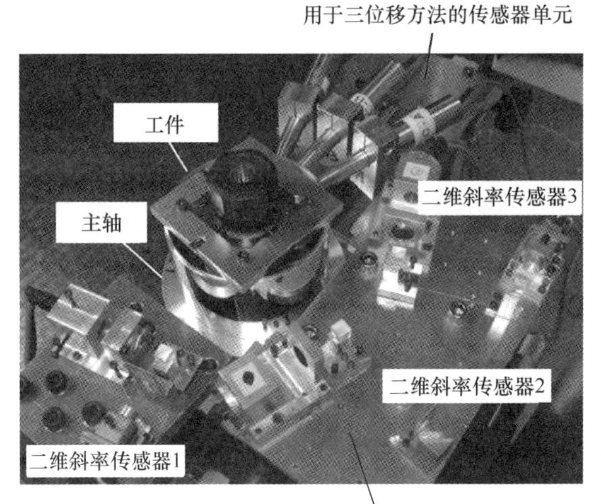

图 5. 9　用三斜率传感器法测量圆度和主轴误差的实验装置照片

在实验中,主轴转速约为 60r/min,一次旋转的采样数为 200。图 5. 10(a)显示了倾斜误差运动的双向分量,它们分别在 X 方向约为 9. 9″,在 Y 方向上为 12. 0″。图 5. 10(b)绘出了主轴径向误差运动的双向分量,X 方向分量约为 2. 0μm,Y 方向分量约为 3. 3μm。图 5. 11 显示了测量的圆柱形工件的圆度。圆度约为 31. 1μm。同样的工件也用传统的三位移传感器方法测量,结果如图 5. 11 所示,可以看出,这两个结果相互对应。

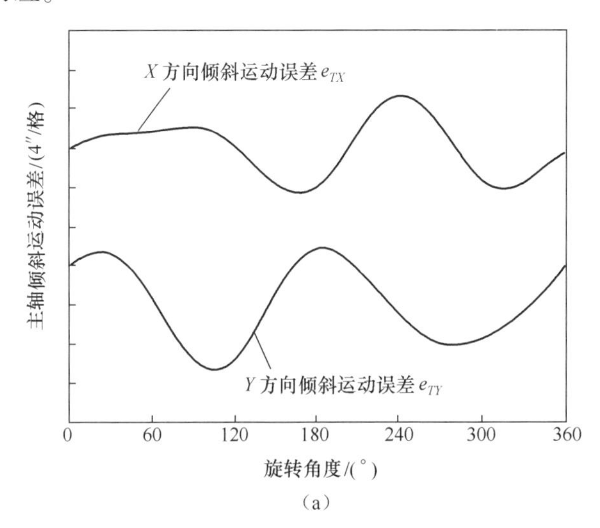

(a)

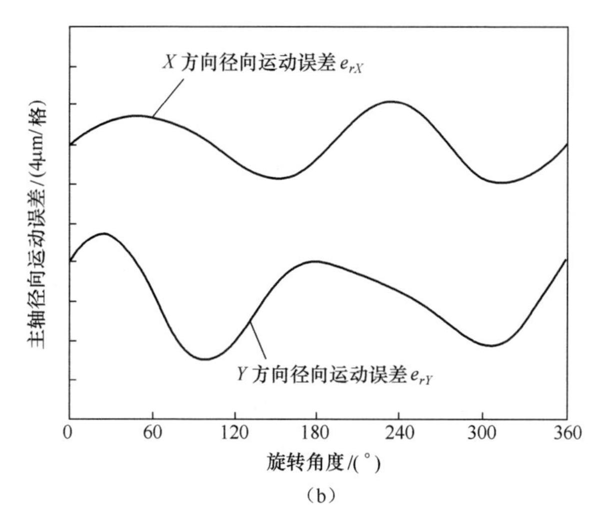

(b)

图 5.10　测量的主轴运动误差

(a)倾斜运动误差;(b)径向运动误差。

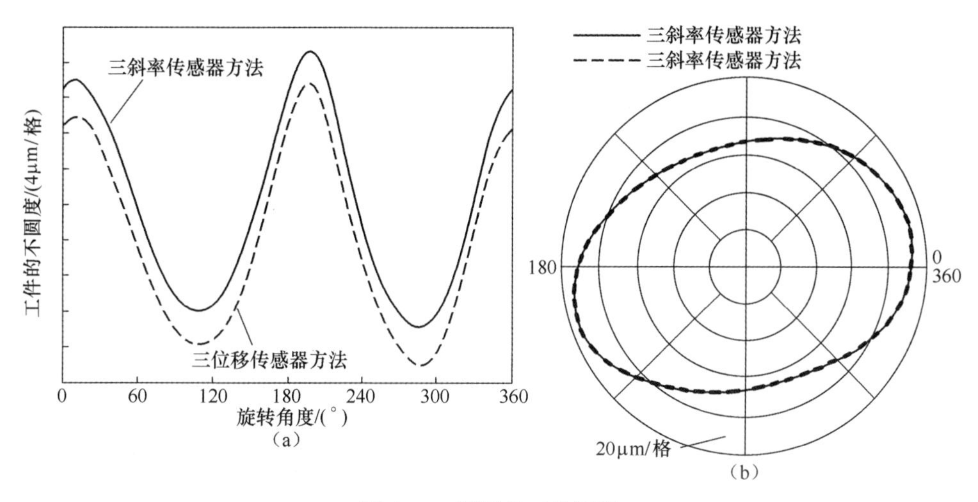

图 5.11　测量的工件圆度

(a)直角坐标图;(b)极坐标图。

5.3　混合方法

上述三位移传感器方法可以将工件圆度误差与主轴误差运动分开,但由于谐波抑制的问题,仅通过增加传感器的数量不能精确地测量圆度的某些频率分量[11,14]。本节将描述位移传感器和斜率传感器的混合方法,称为混合方法。该方法可以将圆度误差与主轴误差完全分开,并捕捉高频分量。

图 5.12 显示了二位移/单斜率(2D1S)混合方法和单位移/双斜率(1D2S)混合方法的示意图。在里面 2D1S 混合方法,两个位移传感器(传感器 1 和传感器 3)和一个斜率传感器(传感器 2)被采用。ϕ 和 τ 是传感器之间的角度。2D1S 混合方法中的传感器输出表示为

$$m_1(\theta) = r(\theta) + e_Y(\theta) \tag{5.31}$$

$$\mu_2(\theta) = r'(\theta + \phi) + \frac{e_X(\theta)}{R_r}\cos\phi - \frac{e_Y(\theta)}{R_r}\sin\phi \tag{5.32}$$

$$m_3(\theta) = r(\theta + \tau) + e_X(\theta)\sin\tau + e_Y(\theta)\cos\tau \tag{5.33}$$

用于消除主轴误差的差分输出 $m_{2D1S}(\theta)$ 可表示为

$$\begin{aligned} m_{2D1S}(\theta) &= m_1(\theta)(\tan\phi + \cot\tau) - \frac{m_3(\theta)}{\sin\tau} + \frac{R_r\mu_2(\theta)}{\cos\phi} \\ &= r(\theta)(\tan\phi + \cot\tau) - \frac{r(\theta + \tau)}{\sin\tau} + \frac{R_r r'(\theta + \phi)}{\cos\phi} \end{aligned} \tag{5.34}$$

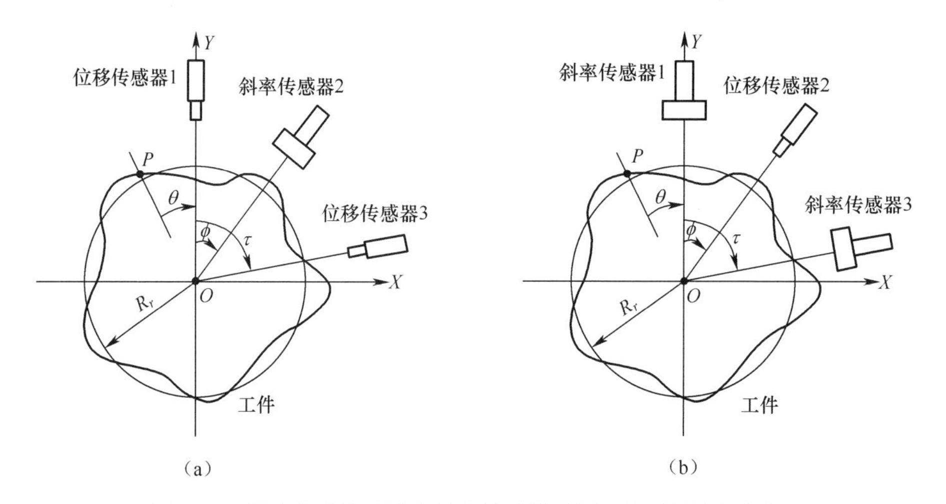

图 5.12 混合位移传感器和斜度传感器进行圆度测量的混合方法

(a)双位移/单斜率(2DIS)混合方法;(b)单位移/双斜率(1D2S)混合方法。

设 $r(\theta)$ 和 $m_{2D1S}(\theta)$ 的傅里叶变换分别为 $R(n)$ 和 $M_{2D1S}(n)$,2D1S 混合方法的传递函数可以定义为

$$H_{2D1S}(n) = \frac{M_{2D1S}(n)}{R(n)} = \tan\phi + \cot\tau - \frac{e^{-jn\tau}}{\sin\tau} + \frac{jne^{jn\phi}}{\cos\phi} \tag{5.35}$$

式中:n 为频率。

$H_{2D1S}(n)$ 的振幅(谐波灵敏度)和相位角表示为

$$|H_{2D1S}(n)| = \frac{1}{\cos\phi\sin\tau}[(\sin\phi\sin\tau + \cos\phi\cos\tau - \cos\phi\cos(n\tau) - n\sin(n\phi)\sin\tau)^2 + (n\cos(n\phi)\sin\tau - \cos\phi\sin(n\tau))^2]^{1/2} \tag{5.36}$$

$$\arg[H_{2D1S}(n)] = \arctan[(n\cos(n\phi)\sin\tau - \cos\phi\sin(n\tau))/(\sin\phi\sin\tau + \cos\phi\cos\tau - \cos\phi\cos(n\tau) - n\sin(n\phi)\sin\tau)] \tag{5.37}$$

我们也可以使用一个位移传感器和两个斜率传感器来构建混合方法，如图 5.12(b)所示。1D2S 混合方法的传感器输出可以表示为

$$\mu_1(\theta) = r'(\theta) + \frac{e_X(\theta)}{R_r} \tag{5.38}$$

$$m_2(\theta) = r(\theta + \phi) + e_X(\theta)\sin\phi + e_Y(\theta)\cos\phi \tag{5.39}$$

$$\mu_3(\theta) = r'(\theta + \tau) + \frac{e_X(\theta)\cos\tau}{R_r} - \frac{e_Y(\theta)\sin\tau}{R_r} \tag{5.40}$$

其中，主轴误差的影响被消除的差分输出可表示为

$$m_{1D2S}(\theta) = R_r\mu_1(\theta)(\tan\phi + \cot\tau) - \frac{m_2(\theta)}{\cos\phi} - \frac{R_r\mu_3(\theta)}{\sin\tau} \tag{5.41}$$

1D2S 混合方法的传递函数可以定义如下：

$$H_{1D2S}(n) = \frac{M_{1D2S}(n)}{R(n)} = jn(\tan\phi + \cot\tau) - \frac{e^{jn\phi}}{\cos\phi} - \frac{jne^{jn\tau}}{\sin\tau} \tag{5.42}$$

$$|H_{1D2S}(n)| = \frac{1}{\cos\phi\sin\tau}[(n\cos\phi\sin(n\tau) - \cos(n\phi)\sin\tau)^2 + (n\sin\phi\sin\tau + n\cos\phi\cos\tau - \sin(n\phi)\sin\tau - n\cos\phi\cos(n\tau))^2]^{1/2} \tag{5.43}$$

$$\arg[H_{1D2S}(n)] = \arctan[(n\sin\phi\sin\tau + n\cos\phi\cos\tau - n\cos\phi\cos(n\tau) - \sin(n\phi)\sin\tau)/(n\cos\phi\sin\tau - \cos(n\phi)\sin\tau)] \tag{5.44}$$

式中：$M_{1D2S}(n)$为 $m_{1D2S}(\theta)$的傅里叶变换。

以角度距离 ϕ 和 τ 作为参数，两种方法的传递函数（谐波灵敏度）的幅度分别绘制在图 5.13 中。从图中可以看出，没有谐波灵敏度接近零的频率，表明两种混合方法都能正确测量高频分量。与 2D1S 混合方法相比，1D2S 混合方法在 $n \leqslant 7$ 时更加灵敏。另一方面，2D1S 混合方法在更高频率范围内优于 1D2S 混合方法。可以看出 2D1S 混合方法在低频范围内的谐波灵敏度，以及 1D2S 混合方法在高频范围内的谐波灵敏度与传感器排列密切相关。如图 5.13(a)所示，当对称传感器排列$(\phi,\tau) = (22.5°, 45°)$，最小谐波灵敏度$|H_{2D1S}(2)| = 0.16$，通过将传感器排列更改为不对称的方式，可以增加此值。对于固定的 τ，当 $\phi = 0°$或 τ 时，获得最大的$|H_{2D1S}(2)|$。在这种传感器配置中，斜率传感器和其中一个位移传感器放置在相同的位置。$|H_{2D1S}(2)|$随着 β 的增加而改善，当$(\phi,\tau) = (0°, 90°)$或$(\phi,\tau) =$

(90°,90°)时,$|H_{2D1S}(2)|$达到其极限值。在这种传感器配置中,2D1S 混合方法产生最均衡的谐波响应,关于 1D2S 混合方法也是如此。这种传感器配置的混合方法称为正交混合方法。

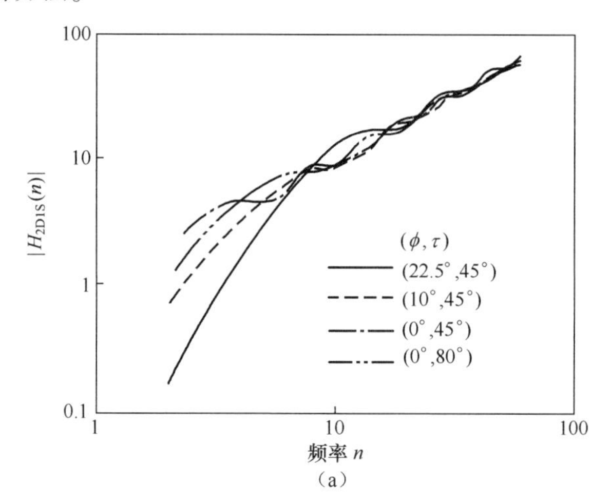

(a)

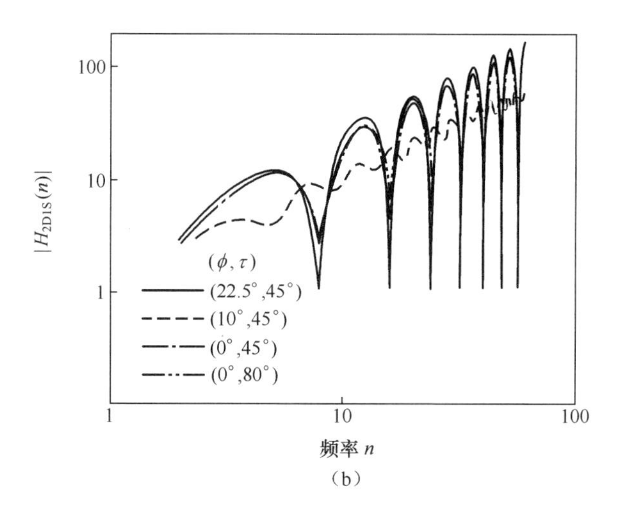

(b)

图 5.13 混合法的谐波敏感度

(a)2D1S 混合方法;(b)1D2S 混合方法。

正交混合法的原理如图 5.14 所示。位移传感器的输出 $m_1(\theta)$ 和斜率传感器的输出 $\mu_2(\theta)$ 可表示如下:

$$m_1(\theta)=r(\theta)+e_Y(\theta) \tag{5.45}$$

$$\mu_2(\theta)=r'\left(\theta+\frac{\pi}{2}\right)-\frac{e_Y(\theta)}{R_r} \tag{5.46}$$

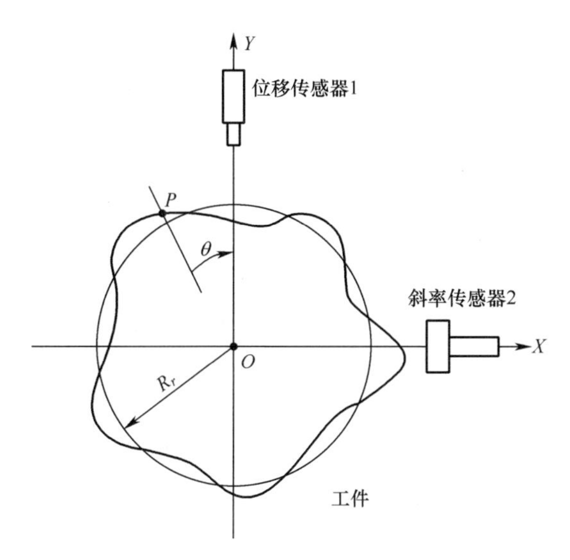

图 5.14　用于圆度测量的正交混合法

因此,其圆度误差与主轴误差分离的差分输出 $m_{\text{om}}(\theta)$ 可表示为

$$m_{\text{om}}(\theta) = m_1(\theta) + R_r\mu_2(\theta) = r(\theta) + R_r r'\left(\theta + \frac{\pi}{2}\right) \tag{5.47}$$

正交混合方法的传递函数可以表示如下:

$$H_{\text{om}}(n) = \frac{M_{\text{om}}(n)}{R(n)} = 1 + \mathrm{j}n\mathrm{e}^{\mathrm{j}n\frac{\pi}{2}} \tag{5.48}$$

$$|H_{\text{om}}(n)| = \left[\left(1 - n\sin n\frac{\pi}{2}\right)^2 + \left(n\cos n\frac{\pi}{2}\right)^2\right]^{1/2} \tag{5.49}$$

$$\arg[H_{\text{om}}(n)] = \arctan\left[\left(n\cos n\frac{\pi}{2}\right) \Big/ \left(1 - n\sin n\frac{\pi}{2}\right)\right] \tag{5.50}$$

式中:$M_{\text{om}}(n)$ 为 $m_{\text{om}}(\theta)$ 的傅里叶变换。

图 5.15 显示了传递函数的幅度(谐波灵敏度)的正交混合法。从图中可以看出,$H_{\text{om}}(n)$ 产生良好的特性,最小谐波灵敏度 $|H_{\text{om}}(2)| = 2.24$。

如图 5.16 所示,如果存在两个传感器之间角距的设置误差 $\Delta\phi$,则正交混合方法的差分输出变为

$$\begin{aligned} m_{\text{e}}(\theta) &= r(\theta + \Delta\phi) + R_r r\left(\theta + \frac{\pi}{2}\right) \\ &\approx r(\theta) + R_r r'\left(\theta + \frac{\pi}{2}\right) + \Delta\phi r'(\theta) \end{aligned} \tag{5.51}$$

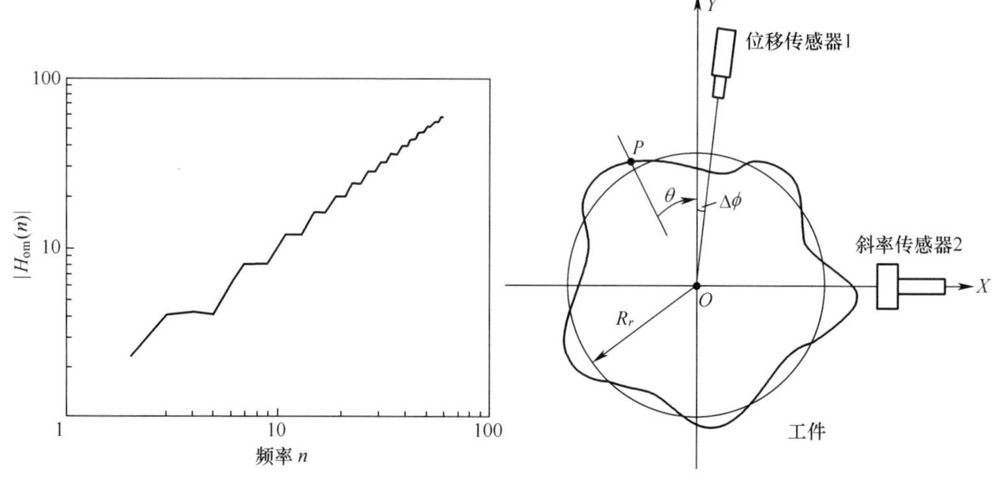

图 5.15　正交混合法的谐波灵敏度　　　　图 5.16　角距的设置误差

差分输出中的误差为

$$\Delta m_{om}(\theta) = \Delta\phi r'(\theta) \tag{5.52}$$

圆度误差的评估傅里叶变换 $R_e(n)$ 变为

$$R_e(n) = \frac{M_e(n)}{H_{om}(n)} = R(n) + \frac{\Delta M_e(n)}{H_{om}(n)} = R(n) + \Delta R(n) \tag{5.53}$$

其中

$$R_e(n) = \frac{\Delta M_e(n)}{H_{om}(n)} \tag{5.54}$$

这里,$R(n)$为圆度误差的真实傅里叶变换。$M_e(n)$和 $\Delta M_e(n)$分别为 $m_e(\theta)$和 $\Delta m_e(\theta)$的傅里叶变换。$|R_e(n)|$与$|R(n)|$的相对误差可以评估为

$$\Delta E(n) = 1 - \left|\frac{R(n)}{R'(n)}\right| = \left|\frac{\Delta R_r(n)}{R(n)}\right| = \frac{n\Delta\phi}{|H_{om}(n)|} \tag{5.55}$$

图 5.17 显示了在 $\Delta\phi=0.5°$时,$\Delta E(n)$与 n 的曲线。可以看出,最大误差发生在 $n=5$($\Delta E(5)=1.1\%$)。

由一个位移传感器[17]和一个斜角传感器[18]组成角度距离为 90°的光学传感器系统,以实现正交混合方法。位移传感器和斜率传感器均采用全反射临界角法的原理。

图 5.18 显示了位移传感器校准的实验装置。电容式传感器用作参考,利用 PZT 执行器移动表面,并通过显影位移传感器和参考传感器同时测量表面的位移。图 5.19 显示了两次单独测量得到的校准结果。图中还绘制了拟合三阶多项式的残留误差,可以看出该误差约为校准范围的 0.5%。图 5.20 显示了斜率传感器校

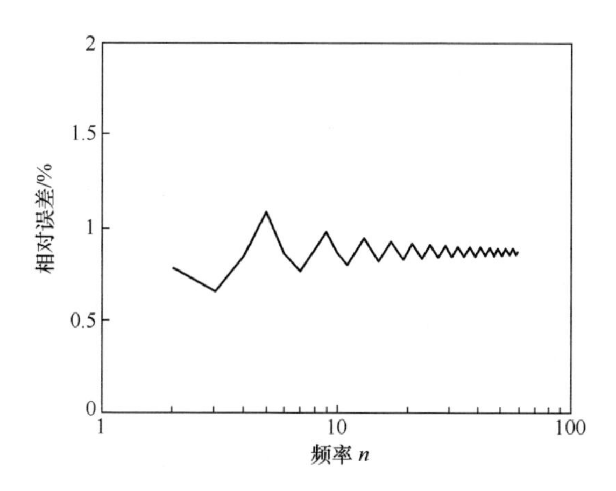

图 5.17　由设定误差导致的圆度评估误差

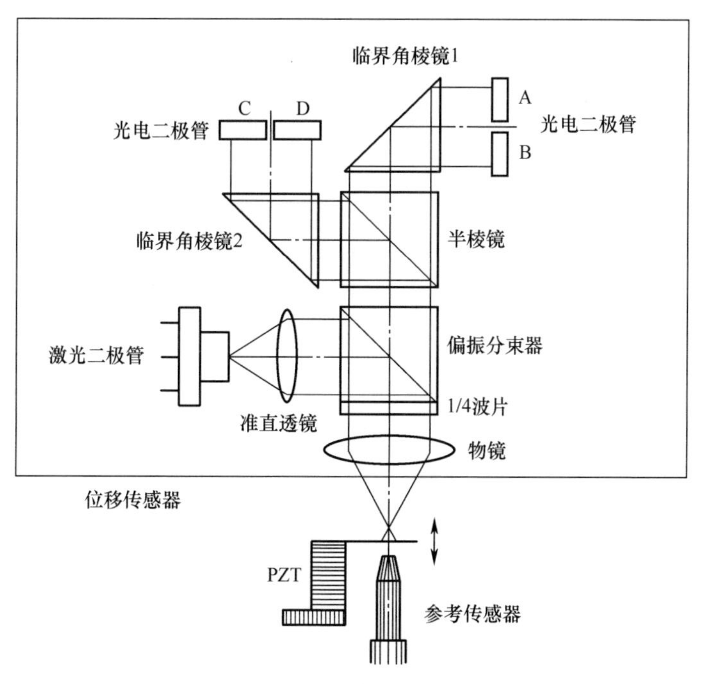

图 5.18　位移传感器校准的装置

准的实验装置。使用光电自准直仪作为参考，杠杆系统用来引入角位移。杠杆由 PZT 执行机构驱动，以便杠杆可绕支点旋转，开发的斜率传感器和自准直仪同时测量杠杆的角位移。图 5.21 中绘制了两个单独的校准结果，拟合三阶多项式的残差约为校准范围的 0.5%。

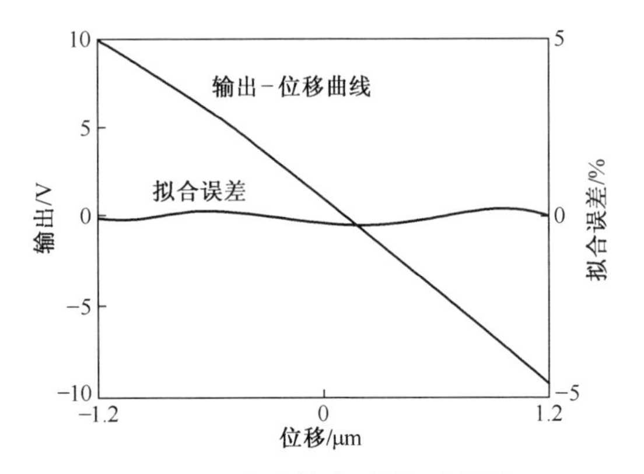

图 5.19　位移传感器的校准结果

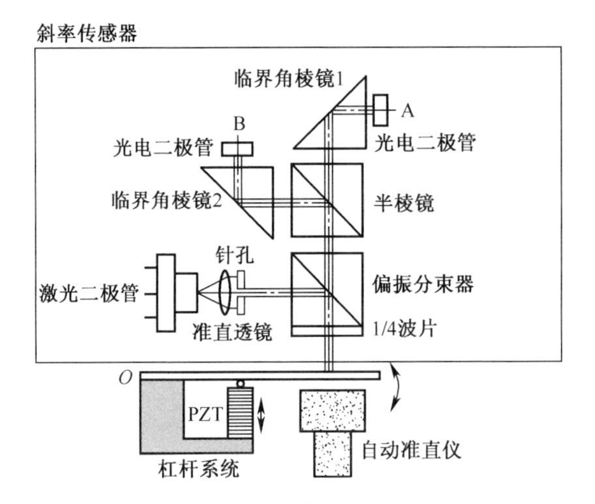

图 5.20　斜率传感器校准的设置

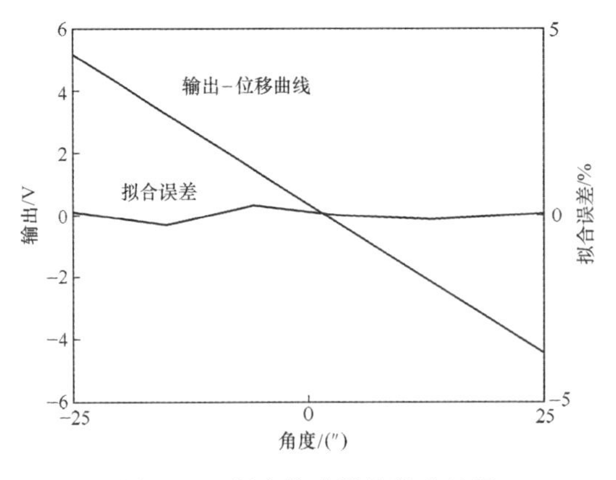

图 5.21　斜率传感器的校准结果

图 5.22 所示的实验装置用来研究消除式(5.47)中定义的正交混合法中差分输出的主轴误差的可行性。一个直径为 25.4mm 的精密球作为目标。主轴误差 $e_Y(\theta)$ 是通过在 Y 方向上使用 PZT 移动球引入的。如图 5.23 所示,在正交混合法的差分输出中消除了主轴误差 $e_Y(\theta)$。

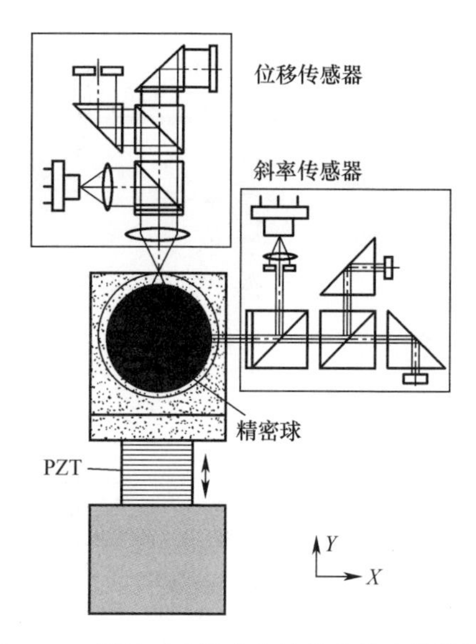

图 5.22 测试正交混合方法差分输出的设置

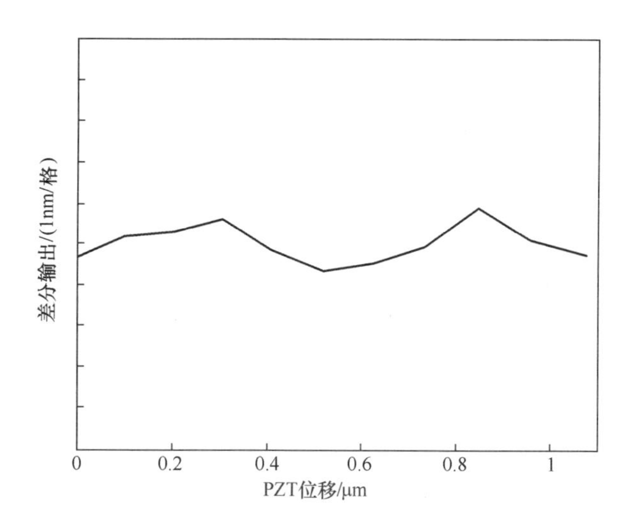

图 5.23 正交混合法的差分输出

图 5.24 显示了基于正交混合法建立的用于圆度测量的实验测量系统的照片。测量系统由研发的位移传感器、斜率传感器、精密球体(图 5.22 所示)、空气轴和光学旋转编码器组成,主轴的旋转角度由光学编码器测量。光学编码器的位置信号作为触发信号被发送到 AD 转换器中,输出信号被同时采样,以避免由于采样时间延迟造成的误差。通过使用调节螺钉可以在 *X* 方向和 *Y* 方向上调节球体,从而可以将偏心误差调节到传感器的测量范围内。传感器安装在 *XYZ* 微型平台上,传感器相对于球的位置可以在 *X*、*Y* 和 *Z* 方向进行调节。

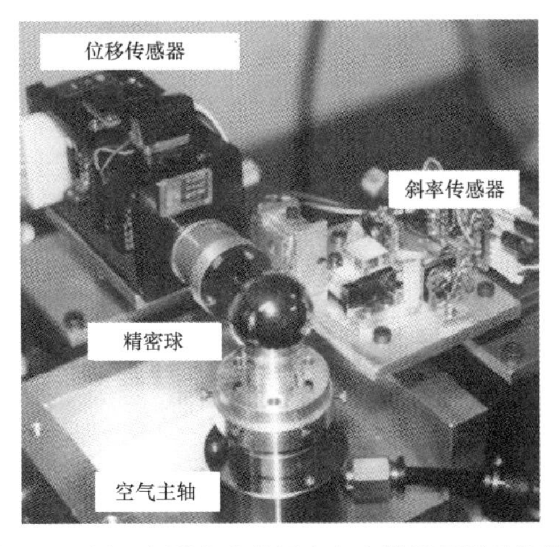

图 5.24　用正交混合法的圆度和主轴误差测量的装置

图 5.25 显示了光学传感器稳定性的测试结果。在测试中,在不旋转球的情况下,输出信号进行采样,可以看出位移传感器和斜率传感器在 20s 的测试期内分别具有 1nm 和 0.01″的稳定性。

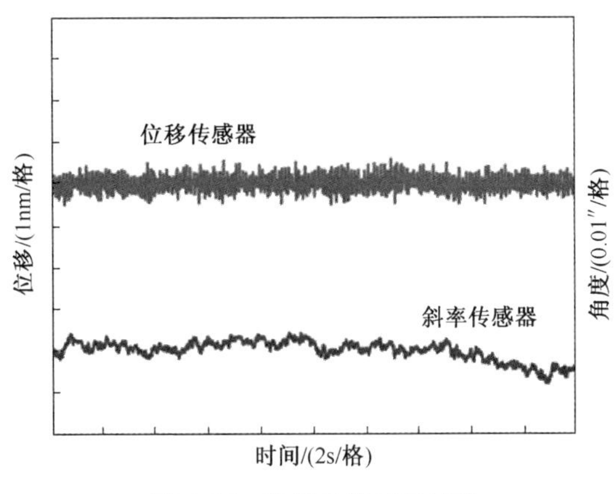

图 5.25　稳定性测试的结果

图 5.26 显示了两次单独测量的圆度误差和两次测量结果之间的重复性误差。图 5.26(a)显示了圆度误差和重复性误差的极坐标图,图 5.26(b)显示了相应的直线图,采样数为 512,可以看出,圆度误差约为 60nm,重复性误差约为 5nm。两次重复测量的测量主轴误差及其差值如图 5.27 所示。主轴误差约为 800nm,差值约为 140nm。在主轴误差中发现了由于主轴和编码器之间的不正确连接而导致的振动分量。比较图 5.26 和图 5.27 绘制的结果表明,圆度误差与高重复性的大主轴误差分开,这证实了正交混合法的有效性。

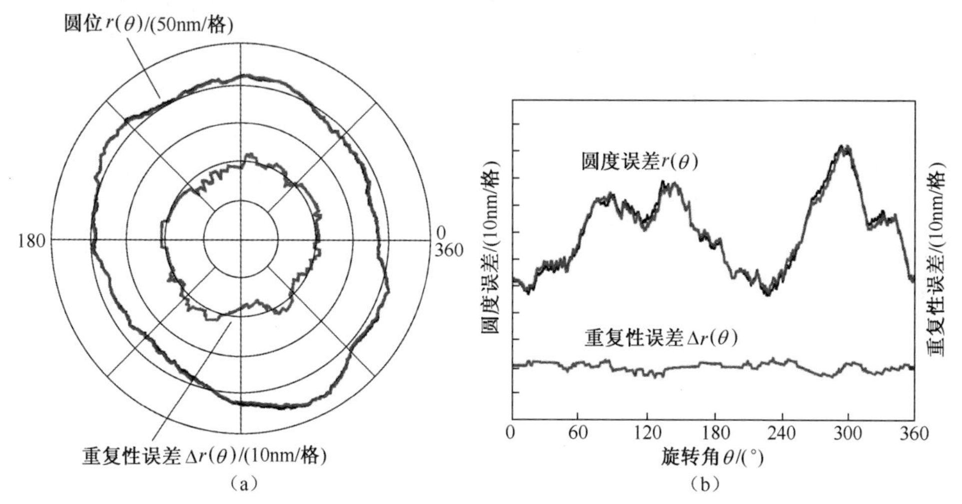

图 5.26　球圆度的测量结果
(a)极坐标图;(b)直角坐标图。

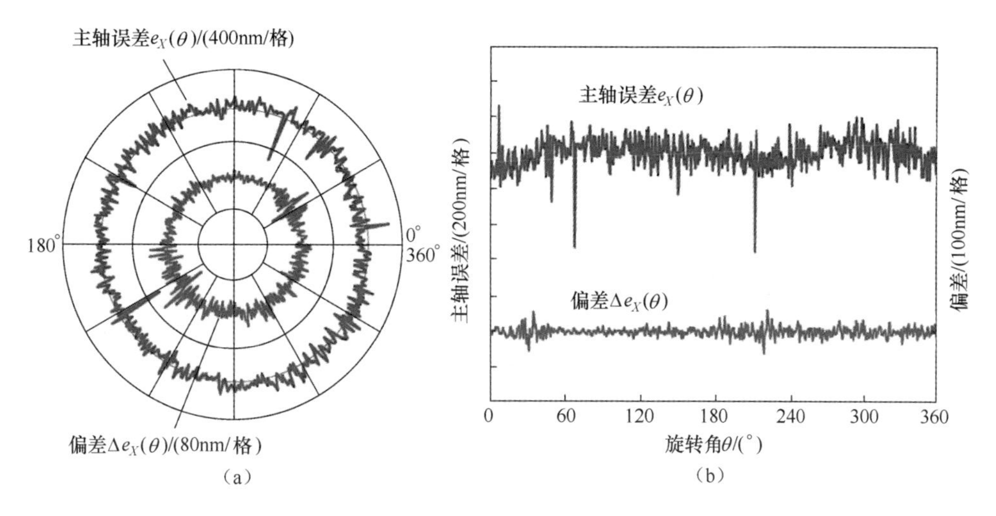

图 5.27　主轴误差的测量结果
(a)极坐标图;(b)直角坐标图。

5.4 小结

本节描述了使用3个用于圆度和主轴误差测量的二维斜率传感器的多传感器方法，称为三斜率传感器方法。该方法可以同时准确地测量工件圆度误差，主轴径向误差运动和主轴倾斜误差运动。

本节也提出了用于圆度和主轴误差测量的混合位移传感器以及斜率传感器的多传感器方法，称为混合方法。该方法可以将圆度和主轴误差完全分开，并且非常适合测量包含高频分量的轮廓。已经证实，当斜率传感器和位移传感器之间的角距设置为90°时，可以在整个频率范围内实现良好平衡的谐波响应，采用这种传感器配置的混合方法称为正交混合方法。由于圆度误差与主轴误差的分离仅需要一个位移传感器和一个斜率传感器，因此该传感器排列也是最简单的。

参考文献

[1] Bryan J, Clouser, R, Holland E (1967) Spindle accuracy. Amer Machinist 612:149-164

[2] CIRP STC Me (1976) Unification document Me: axes of rotation. Ann CIRP 25(2):545-564

[3] Kakino Y, Kitazawa J (1978) In situ measurement of cylindricity. Ann CIRP 27(1):371-375

[4] Shinno H, Mitsui K, Tanaka N, Omino T, Tabata T (1987) A new method for evaluating error motion of ultra-precision spindle. Ann CIRP 36(1):381-384

[5] Whitehouse DJ (1976) Some theoretical aspects of error separation techniques in surface metrology. J Phys E Sci Instrum 9:531-536

[6] Donaldson RR (1972) A simple method for separating spindle error from test ball roundness error. Ann CIRP 21(1):125-126

[7] Evans CJ, Hocken RJ, Estler WT (1996) Self-calibration: reversal, redundancy, error separation and "absolute testing". Ann CIRP 45(2):617-634

[8] Estler WT, Evans CJ, Shao LZ (1997) Uncertainty estimation for multi-position form error metrology. Precis Eng 21(2/3):72-82

[9] Ozono S (1974) On a new method of roundness measurement based on the three points method. In: Proceedings of the International Conference on Production Engineering, Tokyo, Japan, pp 457-462

[10] Moore D (1989) Design considerations in multi-probe roundness measurement. J Phys E Sci Instrum 9:339-343

[11] Zhang GX, Wang RK (1993) Four-point method of roundness and spindle error measurements. Ann CIRP 42(1):593-596

[12] Gao W, Kiyono S, Nomura T (1996) A new multi-probe method of roundness measurements.

Precis Eng 19(1):37–45
[13] Gao W, Kiyono S, Sugawara T (1997) High accuracy roundness measurement by a new error separation method. Precis Eng 21(2/3):123–133
[14] Ozono S, Hamano Y (1976) On a new method of roundness measurement based on the three-point method, 2nd report. Expanding the measurable maximum frequency. In: Proceedings of the Annual Meeting of JSPE, pp 503–504
[15] Hanmming RW (1989) Digital filters. Prentice Hall, Upper Saddle River, NJ
[16] Gao W, Kiyono S, Satoh E (2002) Precision measurement of multi-degree-of-freedom spindle errors using two-dimensional slope sensors. Ann CIRP 52(2):447–450
[17] Kohno T, Ozawa N, Miyamoto K, Musha T (1988) High precision optical surface sensor. Appl Opt 27(1):103–108
[18] Huang P, Kiyono S, Kamada O (1992) Angle measurement based on the internalreflection effect: a new method. Appl Opt 31(28):6047–6055

第6章 测量直线度的扫描误差分离系统

6.1 概述

直线度是精密工件的另一个基本几何参数。工件表面的直线度可以通过扫描线性工作台(滑块)上工件表面的位移传感器或斜率传感器来测量。因为线性平台的运动轴作为测量的参考,所以滑块的任何直线误差运动都会导致测量误差。通常精密线性滑块的直线度误差(滑块误差)在 100mm 的移动行程中为 100nm 量级[1],因此有必要将误差运动分开,以实现工件直线度的精密纳米测量。作为测量滑动误差的参考,直尺表面的直线度误差的影响也应去除。

与第 5 章介绍的圆度测量类似,可以通过多传感器方法和反转方法进行误差分离。本章节提供了解决传统误差分离方法中固有的关于测量工件直线度和滑动误差的一些关键问题的解决方案。

6.2 具有自调零的三位移传感器方法

6.2.1 三位移传感器法和零点调整误差

使用三个位移传感器的三位移传感器方法[2-4]是用作直线度测量的最典型的多传感器方法。使用消除误差运动的三位移传感器方法的差分输出的双积分运算操作来评估工件的平直度。但如果传感器的零值未精确调整或测量(调零),则零位值之间的差值会在三位移传感器方法的差分输出中引入偏移。因此,偏移的双重积分将在三位移传感器方法[5-7]的轮廓评估结果中产生抛物线误差项。零点调整可以通过测量精确的参考平面实现。然而,由于抛物线误差项与测量长度的平方成正比,该方法对于长工件的测量无效。即使由参考表面的平坦度误差引入的小的零点调整误差也会导致较大的轮廓评估误差。因此零位调整误差是三位移传感器法测量长工件直线度的最大误差源。这是使用多传感器方法进行直线度测量和圆度测量之间最显著的区别。

图 6.1 显示了用于测量直线度的三位移传感器方法的示意图。在这种方法中,传感器单元(传感器单元 A)由 3 个位移传感器组成,安装在沿着 X 方向移动的扫描台上。传感器单元扫描沿 X 轴的工件侧面 1 的直线轮廓。假设在采样位置 x_i 处,边 1 的轮廓高度为 $f(x_i,0°)$,相应的传感器输出分别为 $m_1(x_i)$、$m_2(x_i)$ 和 $m_3(x_i)$,可以表示为

$$m_1(x_i)=f(x_i-d,0°)+e_Z(x_i)-de_{\text{yaw}}(x_i) \tag{6.1}$$

$$m_2(x_i)=f(x_i,0°)+e_Z(x_i) \tag{6.2}$$

$$m_3(x_i)=f(x_i+d,0°)+e_Z(x_i)+de_{\text{yaw}}(x_i) \quad (i=1,\cdots,N) \tag{6.3}$$

式中:d 为传感器间隔;N 为扫描长度 L 上的采样数。假设在相等的采样周期 $s(=L/N)$ 下进行采样,$e_Z(x_i)$ 和 $e_{\text{yaw}}(x_i)$ 分别是扫描平台 x_i 处在 Z 方向的平移误差和偏航误差。计算差分输出 $m_s(x_i)$ 以消除误差运动,即

$$\begin{aligned} m_s(x_i) &= \frac{m_3(x_i)-2m_2(x_i)+m_1(x_i)}{d^2} \\ &= \left[\frac{(f(x_i+d,0°)-f(x_i,0°))-(f(x_i,0°)-f(x_i-d,0°))}{d}\right]\frac{1}{d} \\ &\approx f''(x_i,0°) \quad (i=1,2,\cdots,N) \end{aligned} \tag{6.4}$$

因此可以通过 $m_s(x_i)$ 的二次积分来评估近似的直线形状,而不受误差运动的影响。

$$z(x_i)=\sum_{k=1}^{i}\left\{\sum_{j=1}^{k}(m_s(x_j)\cdot s)\cdot s\right\} \quad (i=1,2,\cdots,N) \tag{6.5}$$

数据处理误差 $z(x_i)$ 和 $f(x_i,0°)$ 之间的差异主要是由上述数据处理过程中的离散导数和积分操作引起的。误差是传感器间隔 d 和采样周期 s 的函数,它也与表面轮廓的空间波长分量有关。数据处理误差在长波范围内非常小,在短波范围内相对较大[8,9]。当 $d=s$ 时,误差在整个空间波长范围内也将变为零。但在这种情况下,只能使用非常有限的数据点评估轮廓。实际上,大多数精密柱面的表面轮廓中,我们感兴趣的空间波长分量在长波范围内受到限制。基于以上情况,我们将设置 $s<d$,以获得更多的数据点。在本章中,假设 $z(x_i)=f(x_i,0°)$,则忽略数据处理误差。

大多数位移传感器只能执行相对测量,这意味着位移传感器的绝对零值是未知的。如图 6.2所示,让传感器单元中 3 个传感器的未知零值分别为 e_{m1}、e_{m2} 和 e_{m3},式(6.1)~式(6.3)可以改写如下:

$$m_1(x_i)=f(x_i-d,0°)+e_Z(x_i)-de_{\text{yaw}}(x_i)+e_{m1} \tag{6.6}$$

$$m_2(x_i)=f(x_i,0°)+e_Z(x_i)+e_{m2} \tag{6.7}$$

$$m_3(x_i)=f(x_i+d,0°)+e_Z(x_i)+de_{\text{yaw}}(x_i)+e_{m3} \qquad (i=1,2,\cdots,N) \tag{6.8}$$

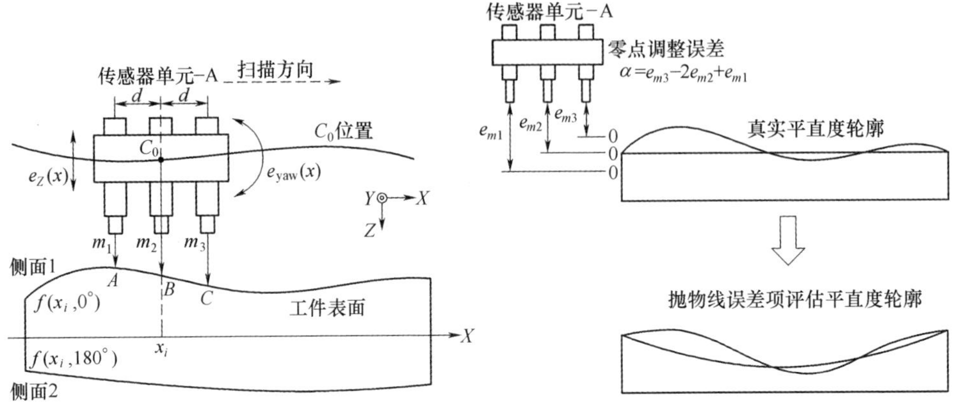

图 6.1　用于直线度测量的三位移传感器方法

图 6.2　零点调整误差

式(6.5)中的相应轮廓评估结果为

$$\begin{aligned} z_1(x_i) &= \sum_{k=1}^{i}\left\{\sum_{j=1}^{k}[m_s(x_j)\cdot s]\cdot s\right\}+\frac{\alpha}{2d^2}x_i^2 \\ &= f(x_i,0°)+\frac{\alpha}{2d^2}x_i^2 \qquad (i=1,2,\cdots,N) \end{aligned} \tag{6.9}$$

式中:α 为零值之间的差异,定义为

$$\alpha=(e_{m3}-e_{m2})+(e_{m1}-e_{m2})=e_{m1}+e_{m3}-2e_{m2} \tag{6.10}$$

可以看出,轮廓评估结果中的抛物线误差项是由 α 引起的,由于该轮廓评估误差项与测量长度的平方成正比,因此在长工件的测量中将导致较大的轮廓评估误差。要实现精度直线度的轮廓测量,必须精确测量 α。在这里,我们称 α 为三位移传感器方法的传感器单位的零差,并将零差的测量过程称为零位调整。

从式(6.10)可以看出,α 与传感器之间零值的相对差异有关,每个传感器的绝对零值不是问题。理论上,可以通过将传感器单元定位到参考平面来测量 α,如图 6.3 所示。然而在实践中,这种零点调整方法难以实现高精度且非常昂贵。如图 6.4 所示,对于长度 600mm 的测量,当传感器间隔分别设置为 10mm 和 50mm 时,10nm 零点调整误差 $\Delta\alpha$ 将导致轮廓评估误差分别为 4.5μm 和 0.18μm。换句话说,我们需要将传感器间隔设置为 50mm,并在 100mm 的长度上使用平坦度为 10nm 的参考平面,以实现 0.18μm 的轮廓测量精度。在实践中获得这样的参考平面并不容易。

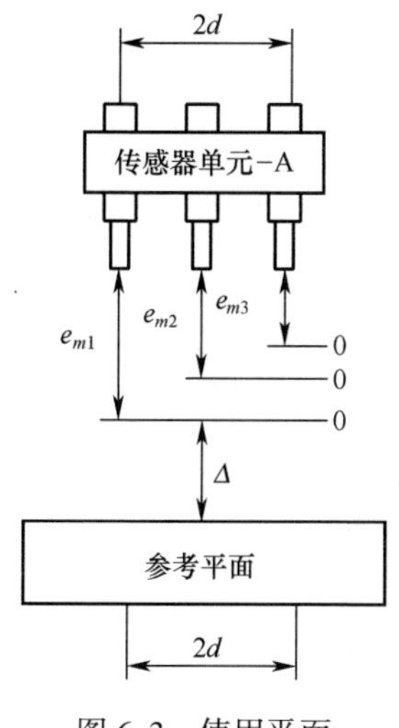

图 6.3 使用平面参考进行零点调整

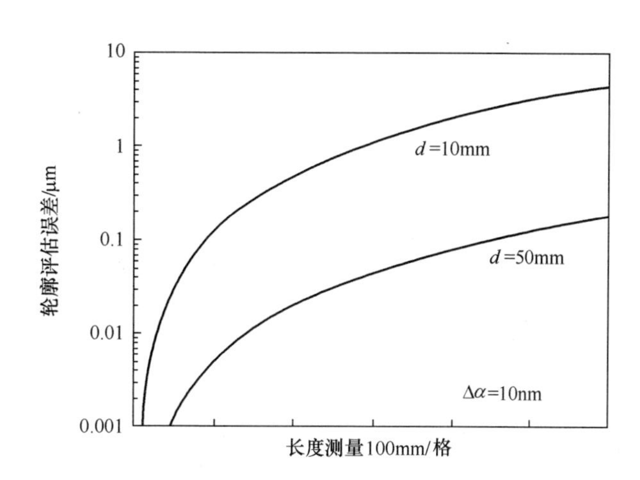

图 6.4 零点调整误差的影响

6.2.2 具有自调零的三位移传感器方法

本节介绍一种自动调零方法,以准确执行三位移传感器方法的零点调整。除了图 6.1 中的传感器单元-A 以外,还采用了另一个传感器单元-B(传感器间隔 d 相同)(图 6.5(a))。两个传感器单元放置在工件的两侧同时扫描 $f(x,0°)$ 和 $f(x,180°)$。传感器单元-B 的输出[对应于式(6.6)~式(6.8)中所示的传感器单元-A 的输出]表示为

$$n_1(x_i)=f(x_i-d,180°)-e_Z(x_i)+de_{\text{yaw}}(x_i)+e_{n1} \quad (6.11)$$

$$n_2(x_i)=f(x_i,180°)-e_Z(x_i)+e_{n2} \quad (6.12)$$

$$n_3(x_i)=f(x_i+d,180°)-e_Z(x_i)-de_{\text{yaw}}(x_i)+e_{n3} \quad (i=1,2,\cdots,N) \quad (6.13)$$

式中:e_{n1}、e_{n2}、e_{n3} 为传感器单元-B 中传感器的零值。传感器单元-B 的零差可以表示为

$$\beta=e_{n3}-2e_{n2}+e_{n1} \quad (6.14)$$

注意,两个传感器单元安装在同一个扫描台上,并感知相同的误差运动 $e_Z(x_i)$ 和 $e_{\text{yaw}}(x_i)$。第一次扫描后,如图 6.5(b)所示,工件围绕 X 轴旋转 180°,并再次由传感器单元扫描。第二次扫描期间的传感器输出如下:

$$m_{1r}(x_i)=f(x_i-d,180°)+e_{Zr}(x_i)-de_{\text{yaw }r}(x_i)+e_{m1} \quad (6.15)$$

$$m_{2r}(x_i)=f(x_i,180°)+e_{Zr}(x_i)+e_{m2} \quad (6.16)$$

$$m_{3r}(x_i)=f(x_i+d,180°)+e_{Zr}(x_i)+de_{\text{yawr}}(x_i)+e_{m3} \quad (6.17)$$

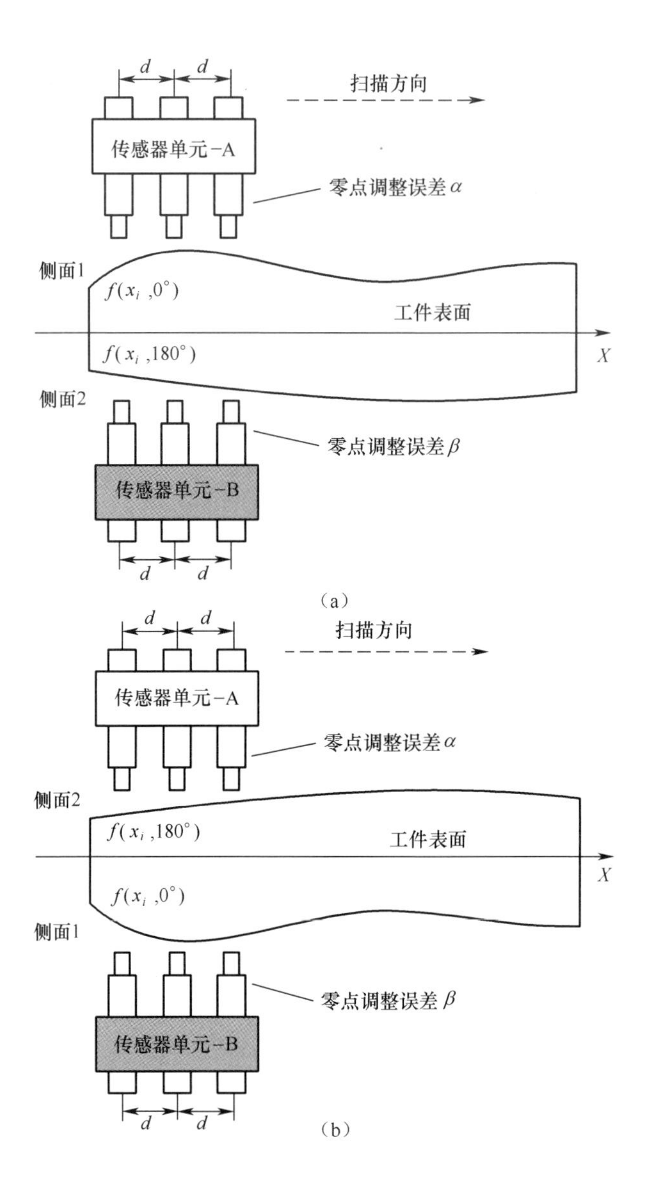

图 6.5　扫描工件旋转时的直线度测量和零点调整

(a)步骤 1:首先扫描工件;(b)步骤 2:以 180°旋转第二次扫描工件。

$$n_{1r}(x_i) = f(x_i - d, 0^\circ) + e_{Zr}(x_i) + de_{\text{yawr}}(x_i) + e_{n1} \tag{6.18}$$

$$n_{2r}(x_i) = f(x_i, 0^\circ) - e_{Zr}(x_i) + e_{n2} \tag{6.19}$$

$$n_{3r}(x_i) = f(x_i + d, 0^\circ) - e_{Zr}(x_i) - de_{\text{yawr}}(x_i) + e_{n3} \quad (i = 1, 2, \cdots, N) \tag{6.20}$$

式中：$e_{Zr}(x_i)$和$e_{\mathrm{yawr}}(x_i)$是在第二次扫描期间该平台的误差运动，其通常与第一次扫描期间的$e_Z(x_i)$和$e_{\mathrm{yaw}}(x_i)$不同。从两个扫描步进的传感器输出中，可以根据下式计算零差α和β：

$$\beta+\alpha=\frac{\sum_{i=1}^{N-N_d}\left\{\begin{array}{l}[m_3(x_i)-m_2(x_i)]-[m_2(x_i+d)-m_1(x_i+d)]+\\ [m_{3r}(x_i)-m_{2r}(x_i)]-[m_{2r}(x_i+d)-m_{1r}(x_i+d)]+\\ [n_3(x_i)-n_2(x_i)]-[n_2(x_i+d)-n_1(x_i+d)]+\\ [n_{3r}(x_i)-n_{2r}(x_i)]-[n_{2r}(x_i+d)-n_{1r}(x_i+d)]\end{array}\right\}}{2(N-N_d)} \tag{6.21}$$

其中，$N_d=d/s$。

$$\beta-\alpha=\frac{\sum_{i=1}^{N}\left\{\begin{array}{l}[n_3(x_i)-2n_2(x_i)+n_1(x_i)]+\\ [n_{3r}(x_i)-2n_{2r}(x_i)+n_{1r}(x_i)]-\\ [m_3(x_i)-2m_2(x_i)+m_1(x_i)]-\\ [m_{3r}(x_i)-2m_{2r}(x_i)+m_{1r}(x_i)]\end{array}\right\}}{2N} \tag{6.22}$$

一旦获得零差，式(6.9)中的抛物线误差项可以补偿并且直线度分布可以准确评估。可以看出，在零点调整中不使用准确的参考表面或辅助物品。式(6.21)和式(6.22)中的平均运算也大大减少了传感器输出中随机误差的影响，也减少了采样定位误差的影响。零点调整方法的缺点是需要额外的传感器单元。

零点调整也可以通过交换传感器单元的位置来实现。如图6.6所示，第一次扫描后，传感器单元反转，传感器单元的零差可以用上述相同方式精确测量。图6.7显示了另一种修改后的零点调整方法。第一次扫描后，传感器单元围绕Y轴旋转。第二次扫描的传感器输出可以表示如下：

$$m_{1rr}(x_i)=f(x_i+d,180°)+e_{Zr}(x_i)-de_{\mathrm{yawr}}(x_i)+e_{m1} \tag{6.23}$$

$$m_{2rr}(x_i)=f(x_i,180°)+e_{Zr}(x_i)+e_{m2} \tag{6.24}$$

$$m_{3rr}(x_i)=f(x_i-d,180°)+e_{Zr}(x_i)+de_{\mathrm{yawr}}(x_i)+e_{m3} \tag{6.25}$$

$$n_{1rr}(x_i)=f(x_i+d,0°)-e_{Zr}(x_i)+de_{\mathrm{yawr}}(x_i)+e_{n1} \tag{6.26}$$

$$n_{2rr}(x_i)=f(x_i,0°)-e_{Zr}(x_i)+e_{n2} \tag{6.27}$$

$$n_{3rr}(x_i)=f(x_i-d,0°)-e_{Zr}(x_i)-de_{\mathrm{yawr}}(x_i)+e_{n3}\quad(i=1,2,\cdots,N) \tag{6.28}$$

从式(6.6)~式(6.8)，式(6.11)~式(6.13)和式(6.23)~式(6.28)，可以导出以下等式来获得零差：

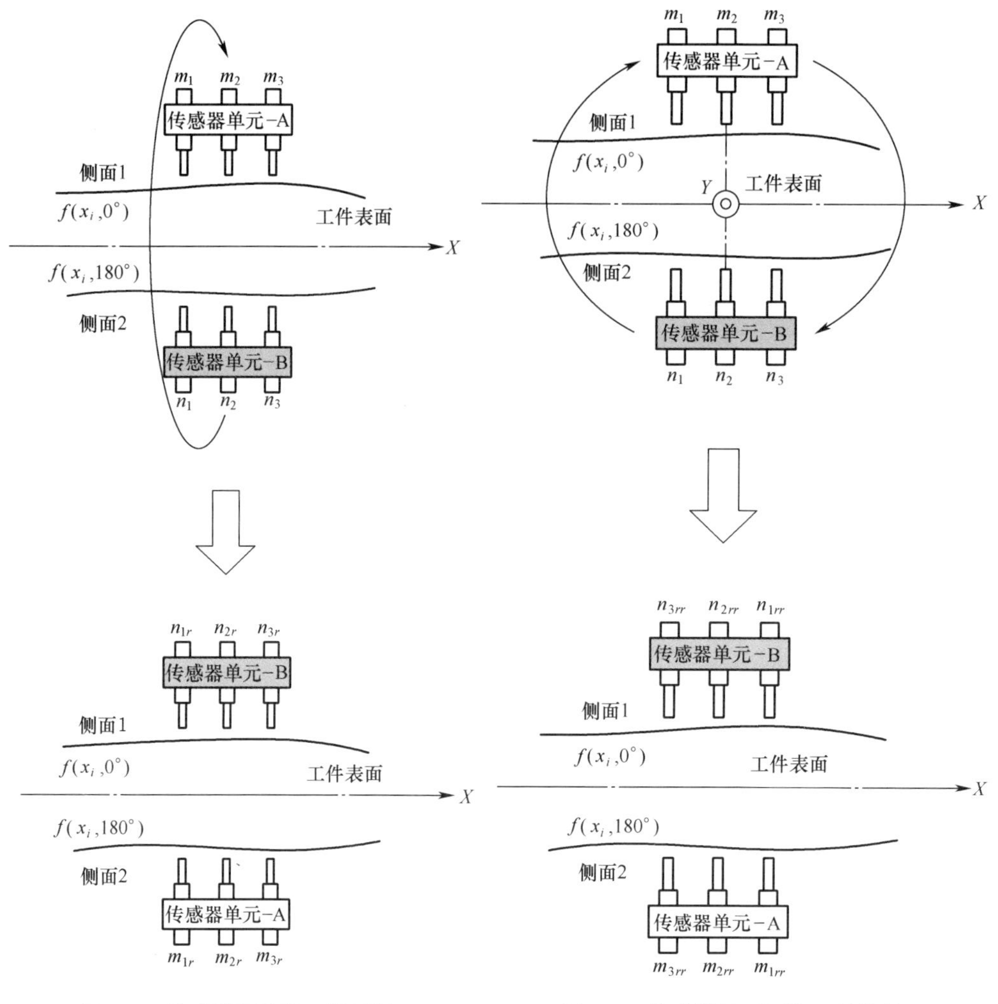

图 6.6　传感器单元绕 X 轴反转的经过修改的零点调整

图 6.7　传感器单元围绕 Y 轴旋转的改进零点调整方法

$$\beta+\alpha=\frac{\sum_{i=1}^{N-N_d}\left\{\begin{array}{l}[m_3(x_i)-m_2(x_i)]-[m_2(x_i+d)-m_1(x_i+d)]+\\ [m_{3rr}(x_i)-m_{2rr}(x_i)]-[m_{2rr}(x_i+d)-m_{1rr}(x_i+d)]+\\ [n_3(x_i)-n_2(x_i)]-[n_2(x_i+d)-n_1(x_i+d)]+\\ [n_{3rr}(x_i)-n_{2rr}(x_i)]-[n_{2rr}(x_i+d)-n_{1rr}(x_i+d)]\end{array}\right\}}{2(N-N_d)} \tag{6.29}$$

$$\beta - \alpha = \frac{\sum_{i=1}^{N} \left\{ \begin{aligned} &[n_3(x_i) - 2n_2(x_i) + n_1(x_i)] + \\ &[n_{3rr}(x_i) - 2n_{2rr}(x_i) + n_{1rr}(x_i)] - \\ &[m_3(x_i) - 2m_2(x_i) + m_1(x_i)] - \\ &[m_{3rr}(x_i) - 2m_{2rr}(x_i) + m_{1rr}(x_i)] \end{aligned} \right\}}{2N} \tag{6.30}$$

应该指出的是,上面计算的零差是两次扫描步骤中的平均值。测量过程中零差的变化会导致轮廓评估错误。针对圆柱体工件的测量,专门开发了一种用于计算零差值的改进算法,该算法可用于获取扫描期间的零差值的变化。图 6.8 显示了改进后的零点调整方法的采样位置。采样方式与图 6.5 不同,其中圆柱体在每个采样步骤中都是固定的。如图 6.8 所示,当传感器单元沿着 X 轴移动时,圆柱体沿电动主轴旋转。在沿着 X 轴的每个位置 x_i 处,传感器沿圆柱体表面轮廓旋转一次进行采样。假设沿圆周的采样位置是 $\theta_j (j=1,\cdots,K)$。采样位置(x_i,θ_j)的传感器输出可以表示如下:

$$m_1(x_i,\theta_j) = f(x_i - d,\theta_j) + e_Z(x_i,\theta_j) - de_{\text{yaw}}(x_i,\theta_j) + e_{m1} \tag{6.31}$$

$$m_2(x_i,\theta_j) = f(x_i,\theta_j) + e_Z(x_i,\theta_j) + e_{m2} \tag{6.32}$$

$$m_3(x_i,\theta_j) = f(x_i + d,\theta_j) + e_Z(x_i,\theta_j) + de_{\text{yaw}}(x_i,\theta_j) + e_{m3} \tag{6.33}$$

$$n_1(x_i,\theta_j) = f(x_i - d,\theta_{j+K/2}) - e_Z(x_i,\theta_j) + de_{\text{yaw}}(x_i,\theta_j) + e_{n1} \tag{6.34}$$

$$n_2(x_i,\theta_j) = f(x_i + d,\theta_{j+K/2}) - e_Z(x_i,\theta_j) + e_{n2} \tag{6.35}$$

$$n_3(x_i,\theta_j) = f(x_i + d,\theta_{j+K/2}) - e_Z(x_i,\theta_j) - de_{\text{yaw}}(x_i,\theta_j) + e_{n3}$$
$$(i = 1,2,\cdots,N; j = 1,2,\cdots,K) \tag{6.36}$$

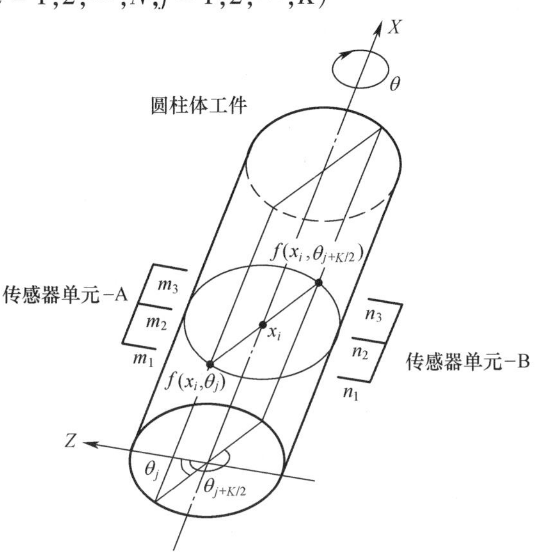

图 6.8　旋转圆柱体工件的改进零点调整方法

式中：$e_Z(x_i,\theta_j)$是移动传感器单元的平台 Z 方向平移误差运动和旋转圆柱体的主轴的 Z 方向径向误差运动的组合；$e_{\mathrm{yaw}}(x_i,\theta_j)$是平台的偏航误差运动和主轴的角度误差运动的组合。可以从下面的等式中获得沿 X 轴的位置 x_i的零差 $\alpha(x_i)$ 和$\beta(x_i)$：

$$\beta(x_i)+\alpha(x_i)=\sum_{j=1}^{K}\frac{\left\{\begin{array}{l}[m_3(x_i,\theta_j)-m_2(x_i,\theta_j)]-[m_2(x_i+d,\theta_j)-\\ m_1(x_i+d,\theta_j)]+[m_3(x_i,\theta_{j+K/2})-m_2(x_i,\theta_{j+K/2})]-\\ [m_2(x_i+d,\theta_{j+K/2})-m_1(x_i+d,\theta_{j+K/2})]+\\ [n_3(x_i,\theta_j)-n_2(x_i,\theta_j)]-[n_2(x_i+d,\theta_j)-\\ n_1(x_i+d,\theta_j)]+[n_{3r}(x_i,\theta_{j+K/2})-n_{2r}(x_i,\theta_{j+K/2})]-\\ [n_{2r}(x_i+d,\theta_{j+K/2})-n_{1r}(x_i+d,\theta_{j+K/2})]\end{array}\right\}}{K} \tag{6.37}$$

$$\beta(x_i)-\alpha(x_i)=\frac{\sum_{j=1}^{K/2}\left\{\begin{array}{l}[n_3(x_i,\theta_j)-2n_2(x_i,\theta_j)+n_2(x_i,\theta_j)]+\\ [n_3(x_i,\theta_{j+K/2})-2n_2(x_i,\theta_{j+K/2})+n_1(x_i,\theta_{j+K/2})]-\\ [m_3(x_i,\theta_j)-2m_2(x_i,\theta_j)+m_2(x_i,\theta_j)]-\\ [m_3(x_i,\theta_{j+K/2})-2m_2(x_i,\theta_{j+K/2})+m_1(x_i,\theta_{j+K/2})]\end{array}\right\}}{K} \tag{6.38}$$

从上面的分析可以看出，通过这种改进的零点调整方法可以监测扫描期间由热漂移引起的零差的变化。通过补偿零差的变化可以提高直线度轮廓测量的精度。

图 6.9 显示了基于图 6.5 中方法的实验系统的示意图。该系统中，直径 80mm 的圆柱体工件安装在主轴上，并可围绕其沿 X 轴的中心轴旋转；传感器单元放置在线性平台的台子上，平台由伺服电机驱动，X 方向的行程范围为 1m；传感器中心的高度位置应仔细对准，与圆柱体中心的位置一致；采用了 6 个电容式位移传感器，每个传感器的测量范围为 100μm，非线性度高达测量范围的 0.4%；传感器的占地面积为 1.7mm，两个传感器单元的传感器间隔均设置为 50mm。

图 6.10 显示了测试传感器稳定性的结果。在测试过程中，平台和圆柱体都保持静止，可以在每个传感器的输出中找到一些峰值高达约 400nm 的振动信号。实验装置放置在有振动源存在的机械车间中，为获取传感器输出将差分输出中的振动减小到 100nm，这接近 A/D 转换器的分辨率，表明三位移传感器方法具有出色的抗振动能力。图 6.11(a)显示了图 6.5(a)所示的第一次扫描的传感器输出，测量长度为 600mm，采样周期为 1mm。由于每个传感器单元中的传感器输出显示几乎相同的相位变化，并且两个传感器单元显示 180°相位差，可以说大部分传感器

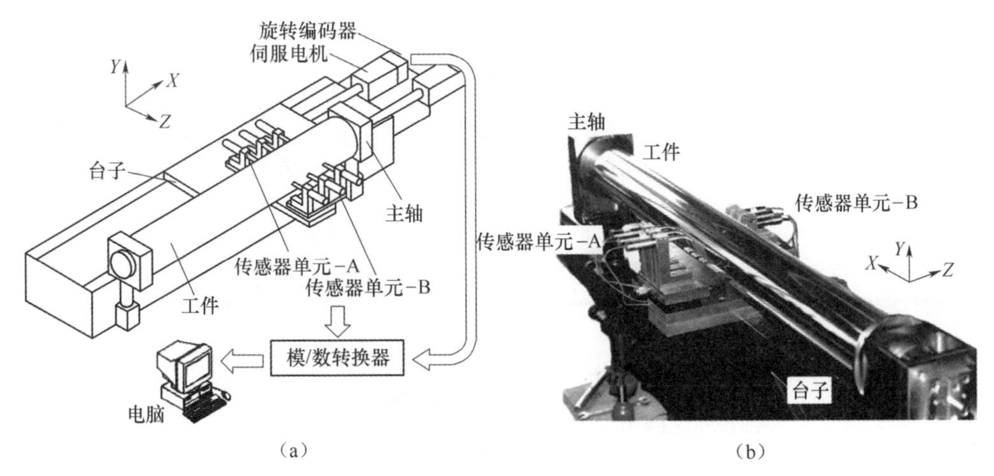

图 6.9　使用自调零的三位移探针法测量直线度的实验系统

(a)示意图;(b)照片。

输出与平台的误差运动相关联。图 6.11(b)显示了在旋转圆柱体 180°后,图 6.5(b)所示的第二次扫描的传感器输出。两个扫描步骤的测量时间约为 10min。在传感器输出中可以找到一个附加的倾斜分量,它是由旋转圆柱体时圆柱轴倾斜引起的。

如图 6.5 所示,通过两个传感器单元测量相同的轮廓[$f(x,0°)$和/或$f(x,180°)$],由两个传感器单元得到的轮廓评估结果应该相互一致。在下文中,由两个传感器单元评估的$f(x,0°)$的结果之间的差值用于估计零点调整的可靠性:传感器单元 A 评估的结果称为$f_1(x)$,传感器单元 B 评估的结果称为$f_2(x)$;再现性误差,即$f_1(x)$和$f_2(x)$之差,称为$\Delta f(x)$。

为了比较,首先通过使用没有准确的零点调整的三位移传感器方法来评估直线度轮廓。在$x=0$位置的传感器输出用作传感器零点值(e_{m1}、e_{m2}、e_{m3}、e_{n1}、e_{n2}、e_{n3}),来计算传感器单元的零差值α和β。这与图 6.3 所示的传统的零点调整方法相似,零点调整的精度受到圆柱面直线度误差的限制。然后使用计算出的零差来补偿式(6.9)中的抛物线误差项,以得到直线轮廓。图 6.12 显示了每个传感器单元的计算的零差和轮廓评估结果。两个轮廓评估结果$f_1(x)$和$f_2(x)$之间的差异约为 15μm。这个量相当于零点调整误差约为 0.83μm,这是由圆柱表面的直线度误差引起的。结果表明,如果没有传感器的精确调零,无法实现使用三位移传感器方法的精准直线度轮廓测量。

图 6.13 显示了使用图 6.5 所示方法进行零点调整的结果。从图 6.11 中获得的传感器输出用于计算式(6.21)和式(6.22)中的零差值α和β。从图 6.13(a)可以看出,两个传感器单元的轮廓评估结果相当一致,再现性误差约为 0.4μm,相当

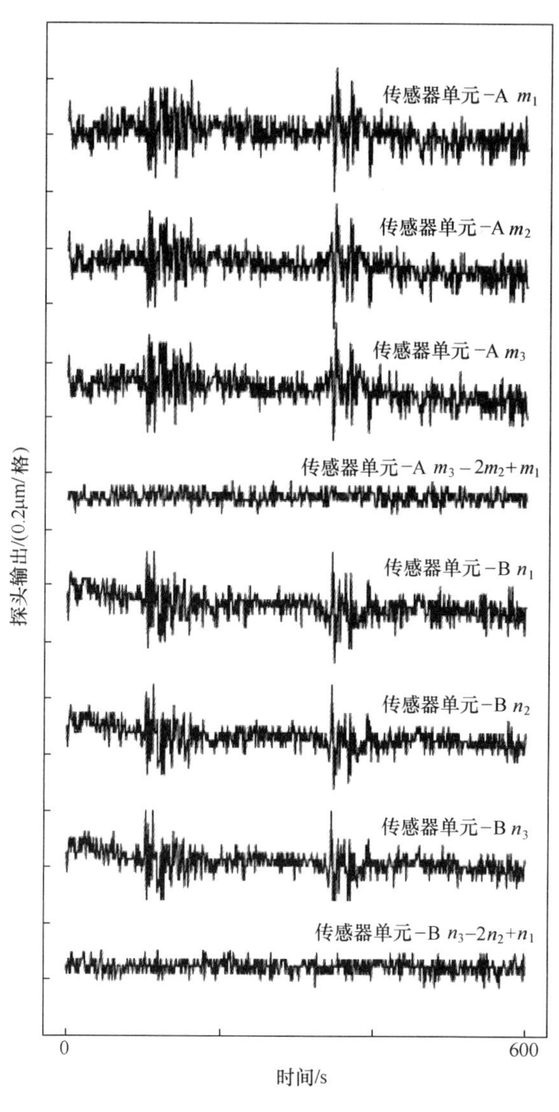

图 6.10 测试传感器稳定性的结果

于残余零点调整误差约为 20nm。残余零点调整误差也远小于图 6.10 所示的传感器单元的稳定性水平,表明了式(6.21)和式(6.22)中的平均操作的影响。

图 6.13(b)显示了 3 次重复测量的结果。3 次测量大约需要 30min,每次大约需要 10min,图中仅显示传感器单元 A 的结果。可以看出,由于测量过程中的热漂移,零差值从 0.070μm(α_1)变为-0.006μm(α_2),然后变为-0.062μm(α_3)。α_1 和 α_3之间的差约为 0.13μm,如果不进行调零,可能导致轮廓评估结果中的重复性误

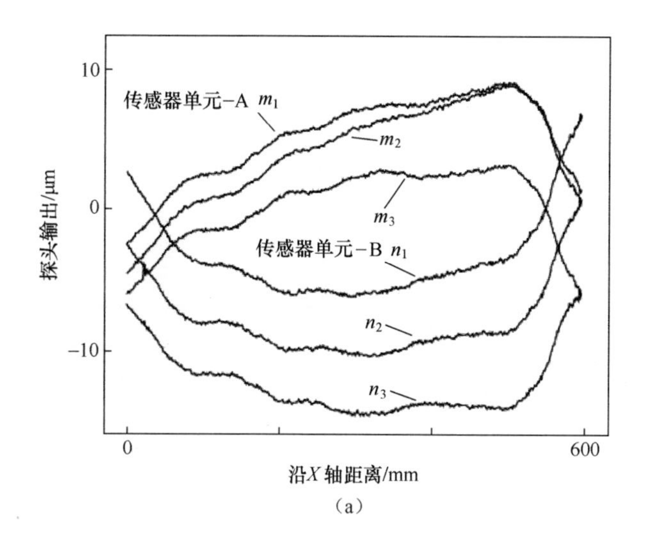

（a）

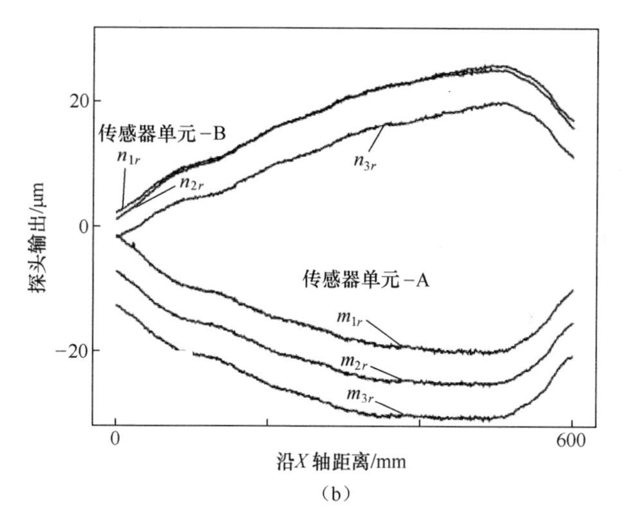

（b）

图 6.11　扫描工件时探头输出

(a)第一次扫描中的探针输出;(b)第二次扫描中的探针输出。

差约为 2.3μm。然而,如图 6.13(b)所示,零点调整后的重复性误差小于 0.2μm。

为了验证具有自动调零功能的三位移传感器方法的可行性,采用了图 6.14 所示的具有角度传感器补偿的双位移传感器方法来测量相同的工件。扫描台上安装两个位移传感器以扫描工件表面轮廓 $f(x_i)$,采用角度传感器来测量扫描阶段的偏航误差 $e_{yaw}(x_i)$。假设位移传感器的输出为 $m_1(x_i)$、$m_2(x_i)$,角度传感器的输出为 $\mu(x_i)$,输出可以表示如下:

$$m_1(x_i) = f(x_i - d) + e_Z(x_i) - de_{yaw}(x_i) \tag{6.39}$$

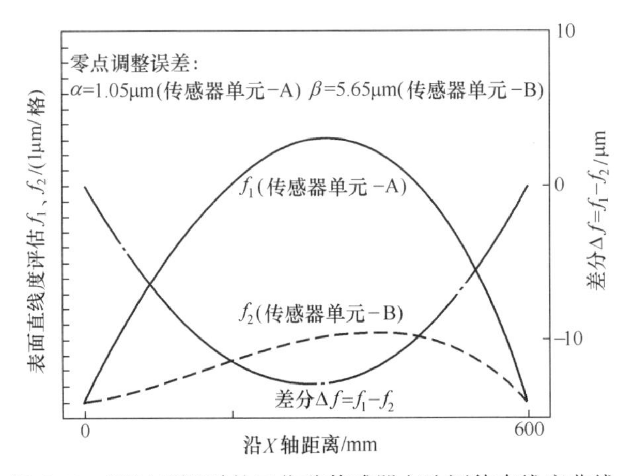

图 6.12 通过无调零的三位移传感器方法评估直线度曲线

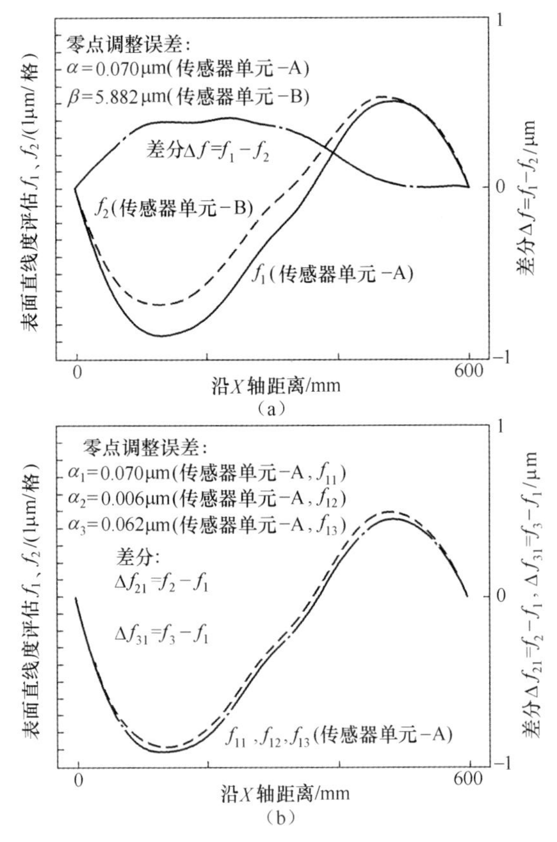

图 6.13 通过带自调零的三位移传感器方法评估直线度曲线

(a)比较传感器单元-A 和传感器单元-B 的测量结果;(b)传感器单元-A 的测量结果的可重复性。

$$m_2(x_i)=f(x_i)+e_Z(x_i) \tag{6.40}$$

$$\mu(x_i)=e_{\mathrm{yaw}}(x_i)\ (i=1,2,\cdots,N) \tag{6.41}$$

用于消除误差运动的差分输出 $m_{s2}(x_i)$ 为

$$m_{s2}(x_i)=\frac{m_2(x_i)-m_1(x_i)}{d}-\mu(x_i)$$

$$=\frac{f(x_i)-f(x_i-d)}{d}=f'(x_i) \qquad (i=1,2,\cdots,N) \tag{6.42}$$

设采样周期为 s，直线轮廓可以按以下评估：

$$z_2(x_i)=\sum_{k=1}^{i}[m_s(x_k)\cdot s] \qquad (i=2,3,\cdots,N) \tag{6.43}$$

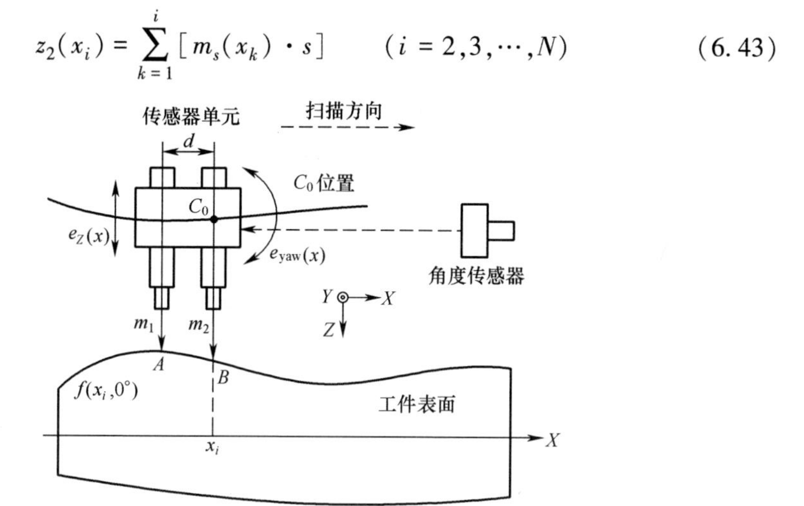

图 6.14　具有角度传感器补偿的双位移传感器方法

图 6.15 显示了通过不同的方法得到的图 6.9 中圆柱体工件的测量结果。反

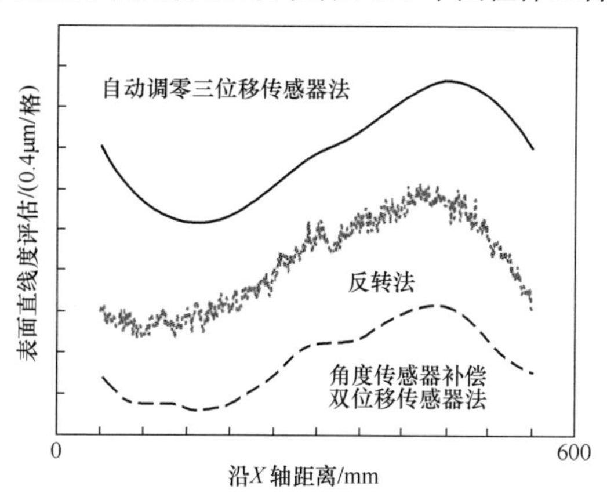

图 6.15　通过不同的误差分离方法测量工件直线度

转方法[10]的结果也绘制在图中,其原理将在6.3节中显示。可以看出,3种不同方法的结果是一致的。

6.3 机床滑块的误差分离方法

6.3.1 精密机床的滑动直线度误差

滑块是机床的重要组成部分。例如,在精密车床中,绕主轴旋转的圆柱体工件由安装在车床滑块上的工具沿着主轴轴线[11-12]进行切割。圆柱体的表面形式基本上是工具相对于主轴轴线运动的传递,其结合了主轴的旋转运动和滑块的平移运动[13-15]。除了测量主轴误差之外,滑动误差的测量不仅对于金刚石车床的检查/评估十分重要,对于加工圆柱体的质量控制也很重要[16-18]。与主轴误差相比,当滑块的行程范围较长时,滑动误差对加工精度影响较大[1]。

滑块直线度误差包括滑块移动轴偏差的不平直分量,以及滑块移动轴和主轴旋转轴之间的未对准角度的不平行分量。采用精确直尺是测量滑块不直度最常用的方法[19]。然而,除了高成本的缺点之外,直尺方法的测量精度还受到直尺直线度的限制。传统的反转方法只能在滑动误差可重复的情况下分离直尺的直线度。此外,相对于主轴轴线[20-21]的滑动误差的不平行分量,会导致圆柱形工件上的锥状误差,不能通过反转方法和多传感器方法来测量。

本节介绍用于测量精密车床滑块直线度误差的改进误差分离方法。在测量中,采用由精密车床转动的圆柱形工件代替直尺法,可以克服传统反转法的缺点。

6.3.2 滑动直线度测量的误差分离方法

图6.16显示了测量用的精密车床,它具有T形底座结构。围绕Z轴旋转的主轴安装在Z-滑块上并沿着Z轴移动,安装有工具的X-滑块沿着X轴移动。通过分别沿着X轴和Z轴移动切割工具,车床可用于切割工件的端面和外表面。图6.17显示了带有T形结构的精密车床的照片。

图6.18显示了主轴和Z-滑块的简化模型。主轴轴线被视为参考轴,在测量过程中假定该参考轴是静止的。滑动误差$e_{z\text{-slide}}(z)$和主轴误差$e_{\text{spindle}}(z,\theta)$定义为相对于主轴轴线的偏差。

主轴误差是主轴旋转角度θ和滑动位置z的函数,它将相对于主轴轴线的径向误差分量和倾斜误差分量相结合。Z-滑块沿着滑动轴线移动,滑动轴线相对于主轴轴线具有不对准角度$\varepsilon_{z\text{-slide}}$。$\varepsilon_{z\text{-slide}}$称为滑动误差$e_{z\text{-slide}}(z)$的非平行度误差分量。除了$\varepsilon_{z\text{-slide}}$之外,偏离滑动轴线的不平直度$e_{z\text{-slide_s}}(z)$是滑动误差的另一个

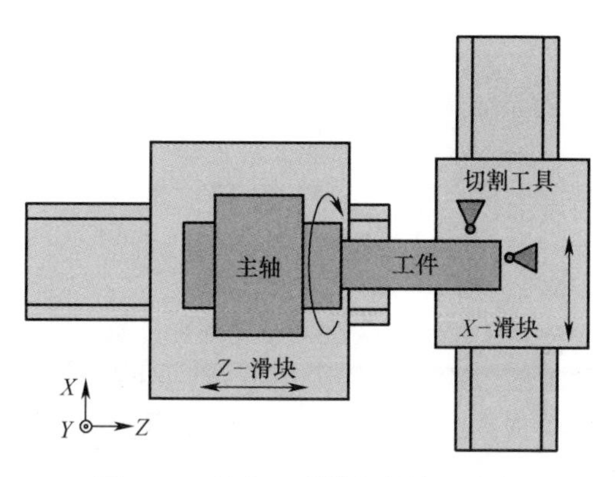

图 6.16　具有 T 形结构的精密车床

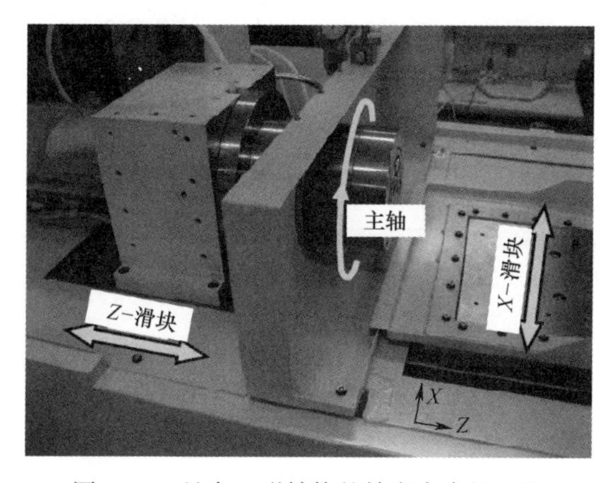

图 6.17　具有 T 形结构的精密车床的照片

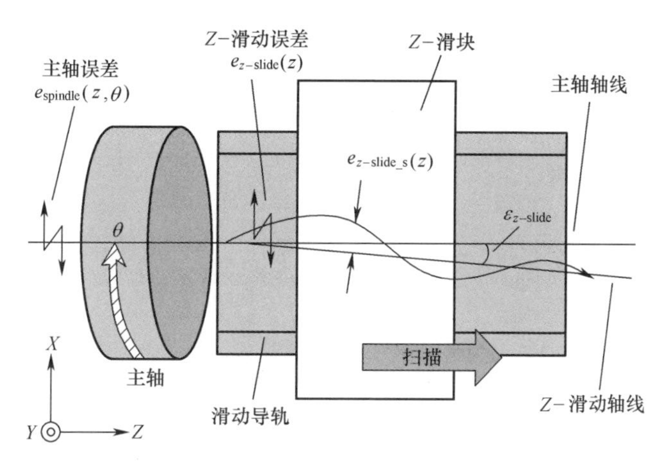

图 6.18　Z-滑块和精密车床主轴的原理图模型

误差分量。为了简单起见，$e_{z\text{-slide}}(z)$、$e_{z\text{-slide_s}}(z)$和$\varepsilon_{z\text{-slide}}$之间的关系定义为

$$e_{z\text{-slide}}(z) = e_{z\text{-slide\_s}}(z) - z\varepsilon_{z\text{-slide}} \tag{6.44}$$

为了识别滑动误差$e_{z\text{-slide}}(z)$，有必要同时测量$e_{z\text{-slide_s}}(z)$和$\varepsilon_{z\text{-slide}}$。在下面的讨论中，主轴误差和滑动误差是可重复的。在传统的用于滑动误差测量的反转方法中，如图6.19(a)所示，位移传感器由滑块移动来扫描固定直尺的侧面1。传感器输出m_1可以表示为

$$m_1(z) = e_{z\text{-slide}}(z) + f(x) + z\psi_1 \tag{6.45}$$

式中：$f(x)$为直尺侧面1的表面形状误差的直线性分量；ψ_1为直尺轴相对于Z轴的安装误差。可以看出，滑动误差$e_{z\text{-slide}}(z)$的测量受到$f(x)$和ψ_1的影响。

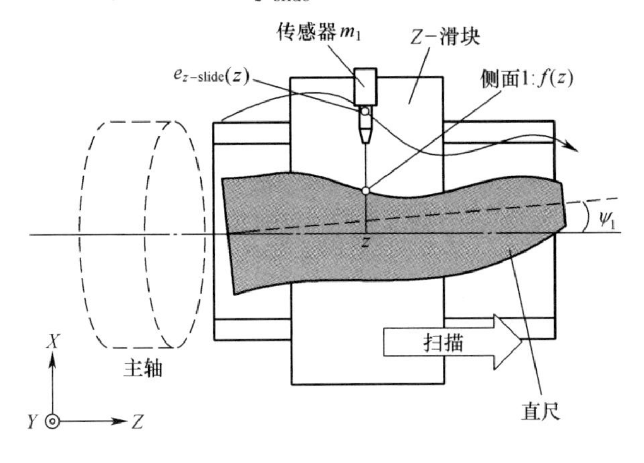

(a)

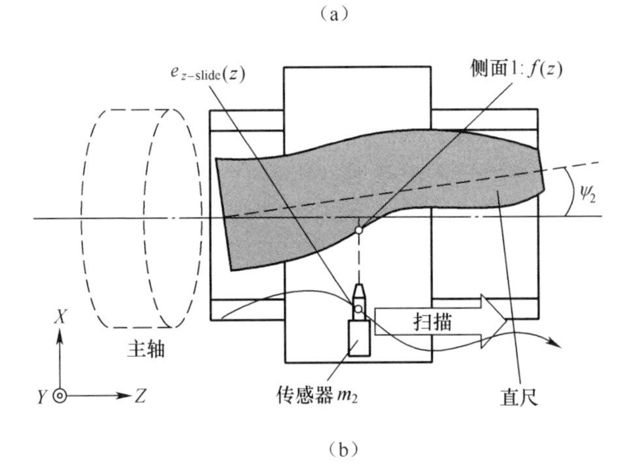

(b)

图6.19　将表面形状误差从滑动误差中分离出来的传统反转法
(a)第一次扫描；(b)逆转后的第二次扫描。

在图6.19(a)中的第一次扫描之后，直尺和位移传感器都围绕Z轴倒转以进行第二次扫描，如图6.19(b)所示。第二次扫描中的传感器输出变为

$$m_2(z) = e_{z\text{-slide}}(z) + f(x) - z\psi_2 \tag{6.46}$$

式中：ψ_2是与反转操作相关的安装错误，与 ψ_1 不同。为除去$f(x)$，进行以下计算：

$$\begin{aligned} e_{z\text{-slide}}(z) &= e_{z\text{-slide\_s}}(z) - z\varepsilon_{z\text{-slide}} \\ &= \Delta m_{12}(z) - \frac{z(\psi_1 + \psi_2)}{2} \end{aligned} \tag{6.47}$$

其中

$$\Delta m_{12}(z) = \frac{m_1(z) - m_2(z)}{2} \tag{6.48}$$

这种方法对测量直线度分量 $e_{z\text{-slide_s}}(z)$很有效，它可以通过消除 $\Delta m_{12}(z)$的线性分量得到。但是，由于安装误差 ψ_1和 ψ_2是未知的，因此不能评估非平行度分量 $\varepsilon_{z\text{-slide}}$，除了反转操作耗时外，这是常规反转方法的缺点之一。

为了克服传统反转方法的缺点，下面介绍两种使用旋转柱体的误差分离方法，分别称为旋转反转方法和误差复制方法。图 6.20 显示了旋转反转方法的示意图。在这种方法中，机器主轴上安装一个圆柱体，两个传感器(m_1，m_2)安装在 Z-滑块上。两个传感器通过 Z-滑块移动，同时扫描沿主轴旋转的圆柱体。在$(z,\theta)z$ 为 Z-滑块的移动距离；θ 为主轴的旋转角度；位置处采样的两个传感器的输出可以分别表示为

$$m_1(z,\theta) = e_{z\text{-slide}}(z) + g(z,\theta) + e_{\text{spindle}}(z,\theta) - z\gamma \tag{6.49}$$

$$m_2(z,\theta) = - e_{z\text{-slide}}(z) + g(z,\theta + \pi) - e_{\text{spindle}}(z,\theta) + z\gamma \tag{6.50}$$

式中：z 为 Z-滑块的移动距离；θ 为主轴的旋转角度；$g(z,\theta)$为圆柱体的表面形状误差，包括一个不平直分量和一个线性锥形分量；γ 为圆柱轴线相对于主轴轴线的安装误差。

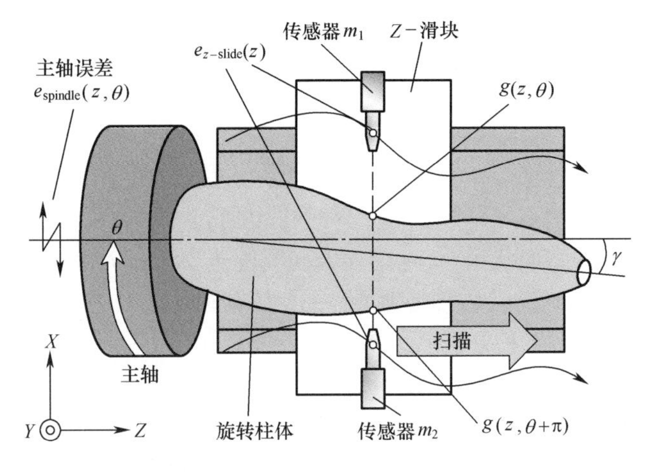

图 6.20　使用旋转柱体进行滑动误差测量的旋转反转方法

类似地，在$(z,\theta+\pi)$位置采样的两个传感器的输出可以表示为

$$m_1(z,\theta+\pi)=e_{z\text{-slide}}(z)+g(z,\theta+\pi)+e_{\text{spindle}}(z,\theta+\pi)+z\gamma \tag{6.51}$$

$$m_2(z,\theta+\pi)=-e_{z\text{-slide}}(z)+g(z,\theta)-e_{\text{spindle}}(z,\theta+\pi)-z\gamma \tag{6.52}$$

基于式(6.47)和式(6.52)，可以提供以下操作：

$$\begin{aligned} e_{z\text{-slide}}(z) &= e_{z\text{-slide\_s}}(z)-z\varepsilon_{z\text{-slide}} \\ &= \Delta m_{12}(z,\theta)-\Delta e_{z\text{-slide}}(z,\theta) \end{aligned} \tag{6.53}$$

其中

$$\Delta m_{12}(z,\theta)=\frac{m_1(z,\theta)-m_2(z,\theta+\pi)}{2} \tag{6.54}$$

$$\Delta e_{\text{spindle}}(z,\theta)=\frac{e_{\text{spindle}}(z,\theta)+e_{\text{spindle}}(z,\theta+\pi)}{2} \tag{6.55}$$

可以看出，式(6.53)中成功消除了圆柱体的表面形状误差和安装误差。

位置z处的主轴误差$e_{\text{spindle}}(z,\theta)$可以表示为无限序列周期函数的叠加[22]：

$$e_{\text{spindle}}(z,\theta)=\sum_{k=1}^{\infty}c_k\cos(k\theta-\phi_k) \tag{6.56}$$

式中：c_k和ϕ_k分别为第k个谐波分量的幅度和相位角。从式(6.56)可以看出，一次旋转中，主轴误差$e_{\text{spindle}}(z,\theta)$的平均值为零。下式中所示的平均运算可以消除残余主轴误差$\Delta e_{\text{spindle}}(z,\theta)$，即

$$\begin{aligned} e_{z\text{-slide}}(z) &= e_{z\text{-slide\_s}}(z)-z\varepsilon_{z\text{-slide}} \\ &= \frac{1}{M}\sum_{\theta=0}^{2\pi}\Delta m_{12}(z,\theta)-\frac{1}{M}\sum_{\theta=0}^{2\pi}\Delta e_{\text{spindle}}(z,\theta)=\overline{\Delta m_{12}(z,\theta)} \end{aligned} \tag{6.57}$$

式中：M为平均数，且

$$\overline{\Delta m_{12}(z,\theta)}=\frac{1}{M}\sum_{\theta=0}^{2\pi}\Delta m_{12}(z,\theta) \tag{6.58}$$

$$\frac{1}{M}\sum_{\theta=0}^{2\pi}\Delta e_{\text{spindle}}(z,\theta)=0 \tag{6.59}$$

因此，滑动误差的$\varepsilon_{z\text{-slide}}$和$e_{z\text{-slide_s}}(z)$可以通过$\Delta m_{12}(z,\theta)$的线性拟合来评估，而不受圆柱体表面形状误差、主轴误差和圆柱体安装误差的影响。

图6.21显示了使用一个位移传感器和一个旋转圆柱体工件进行滑动误差测量的误差复制法示意图。在这种方法中，位移传感器安装在与工具相对的圆柱体工件的相对位置上，圆柱形工件首先由金刚石车床转动(自切)，并且在不从主轴上移除工件的情况下进行测量。因为圆柱体工件的表面形式是工具运动的传递，该运动是滑动运动和主轴运动的组合，所以在切割位置(z,θ)处的表面轮廓形状误差可以表示为

$$g(z,\theta)=-e_{z\text{-slide}}(z)-e_{\text{spindle}}(z,\theta) \tag{6.60}$$

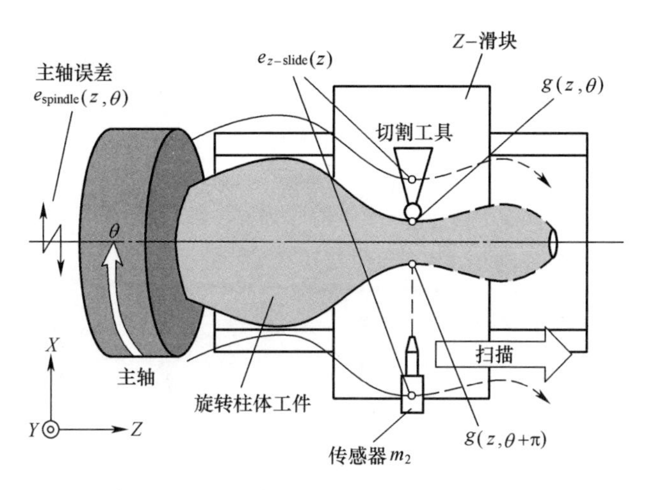

图 6.21　使用由精密车床转动的圆柱形工件的误差复制方法

在位置(z,θ)采样的传感器输出可以通过将式(6.50)代入式(6.60)来表示,即

$$
\begin{aligned}
m_2(z,\theta) &= -e_{z-\text{slide}}(z) + g(z,\theta+\pi) - e_{\text{spindle}}(z,\theta) \\
&= 2e_{z-\text{slide}}(z) - e_{\text{spindle}}(z,\theta+\pi) - e_{\text{spindle}}(z,\theta)
\end{aligned}
\tag{6.61}
$$

值得注意的是,传感器输出中不会出现圆柱体轴线相对于主轴轴线的安装误差,因为圆柱体工件在机器上被自动切割。

类似于旋转反转方法,可以基于以下结果评估滑动误差的直线外分量和不平行分量:

$$
\begin{aligned}
e_{z-\text{slide}}(z) &= e_{z-\text{slide\_s}}(z) - z\varepsilon_{z-\text{slide}} \\
&= -\frac{1}{M}\sum_{\theta=0}^{2\pi}\frac{m_2(z,\theta)}{2} - \frac{1}{M}\sum_{\theta=0}^{2\pi}\Delta e_{\text{spindle}}(z,\theta) \\
&= -\frac{1}{M}\sum_{\theta=0}^{2\pi}\frac{m_2(z,\theta)}{2}
\end{aligned}
\tag{6.62}
$$

式(6.55)中定义了$\Delta e_{\text{spindle}}(z,\theta)$。注意,误差复制法仅在自切后的没有从主轴上拆下的圆柱体工件才有效。相反,旋转反转法对于重新安装的圆柱体工件或任何其他机器加工的圆柱体也是有效的。

图 6.22 分别显示了误差复制法和旋转反转法的实验设置的照片。在图 6.17 所示的精密车床上进行实验。X–滑块上安装了刀尖半径为 2mm 的圆尖单晶金刚石切割工具和电容式位移传感器 m_2,主轴上安装一个直径为 50mm,长度为 150mm 的铝制圆柱体工件。圆柱体工件首先通过切割工具转动(自切)140mm 的长度。在误差复制法的实验中,位移传感器在车削期间被防水盖覆盖。转动后,位移传感器通过 Z–滑块移动来扫描沿主轴旋转的圆柱表面。图 6.23(a)显示了基

于式(6.62)的测量滑动误差 $e_{z\text{-slide}}(z)$,测量滑动误差约为 620nm,其中大部分是由不平行组件造成的。通过误差复制法测量后,位移传感器 m_1 替换了图 6.22(a)中的切割工具,以通过图 6.22(b)所示的旋转反转法进行实验,而无须从主轴移除圆柱体工件。图 6.23(b)显示了基于式(6.53)的测量滑动误差 $e_{z\text{-slide}}(z)$。测量滑动误差约为 630nm。可以看出,结果与误差复制法的结果一致,差值约为 10nm,这是由滑动运动的重复性决定的。

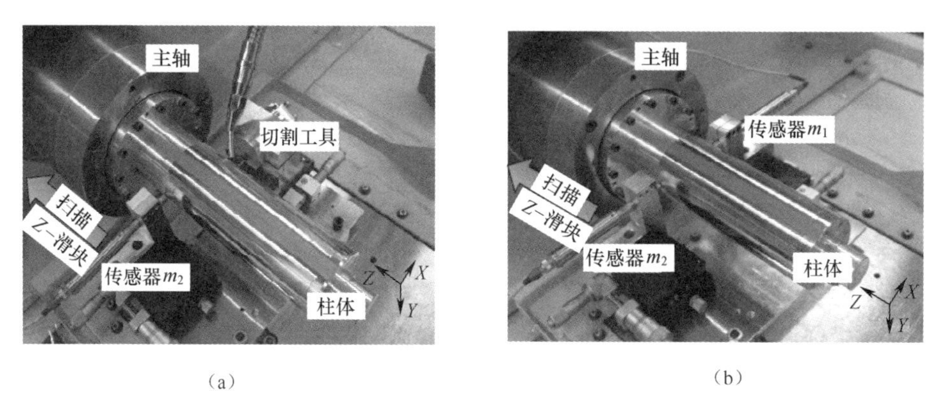

图 6.22　滑动误差测量实验设置的照片
(a)误差复制法;(b)旋转反转法。

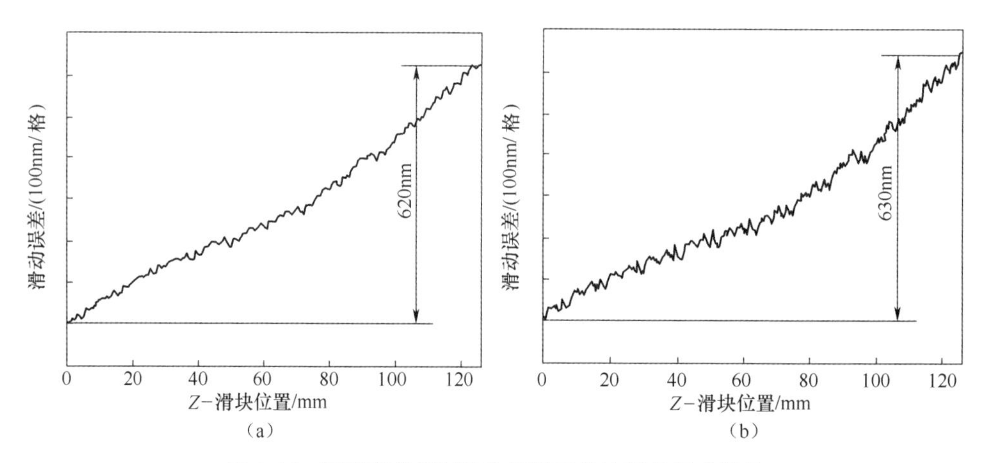

图 6.23　通过误差复制法和旋转反转法测量滑动误差
(a)误差复制法;(b)旋转反转法。

图 6.24 显示了在图 6.22(b)所示的实验装置中测量的传统反转法的结果。通过将主轴旋转 180°进行圆柱体的反转操作。测量的滑动误差约为 700nm,旋转

反转法的差异为70nm。图6.25显示了3种方法的直线度分量$e_{z\text{-slide_s}}(z)$的结果，这3种方法相互一致。这验证了常规的反转法仅对测量滑动误差的直线性分量是有效的，而所提出的误差复制法和旋转反转法对于测量直行性分量和不平行分量均有效。

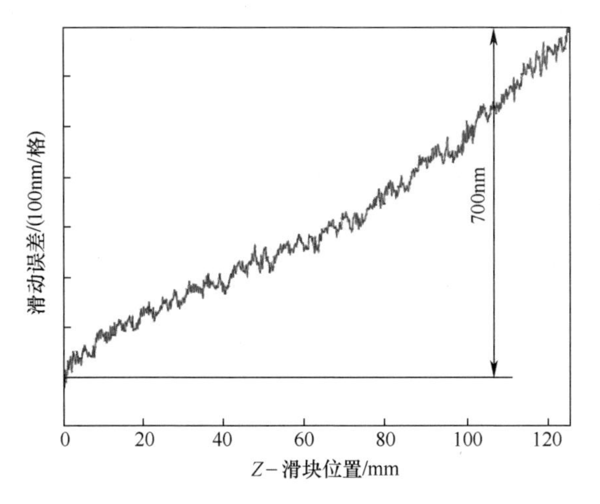

图6.24　通过传统的反转方法测量滑动误差

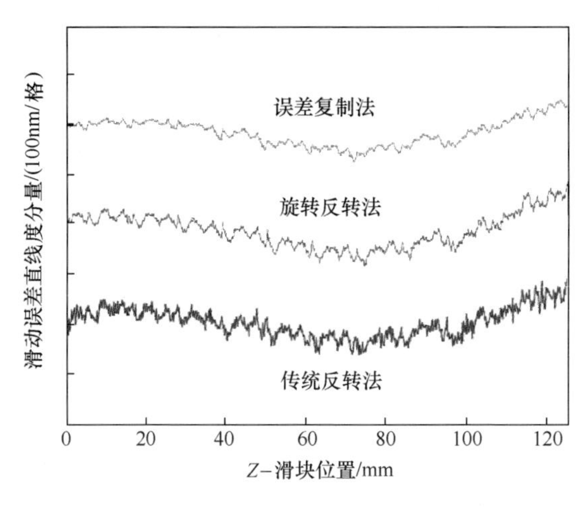

图6.25　通过不同的误差分离方法测得的滑动误差的直线度分量

图6.26显示了重新安装圆柱体工件后使用旋转反转法得到的实验结果。测得的滑动误差为620nm，与图6.23(b)几乎相同。这表明旋转反转方法对于重新安装的工件是有效的。

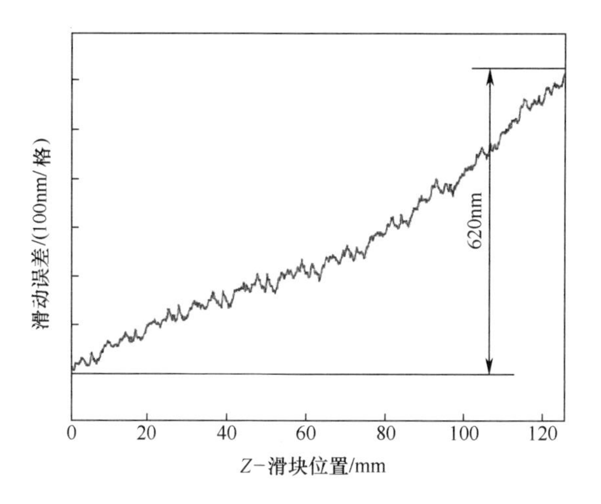

图 6.26　通过旋转反转法测得的工件重新安装后的滑动误差

采用反转法来测量精密车床 X-滑块的直线度分量，该分量难以采用误差复制法或旋转反转法。图 6.27 显示了实验设置。

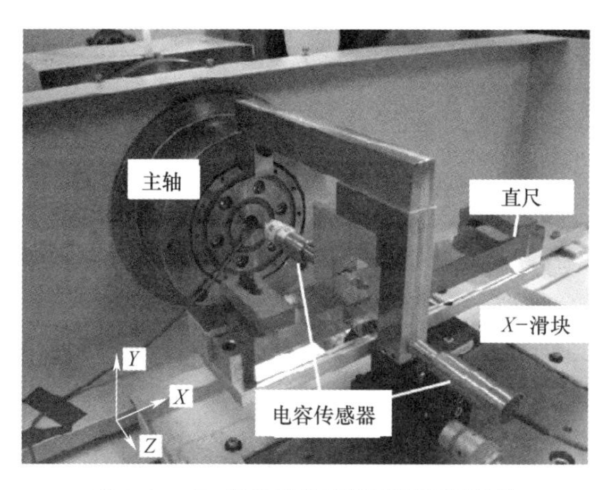

图 6.27　X-滑块的非直线度的测量装置

如图 6.27 所示，采用了两个电容位移传感器，直尺的材料是带铝涂层的微晶玻璃。微晶玻璃的直尺安装在 X-滑块上，电容位移传感器在主轴上保持静止。测量从 $x=80$mm 开始，并在 $x=0$mm 处结束，位置 $x=0$mm 对应于主轴的中心位置，X-滑块的移动速度为 24mm/min。

图 6.28 显示了 X-滑块的直线度分量和直尺的表面轮廓。从图 6.28(a)中可以看出，X-滑块在 80mm 行程中具有约 60nm 的非平直分量，它主要由一个抛物面

元件和一个间距为 11mm 的周期性元件组成。间距为 11mm 的周期性分量的峰值(PV)约为 20nm。如图 6.29 所示,直尺的表面轮廓约为 15nm。

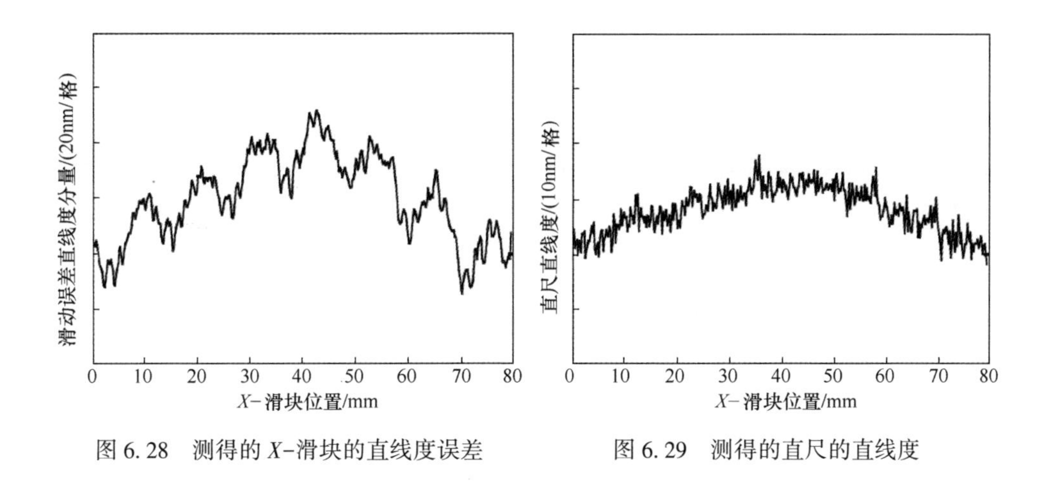

图 6.28 测得的 X-滑块的直线度误差

图 6.29 测得的直尺的直线度

6.4 小结

本节提出了用于工件直线轮廓的精密纳米计量的方法,由两个传感器单元组成的扫描多传感器系统的三位移传感器方法。对于系统中的传感器的零点调整,不需要精确地参考平面或辅助样品。每个传感器单元中的传感器之间的零差(这极大地影响了轮廓评估精度)可以通过在圆柱体旋转之前和之后扫描工件表面的传感器的输出来获得。通过计算零差的平均操作,可以减少采样定位误差和传感器输出中随机误差的影响。本节还提出了一种可以评估零差变化的改进零点调整法,并通过实验验证了自调整的三位移传感器法的可行性。此外,具有角度传感器补偿的双位移传感器法和反转法的良好对应性也已被证实。

本节提出了用于测量精密车床的 Z-滑动误差的两种测量方法,分别称为误差复制法和旋转反转法。在机器上转动(自切)的旋转的圆柱体工件被用作测量样品。通过一次旋转中传感器输出的平均操作,可以从滑动误差的测量结果中消除主轴误差和圆柱体工件的表面形状误差的影响。这些方法除了可以测量滑动误差的不平直分量外,还可以测量滑动轴线相对于主轴轴线的不平行度,这是影响圆柱体加工精度的主要误差因素。误差复制法比旋转反转法更简单,但是,旋转反转法对于重新安装的圆柱体工件或由其他机器转动的圆柱体同样有效,比误差复制方法更灵活。旋转反转法也用于测量精密车床 X-滑动误差的直线度分量。

参考文献

[1] Toshiba Machine Co. ,Ltd. (2010) http://www. toshiba-machine. co. jp. Accessed 1 Jan 2010

[2] Whitehouse DJ (1978) Measuring instrument. US Patent 4,084,324,18 April 1978

[3] Tanaka H,Sato H (1986) Extensive analysis and development of straightness measurement by sequential two-point method. ASME Trans 108:176-182

[4] Gao W,Kiyono S (1997) On-machine profile measurement of machined surface using the combined three-probe method. JSME Int J 40(2):253-259

[5] Yamaguchi J (1993) Measurement of straight motion accuracy using the improved sequential three-point method. J JSPE 59(5):773-778 (in Japanese)

[6] Gao W,Yokoyama J,Kojima H,Kiyono S (2002) Precision measurement of cylinder straightness using a scanning multi-probe system. Precis Eng 26(3):279-288

[7] Gao W,Lee JC,Arai Y,Park CH (2009) An improved three-probe method for precision measurement of straightness. Technisches Messen 76(5):259-265

[8] Kiyono S,Gao W (1994) Profile measurement of machined surface with a new differential surface with a new differential method. Precis Eng 16(3):212-218

[9] Gao W,Kiyono S (1996) High accuracy profile measurement of a machined surface by the combined method. Measurement 19(1):55-64

[10] Estler WT (1985) Calibration and use of optical straightedges in the metrology of precision machines. Opt Eng 24(3):372-379

[11] Kim SD,Chang IC,Kim SW (2002) Microscopic topographical analysis of tool vibration effects on diamond turned optical surfaces. Precis Eng 26(2):168-174

[12] Taniguchi N (1994) The state of the art of nanotechnology for processing of ultraprecision and ultra-fine products. Precis Eng 16(1):5-24

[13] Fawcett SC,Engelhaupt D (1995) Development of Wolter I X-ray optics by diamond turning and electrochemical replication. Precis Eng 17(4):290-297

[14] Fan KC, Chao YH (1991) In-process dimensional control of the workpiece during turning. Precis Eng 13(1):27-32

[15] Gao W,Tano M,Sato S,Kiyono S (2006) On-machine measurement of a cylindrical surface with sinusoidal micro-structures by an optical slope sensor. Precis Eng 30(3):274-279

[16] Hwang J,Park CH,Gao W,Kim SW (2007) A three-probe system for measuring the parallelism and straightness of a pair of rails for ultra-precision guideways. Int J Mach Tools Manuf 4:1053-1058

[17] Campbel A (1995) Measurement of lathe Z-slide straightness and parallelism using a flat land. Precis Eng 17(3):207-210

[18] Gao W, Tano M, et al (2007) Measurement and compensation of error motions of a diamond turning machine. Precis Eng 31(3):310-316

[19] Irick SC, McKinney WR, Lunt DLJ, Takacs PZ (1992) Using a straightness reference in obtaining more accurate surface profiles from a long trace profiler. Rev Sci Instrum 63(1): 1436-1438

[20] Gao W, Lee JC, Arai Y, Noh YJ, Hwang J, Park CH (2010) Measurement of slide error of an ultra-precision diamond turning machine by using a rotating cylinder workpiece. Int J Mach Tools Manuf, 50(4), 404-410.

[21] Jywe W, Chen CJ (2007) A new 2D error separation technique for performance tests of CNC machine tools. Precis Eng 31(4): 369-375

[22] Hii KF, Vallance RR, Grejda RD, Marsh ER (2004) Error motion of a kinematic spindle. Precis Eng 28(2): 204-217

第7章 微型非球面测量的扫描微测针系统

7.1 引言

非球面微透镜是用于内脏器官诊断和手术的医疗内窥镜的关键部件[1-2]。微透镜的直径小于1mm,用于装入薄型内窥镜管。透镜的非球面可以在减少光学元件数量的同时提高内窥镜的成像性能。为了获得清晰和高质量的内窥镜图像,有必要使用具有高表面形状精度和良好表面粗糙度的微透镜。

大多数非球面微透镜是由玻璃成型技术制造的[3-4],镜片的形状精度主要取决于主模具形状精度,主模具通常由多轴数控磨床加工而成[5-7]。最先进的微透镜模具需要100nm的形状精度和10nm的表面精加工。后者通过使用后抛光工艺可以相对容易地实现。然而,由于研磨工艺受到诸如研磨工具、研磨流体、机器误差运动、研磨参数等许多因素的影响,因此,100nm形状精度是非常困难的。此外,透镜的非球面表面形状是复杂的并且与球形轮廓有很大偏差,这使得必要的精加工主模具变得更加困难。

另外,精确的非球面轮廓测量是实现精密微透镜和透镜模具的另一个挑战。测量结果不仅可用于加工的非球面的质量控制,还可用于非球面的补偿磨削以获得更高的加工精度。虽然从非接触和高速特征的观点来看,光学方法是理想的[8-11],但由于非球面微透镜的大轮廓变化和陡峭的表面斜度,使用接触式测针传感器的方法更真实、更可靠[12-13]。在使用接触测针传感器的测量系统中,非球面与测针之间产生相对扫描运动。

本章介绍了一种用于非球面微透镜的精确扫描微测针系统。为了补偿扫描误差运动,该系统构造了一个组合环形辅样和两个电容型位移传感器的传感器单元。本章还介绍了微球测针。

7.2 扫描误差运动补偿

图 7.1 显示了用于非球面微透镜和微透镜模具的扫描微测针系统的概况。微型非球面试样夹在主轴上,微型探针安装在 X-滑块上。通过主轴围绕 Z 轴的旋转运动和滑块沿 X 轴的线性运动产生用于轮廓测量的扫描运动。用于分离扫描误差运动的传感器单元由环形辅样和两个位移传感器(补偿传感器 1 和补偿传感器 2)组成。环形辅样安装在主轴上的微非球面样品的周围,使环形辅样和样品受到相同的主轴误差运动。补偿传感器 1 和 2 对称地设置在滑块上的微测针探头的两侧,以感测滑块和主轴的相同误差运动。传感器和测针探头之间的间隔设置为 d。图 7.2 和图 7.3 分别显示了与扫描相关的测量参数和运动。非球面样品的表面轮廓和环形辅样的表面轮廓分别为 $g(x,\theta)$ 和 $f(x,\theta)$,其中 θ 是主轴的旋转角度。

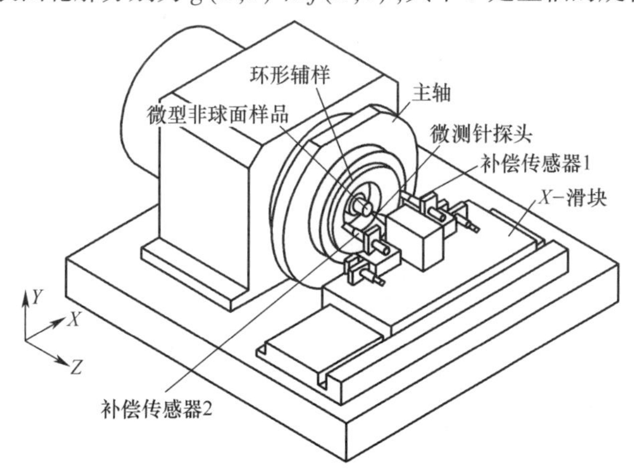

图 7.1 用于非球面微透镜表面轮廓测量的扫描微测针系统概述

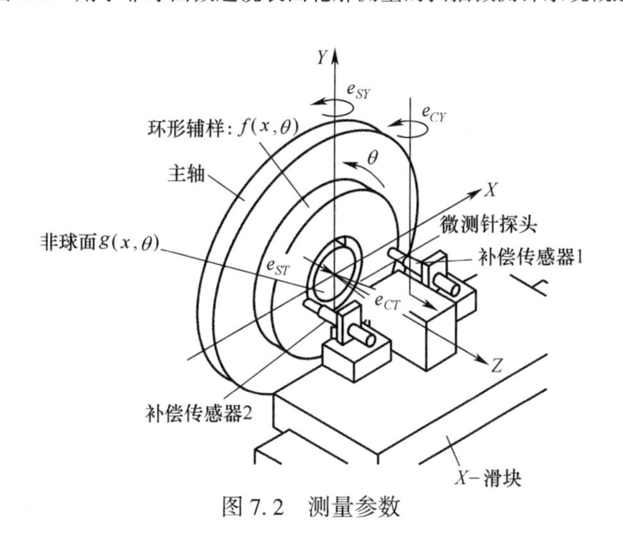

图 7.2 测量参数

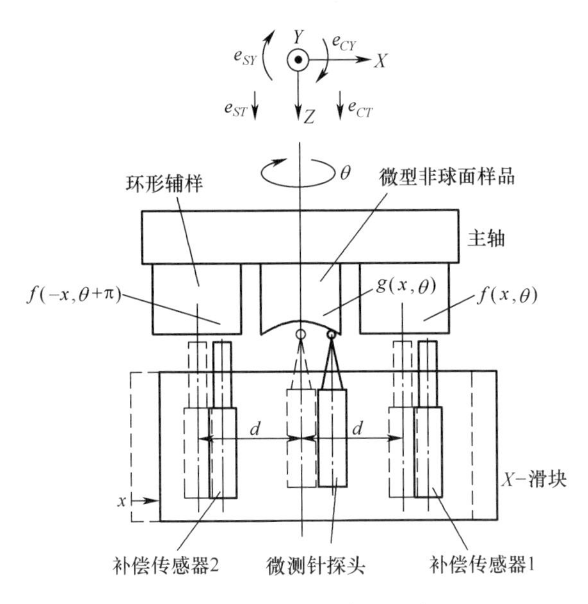

图 7.3　与扫描相关的运动

同时,当移动传感器来扫描旋转的样本时,会发生主轴和滑动的误差运动。$e_{ST}(x,\theta)$是主轴的轴向误差运动,对应于沿主轴旋转轴(Z轴)的误差运动。$e_{CT}(x,\theta)$是滑块Z方向的直线度误差。$e_{SY}(x,\theta)$是主轴绕Y轴的倾斜误差运动。$e_{CY}(x,\theta)$是滑块围绕Y轴的偏航误差运动。如图 7.3 所示,3 个传感器通过滑块移动到位置x并且主轴将非球面和环形辅样旋转到位置θ时,在(x,θ)位置处,测量非球面轮廓的微测针探测器的输出可以表示为

$$m_m(x,\theta) = g(x,\theta) + e_{ST}(x,\theta) + e_{CT}(x,\theta) - x[e_{SY}(x,\theta) + e_{CY}(x,\theta)] \tag{7.1}$$

用于检测环形辅样的电容式传感器(传感器 1 和 2)的输出可以表示为

$$m_1(x,\theta) = f(x,\theta) + e_{ST}(x,\theta) + e_{CT}(x,\theta) - (d + x)[e_{SY}(x,\theta) + e_{CY}(x,\theta)] \tag{7.2}$$

$$m_2(x,\theta) = f(-x,\theta+\pi) + e_{ST}(x,\theta) + e_{CT}(x,\theta) + (d - x)(e_{SY}(x,\theta) + e_{CY}(x,\theta)) \tag{7.3}$$

将式(7.2)和式(7.3)相加得到,即

$$m_1(x,\theta) + m_2(x,\theta) = f(x,\theta) + f(-x,\theta+\pi) + 2e_{ST}(x,\theta) + e_{CT}(x,\theta) - 2x[e_{SY}(x,\theta) + e_{CY}(x,\theta)] \tag{7.4}$$

因此,由式(7.1)和式(7.2)可以计算出非球面$g(x,\theta)$的轮廓:

$$g(x,\theta) = m_m(x,\theta) - \frac{m_1(x,\theta) + m_2(x,\theta)}{2} - \frac{f(x,\theta) + f(-x,\theta+\pi)}{2} \tag{7.5}$$

可以看出，扫描误差运动与式(7.5)中的非球面轮廓是分开的。

然而，有必要知道环形辅样 $f(x,\theta)$ 的表面轮廓以准确地获得 $g(x,\theta)$。图 7.4 所示的反转技术[14]用于此目的。在环形辅样相对于主轴旋转 180°之前和之后进行两次测量，这称为反转操作。在每次测量中，载玻片保持静止，只有主轴旋转，传感器同时扫描非球面样品和环状辅样。微测针探头与主轴轴线以及非球面样品的中心对准，以便探头仅对扫描误差运动敏感，而对非球面表面不敏感。传感器间隔设置为 $d+x$，如图 7.5 所示，以便传感器 1 和 2 可以检测到 $f(x,\theta)$ 和 $f(x,\theta+\pi)$。假设主轴的扫描误差运动在两次测量中是可重复的。传感器的输出可以表示如下：

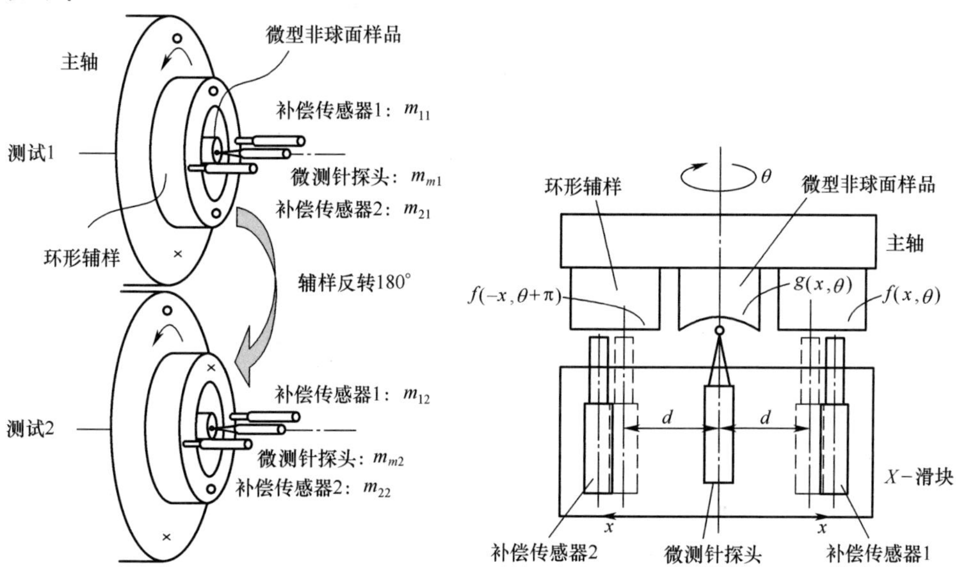

图 7.4　测量环形辅样表面轮廓的反转方法

图 7.5　用于反转测量的传感器位置

测量 1(逆转前)：

$$m_{m1}(\theta)=e_{ST}(\theta)+e_{CT}(\theta) \tag{7.6}$$

$$m_{11}(\theta)=f(x,\theta)+e_{ST}(\theta)+e_{CT}(\theta)-(d+x)[e_{SY}(\theta)+e_{CY}(\theta)] \tag{7.7}$$

$$m_{21}(\theta)=f(x,\theta+\pi)+e_{ST}(\theta)+e_{CT}(\theta)+(d+x)[e_{SY}(\theta)+e_{CY}(\theta)] \tag{7.8}$$

测量 2(逆转后)：

$$m_{m2}(\theta)=e_{ST}(\theta)+e_{CT}(\theta)=m_{m1}(\theta) \tag{7.9}$$

$$m_{12}(\theta)=f(x,\theta+\pi)+e_{ST}(\theta)+e_{CT}(\theta)-(d+x)[e_{SY}(\theta)+e_{CY}(\theta)] \tag{7.10}$$

$$m_{22}(\theta)=f(x,\theta)+e_{ST}(\theta)+e_{CT}(\theta)+(d+x)[e_{SY}(\theta)+e_{CY}(\theta)] \tag{7.11}$$

因此，$f(x,\theta)$ 可以通过下式计算：

$$f(x,\theta) = \frac{m_{11}(\theta) + m_{22}(\theta)}{2} - m_{m1}(\theta) \tag{7.12}$$

或

$$f(x,\theta) = \frac{m_{21}(\theta - \pi) + m_{12}(\theta - \pi)}{2} - m_{m1}(\theta - \pi) \tag{7.13}$$

主轴倾斜误差运动和侧偏摆运动的组合也可以获得：

$$e_{SY}(\theta) + e_{CY}(\theta) = \frac{m_{22}(\theta) - m_{11}(\theta)}{2(d + x)} \tag{7.14}$$

$$e_{SY}(\theta) + e_{CY}(\theta) = \frac{m_{21}(\theta) - m_{12}(\theta)}{2(d + x)} \tag{7.15}$$

应该指出的是，$f(x,\theta)$的测量精度受主轴误差运动的非重复性影响，这是反转技术的主要缺点。

为了验证补偿扫描误差的效果，进行了实验。图 7.6 显示了实验装置的照片，采用了具有良好运动重复性的空气轴承（空气主轴）和空气轴承滑块（空气滑块）。主轴的旋转编码器输出为 4096 脉冲/r，用作传感器输出的外部触发信号的数据采集。滑块有一个分辨率为 20nm 的线性编码器，使用铝盘辅样作为测量对象而不是环形辅样和微非球面样品。在载玻片上放置 3 个电容式传感器，并将铝盘辅样真空吸附在主轴上。采用中心传感器代替微测针探头，将两侧探头作为补偿传感器，传感器间隔为 25mm，电容传感器的感测电极直径为 1.7mm。传感器测量范围为 50μm，对应于 20V 的电压输出范围。3 个传感器的电压输出同时存入带有 16 位模数转换器的数据记录器。盘状辅样的直径为 80mm，厚度为 24mm，盘状辅样的顶面和侧面在金刚石车床上切割，顶部表面被用作电容传感器的目标，侧表面用于主轴上与盘状辅样的对准。

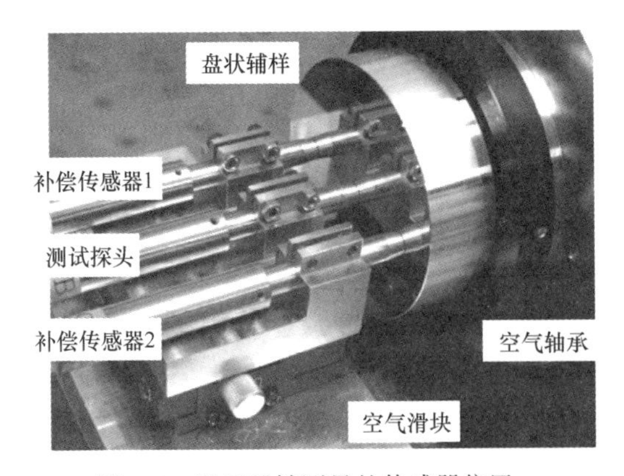

图 7.6　用于反转测量的传感器位置

图 7.7 显示了当主轴和滑块保持静止时获得的传感器输出。采样率为 10kHz,传感器输出具有类似的振动分量,振幅约为 8nm,频率约为 250Hz。式(7.5)所示传感器的差分输出中的振动误差降低到约 2nm。

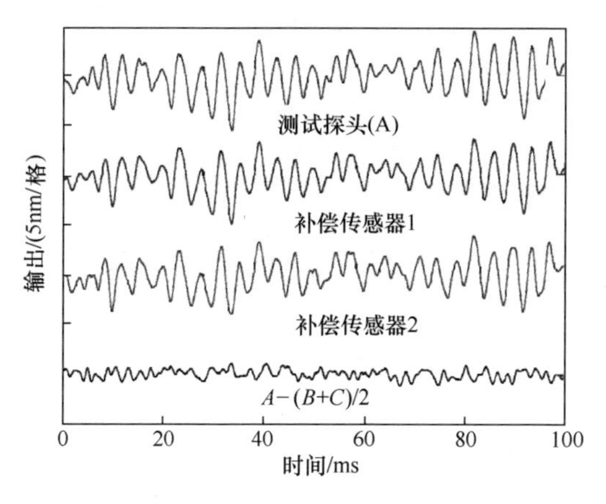

图 7.7　振动减少

图 7.8 显示了调查主轴误差运动重复性的实验结果。在该实验中,主轴以 15r/min 的速度旋转,并使载玻片保持静止。使用主轴旋转编码器输出作为数据记录器的外部触发信号,连续采集 100 个主轴转速以上的测试探头输出。表示主轴误差运动重复性的不同转数输出之间的差异绘制在图 7.8 中,可以看出,重复性好于 10nm。在接下来的实验中,通过平均 100 次以上的传感器输出来进一步提高重复性。

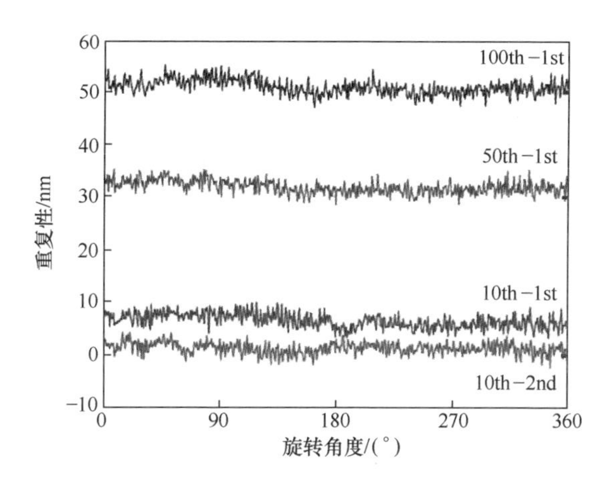

图 7.8　扫描运动的可重复性

图 7.9 显示了盘状辅样的表面轮廓测量的实验程序。该实验包括 4 个步骤，在每个步骤中，盘状辅样沿主轴旋转，以便它可以被 3 个传感器扫描。然后将工件相对于主轴旋转 90°进行下一步测量。按照式(7.12)，可以根据步骤 1 和 3 中的传感器输出计算盘状辅样的表面轮廓，步骤 2 和步骤 4 中的传感器输出也可用于计算相同的表面轮廓。这两个计算结果的对应关系可以用来确认反转方法的可行性。图 7.10 显示了每个步骤中传感器 1 和 2 的输出，从输出中去除由辅样倾斜引起的每转一次起伏的分量。传感器输出的范围约为 40nm，这是轴向误差运动、倾斜误差运动和辅样表面轮廓的组合。

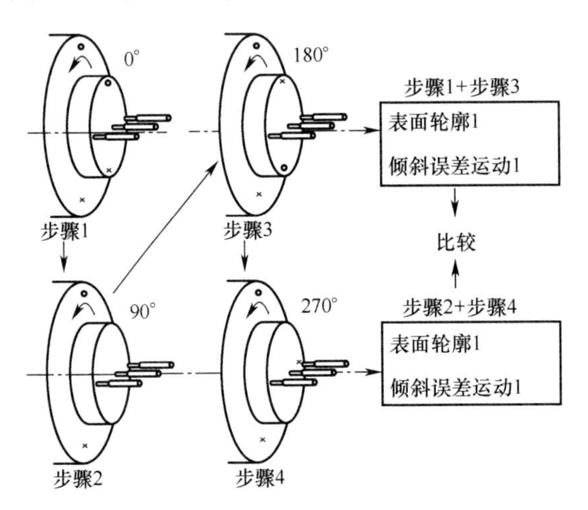

图 7.9 实验程序

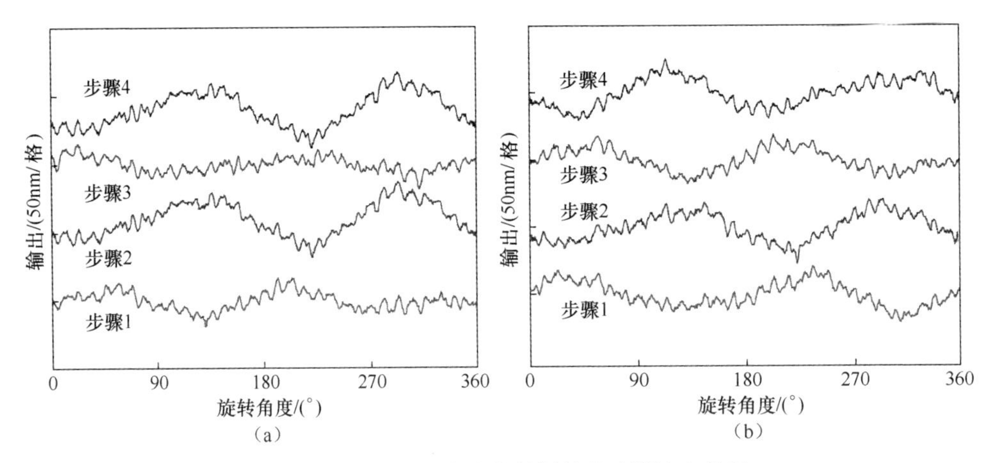

图 7.10 反转测量中盘状辅样的传感器输出数据

(a)在每个步骤中补偿传感器 1 的输出；(b)在每个步骤中补偿传感器 2 的输出。

测试探头的输出如图 7.11 所示。由于测试探头指向工件的中心以及主轴的中心,因此输出中只包括主轴轴向误差运动,轴向误差运动约为 10nm。在 4 个步骤的测量中,该参数在纳米水平上是可重复的。测量中轴向误差运动的平均值用于计算盘状辅样的表面轮廓。

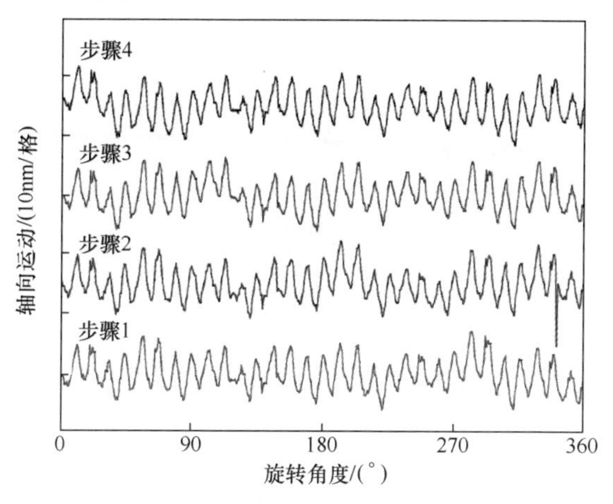

图 7.11 通过传感器 1 测量盘状辅样的轴向运动

图 7.12 显示了盘状辅样的表面轮廓。图 7.12(a)和图 7.12(b)分别显示了没有轴向误差运动补偿和有轴向误差运动补偿的轮廓。从图 7.12(b)可以看出,由轴向误差运动引起的 10nm 的振动分量已成功从表面轮廓中移除,测得的表面轮廓峰谷值约为 20nm。由步骤 1、3 的数据计算出的表面轮廓 1 和由步骤 2 和步骤 4 的数据计算的表面轮廓 2 也彼此对应。

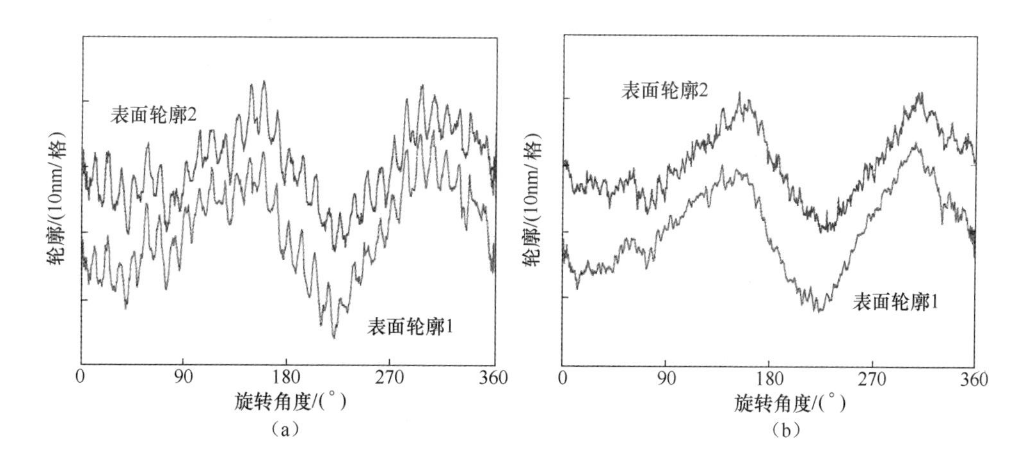

图 7.12 与干涉仪的结果进行比较

(a)测量的没有轴向误差运动补偿的表面轮廓;(b)测量的有轴向误差运动补偿的表面轮廓。

图 7.13 显示了由式(7.14)计算出的相应的倾斜误差运动。倾斜误差运动约为 0.5μrad。与图 7.11 所示的主轴轴向误差运动相比,主轴倾斜误差运动具有较高的频率分量。

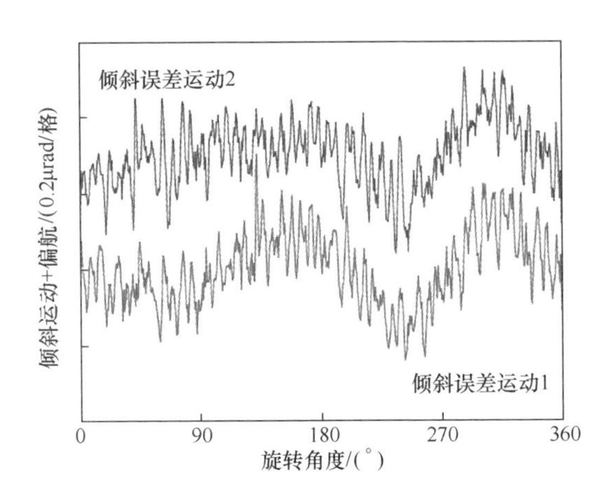

图 7.13　利用盘状辅样测量倾斜误差运动

为了进一步证实反转法测得结果的可靠性,图 7.14 和图 7.15 分别以二维和三维形式显示用商业干涉仪测量样品[15]的结果。从图中可以看出,两种不同方法的结果在纳米水平上是一致的。另外,干涉仪的结果中观察到高频成分,这是由与干涉仪测量相关的外部振动引起的。

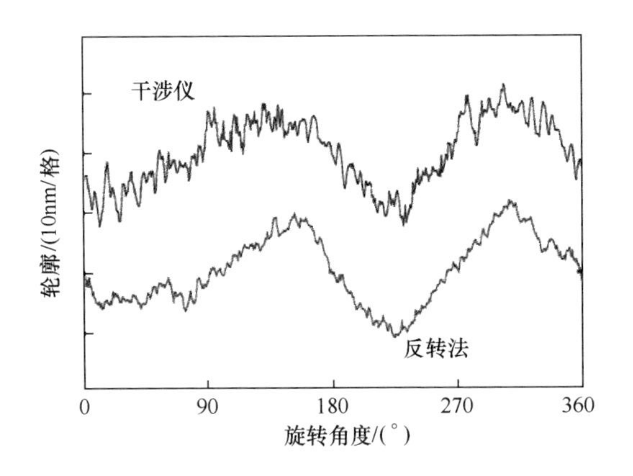

图 7.14　与干涉仪的结果比较(二维表示)

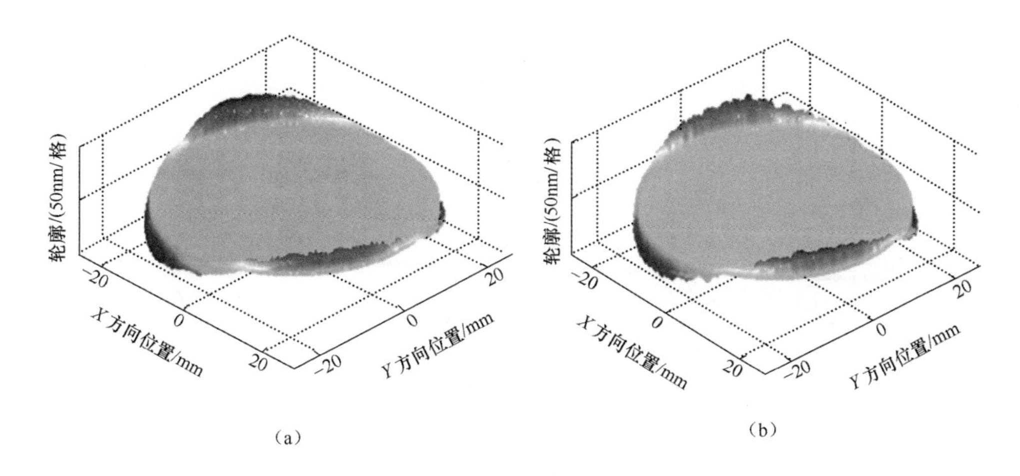

图 7.15　与干涉仪的结果比较(三维表示)
(a)通过反转方法测量的表面轮廓;(b)通过干涉仪测量的表面轮廓。

7.3　微测针探头

尖端球和测针柄是接触探针的基本元素。对于用于测量微型非球面表面的微测针探头,要求尖端球的半径较小,测针柄的纵横比(长度与直径之比)较大。在本节中,将介绍一种由 100μm 直径的尖端球和细长玻璃管柄组成的微球玻璃管测针,还描述了可以降低尖端球和测量样本之间的摩擦力的影响的微测针探头。

7.3.1　微球玻璃管测针

玻璃管可以通过加热拉伸和变薄,并且在加热过程中内径和外径之间的比例不会改变。微球玻璃管测针的柄便是根据这个特性制造的。微球粘在柄的尖端,玻璃管通过图 7.16 所示的牵拉器的装置拉伸。该管由灯丝加热并同时被附着在玻璃管底端的重物拉成两部分,加热温度可以通过改变灯丝的电流来调节。拉伸玻璃管的末端是锥形的,并且锥角是决定柄刚度的重要因素。如图 7.17 所示,锥角越大,柄越硬。如图 7.18 所示,尽管需要降低加热温度以获得更大的锥角,但很难将具有所需壁厚的玻璃管的两个拉伸部分分开。如图 7.19 所示,采用多步加热和拉伸方法来制作厚壁玻璃管的大锥角。图 7.20 显示了制造微测针的过程。

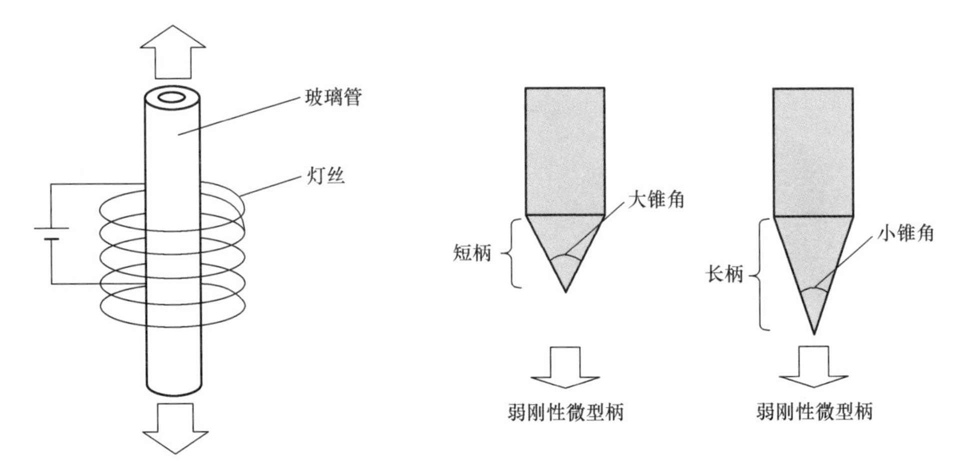

图 7.16　拉伸玻璃管的牵拉器的功能

图 7.17　测针柄的锥角

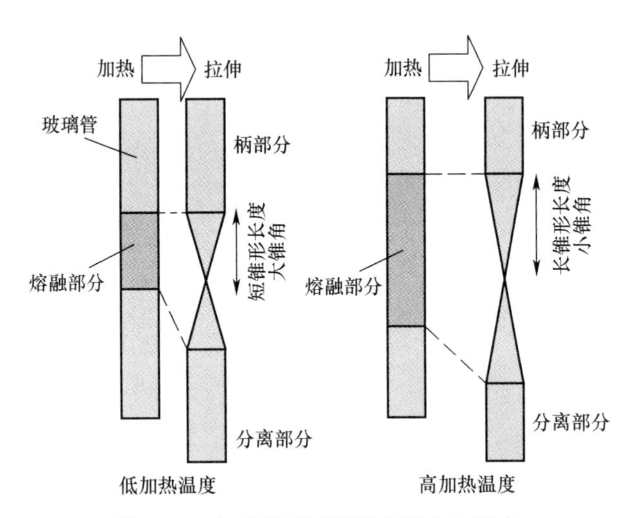

图 7.18　加热温度对测针柄锥角的影响

采用图 7.19 所示的多步加热和拉伸方法,使用外径为 1mm,内径为 0.6mm 的玻璃管制作玻璃管测针。牵拉式加热器的温度设置得尽可能低,并且玻璃以这样的方式拉伸,即在每个步骤中圆锥体的长度很短(约 0.5mm),直到拉伸部分(柄部分和分离的部分)相互分离。多级加热和拉伸方法对于增大锥角和缩短锥体长度是有效的,因为灯丝的中心位置相对于柄部和玻璃管的分离部分之间的边界线一步步地上升,如图 7.19 所示。图 7.21 显示了拉伸玻璃管的显微镜图像,锥角约为 20°。图 7.22 显示了使用激光切割机在玻璃管尖端宽度约为 100μm 的位置切割后的照片。

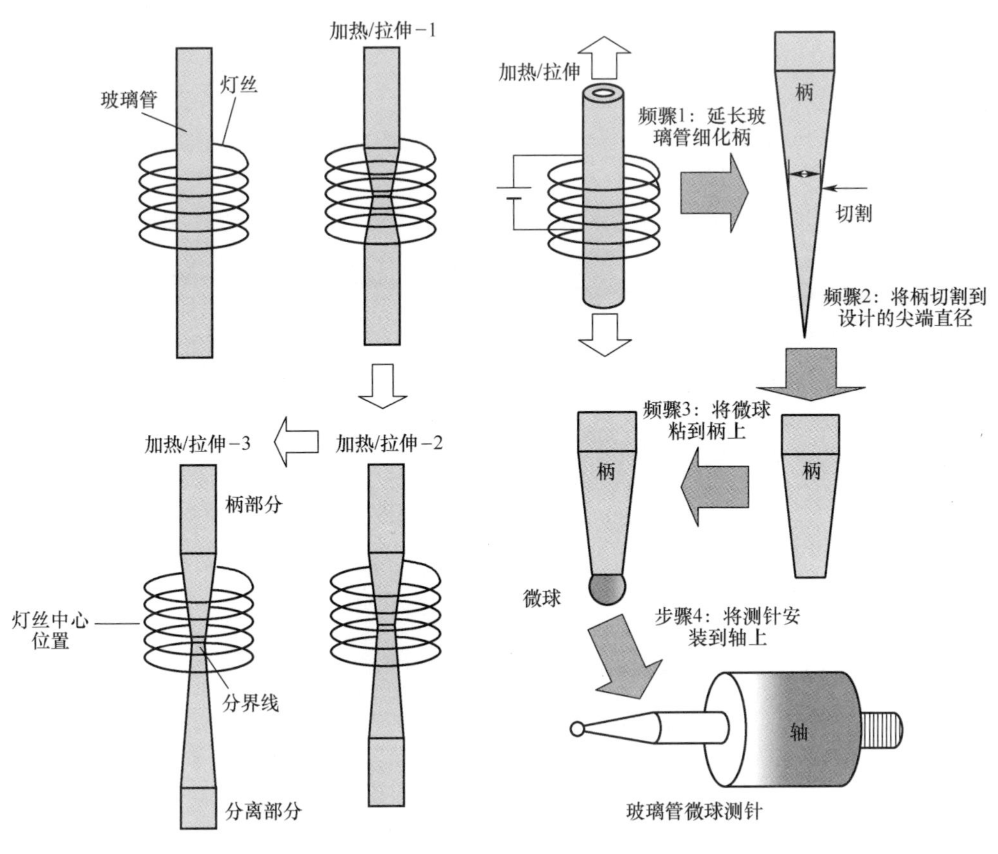

图 7.19　制造较大锥角柄的多步加热和拉伸方法的示意图

图 7.20　制造玻璃管微球测针的过程

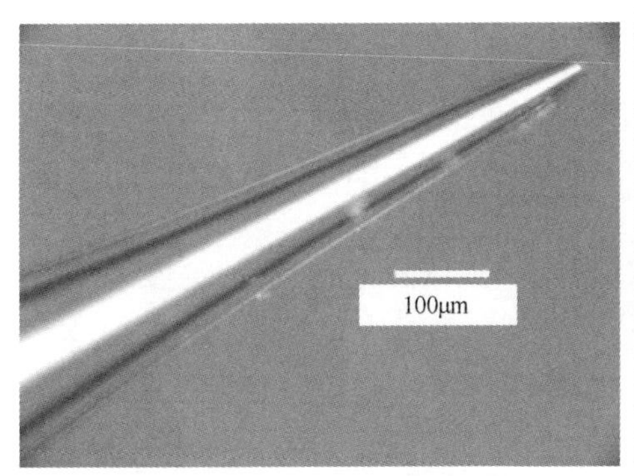

图 7.21　制造的玻璃管柄

图 7.22　尖端宽度为 100μm 的玻璃管柄

制造微球玻璃管测针的下一步是将微球粘贴到柄的尖端。在这个过程中有两点要注意：一个是将柄的轴线与球的中心对准；另一个是尖端球和柄之间的黏合剂的强度。制造接触探针的测针也需要低成本。用于测针中的是直径小于 100μm 的精密玻璃微球[16-17]，该玻璃微球也用作结晶液体面板中的间隔物，具有低成本和高形状精度。

图 7.23 显示了粘贴微球的系统照片。在测针柄的尖端粘贴微球时，使用两个 XYZ-平台和两个 CCD 摄像机，测针柄连接在其中的一个 XYZ-平台上，玻璃微球放在另一个 XYZ-平台上。测针尖端相对于微球的位置可以通过使用这些 XYZ-平台来调整，两个 CCD 摄像头还可以从 X 和 Y 方向监视微球和测针尖端，以便将微球粘在测针尖端的中心。

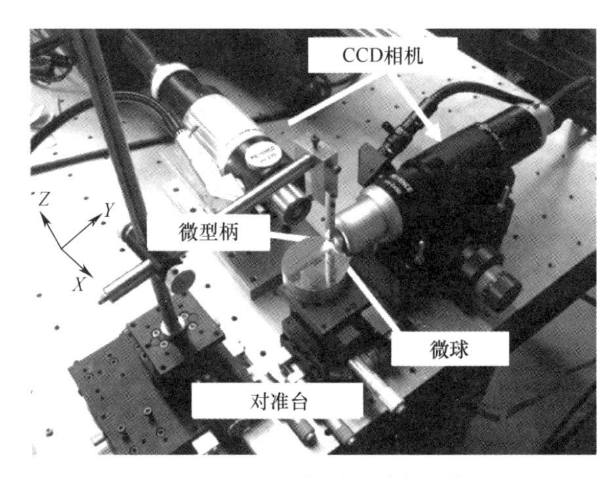

图 7.23　用于粘贴微球的系统

为了粘贴微球，首先将热硬化型的黏合剂附着到测针柄的尖端，当微型柄的尖端接近黏合剂时，尖端周围的柄孔通过毛细现象填充满黏合剂，然后通过使用 XYZ-平台使测针柄的尖端与微球接触。当微球接触测针柄末端的黏合剂时，微球通过表面张力的作用附着到柄的尖端。然后可以通过加热待硬化的黏合剂将微球粘在测针的尖端上。图 7.24 显示了直径为 100μm、50μm 和 30μm 的玻璃微球的显微镜图像。

通过使用 100mN 量程的应变式力传感器测试微球测针的强度。测针倾斜至 45°，并通过移动手动台来推动力传感器，以便施加一个增长的负载。图 7.25 显示了直径为 100μm 的微球测针的强度结果。在图中显示了表示微球测针强度的力传感器的输出，可以看出，微球测针可以承受 100mN 的载荷，这受力传感器量程的限制。对于 50μm 和 30μm 直径的球也得到类似的结果。图 7.26 显示了一个安装在低测量力的位移传感器[18]上的玻璃管微球测针的图片，测量轴由空气轴承支撑。玻璃管柄的锥角约为 10°，长度为 3mm。

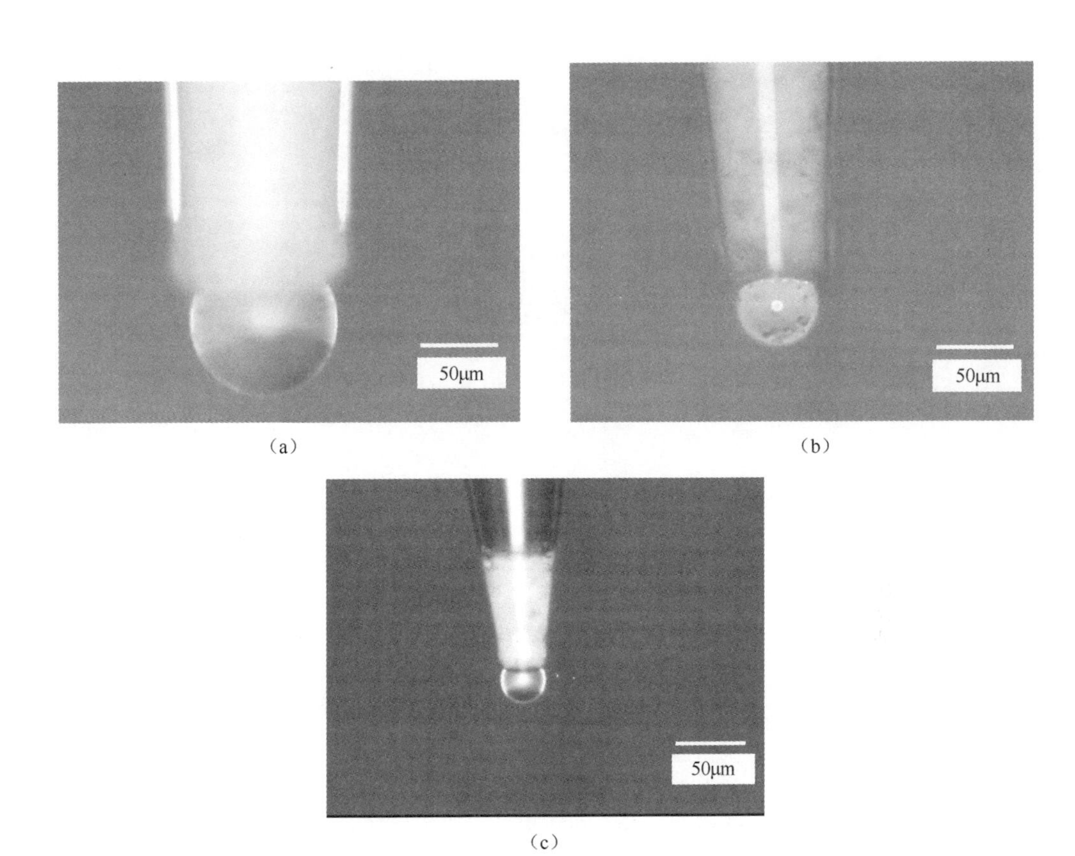

图 7.24　粘在玻璃管上的微球

(a)球直径为 100μm;(b)球直径为 50μm;(c)球直径为 30μm。

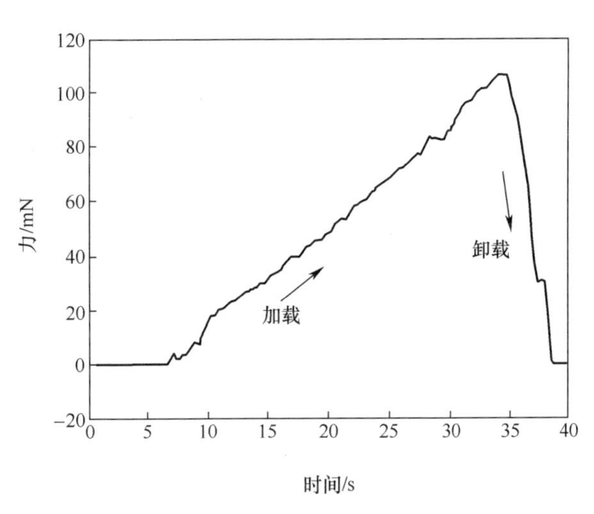

图 7.25　测试胶合微球强度的结果

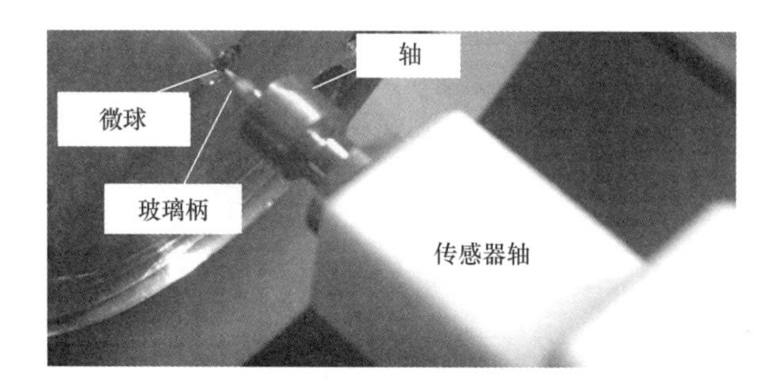

图 7.26　安装在位移传感器轴上的玻璃管微球测针

7.3.2　轻敲式微测针

粘滑现象是接触探测系统的关键问题。本节介绍可减少粘滑现象影响的轻敲式微测针。

图 7.27(a)显示了安装在低测量力的位移传感器上的轻敲式微测针的示意图,其轴由空气轴承支撑[18]。将压电执行器(PZT)添加到图 7.26 中所示的微球测针上,以敲击试样表面上的微球。重要的一点是要找到一种条件,即 PZT 的振荡仅传递到微测针而不传递到位移传感器的轴上。

图 7.27(b)显示了图 7.27(a)中系统的力学模型。m_g 和 m_h 分别代表微测针和位移传感器轴的质量,PZT 的中心被视为振荡的中心。

PZT 的质量被分成两个相等的部分:一个属于 m_g;另一个属于 m_h。z_g 和 z_h 分别代表 m_g 和 m_h 的位移。k_g 和 c_g 分别为 m_g 和 PZT 之间的连接部分的弹簧常数和黏度,k_h 和 c_h 分别为 m_h 与 PZT 之间接合部分的弹簧常数和黏度,k_i 为 PZT 的弹簧常数。假设 PZT 的振荡由 $a\sin(\omega t)$ 表示,其中 a 和 ω 分别是振幅和角频率,z_g 可以表示为

$$\begin{cases} z_g = a_g\sin(\omega t) \\ a_g = \dfrac{a\sqrt{1+\left(2\zeta_g\dfrac{\omega}{p_g}\right)^2}}{\sqrt{\left[1-\left(\dfrac{\omega^2}{p_g^{\ 2}}+\dfrac{\omega^2}{p_{ig}^{\ 2}}\right)\right]^2+\left[2\zeta_g\dfrac{\omega}{p_g}\left(1-\dfrac{\omega^2}{p_{ig}^{\ 2}}\right)\right]^2}} \end{cases} \tag{7.16}$$

其中,

$$\zeta_g = \frac{c_g}{2\sqrt{m_g k_g}},\quad p_g = \sqrt{\frac{k_g}{m_g}},\quad p_{ig} = \sqrt{\frac{k_i}{m_g}} \tag{7.17}$$

z_h 可以类似地获得

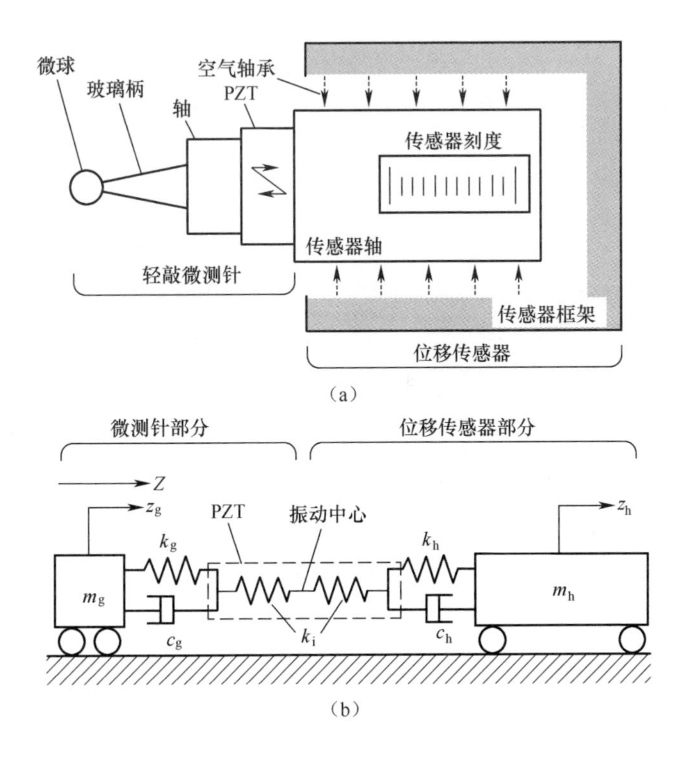

图 7.27　安装在低测量力的位移传感器上的轻敲式微测针的示意图
(a)示意图;(b)机械模型。

$$\begin{cases} z_h = a_h \sin(\omega t) \\ a_h = \dfrac{a\sqrt{1+\left(2\zeta_h \dfrac{\omega}{p_h}\right)^2}}{\sqrt{\left[1-\left(\dfrac{\omega^2}{p_h{}^2}+\dfrac{\omega^2}{p_{ih}{}^2}\right)\right]^2+\left[2\zeta_h\dfrac{\omega}{p_h}\left(1-\dfrac{\omega^2}{p_{ih}{}^2}\right)\right]^2}} \end{cases} \tag{7.18}$$

其中,

$$\zeta_h = \frac{c_h}{2\sqrt{m_h k_h}},\quad p_h = \sqrt{\frac{k_h}{m_h}},\quad p_{ih} = \sqrt{\frac{k_i}{m_h}} \tag{7.19}$$

图 7.28(a)和图 7.28(b)分别显示了关于 PZT 振荡频率的 a_g/a 和 a_h/a。通过实际测量确定,$m_g = 1\text{g}$,$m_h = 35\text{g}$。k_g 和 k_i 通过有限元分析确定为 3.0×10^6N/m 和 2.0×10^7N/m。ζ_g、ζ_h 和 k_h 分别选为 0.3、0.3 和 1.0×10^5N/m。

从图 7-28 中可以看出,传感器部分的振幅 a_h 从 DC 到谐振频率的范围内增加,该谐振频率约为 250Hz。然后 a_h 从谐振频率下降到约 2kHz 处的 $0.1a$ 的值。

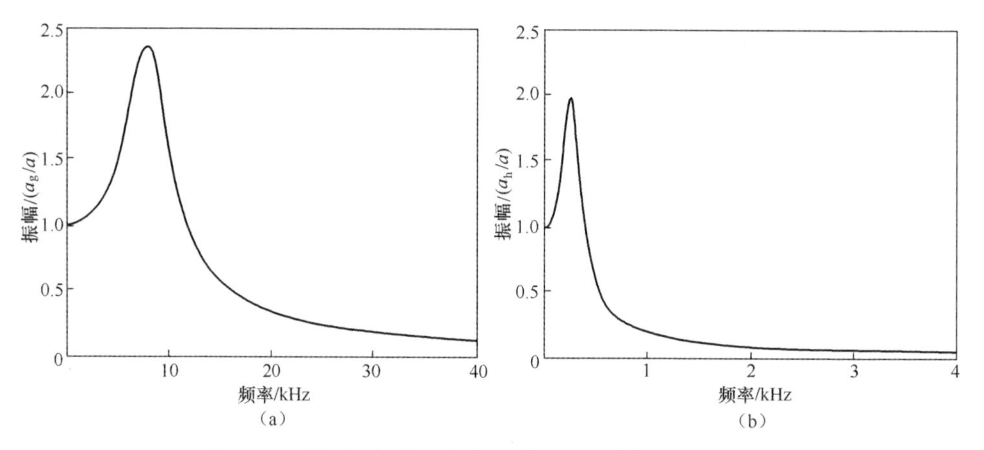

图 7.28　微测针部件和位移传感器部件计算的频率响应
(a)微型笔部分：a_g/a；(b)位移传感器部分：a_h/a。

一方面，微测针部分的幅度 a_g 持续增加，直到 8kHz 左右的谐振频率。这意味着如果 PZT 的振荡频率设置在 2~8kHz 之间，则 PZT 的振荡将被传送到微测针，使为微型球可以敲击试样表面以减小粘滑现象。另一方面，PZT 振荡的振幅仅 1/10 传递给位移传感器的轴。如果 PZT 振荡的幅度选择为小于 10nm，则传感器轴的振荡将小于 1nm，这几乎不会影响传感器的输出。

图 7.29 为制造的轻敲式微球测针。测针由微球、玻璃杆、柄、PZT 和连接位移传感器轴线的连接器组成。玻璃杆通过一个小螺钉固定在柄身上，以便更换，PZT 夹在柄和连接器之间。PZT、柄和连接器通过黏合剂结合。PZT 的电线足够薄，不会影响位移传感器的测量力。PZT 的规格如下：

- 尺寸(直径×高度)= ϕ5mm×2mm。
- 压电电荷常数(d_{33})= 600×10^{-12}m/V。
- 杨氏模量(Y_{33})= 5.1×10^{10}N/m^2。
- 泊松比=0.34。

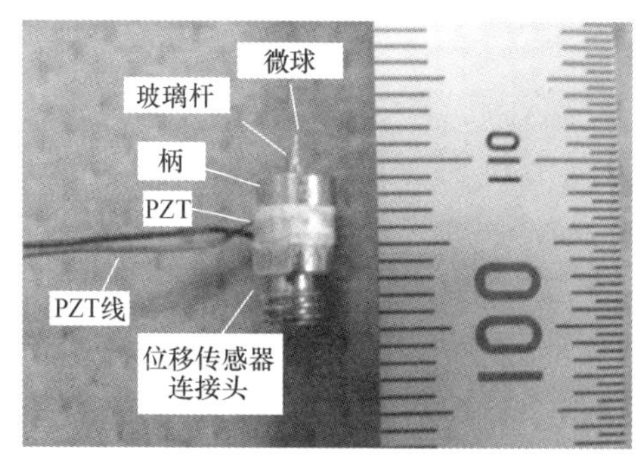

图 7.29　制造的轻敲式微测针

7.4 微型非球面的小型测量仪器

图 7.30 为微型非球面设计的小型测量仪器的示意图。机器的占地面积为 400mm×275mm，机器质量为 57kg。微型非球面试样安装在主轴上，传感器单元安装在滑块上。该传感器由用于测量微非球面样品的测针和两个用于补偿扫描误差运动的电容传感器组成[19]。

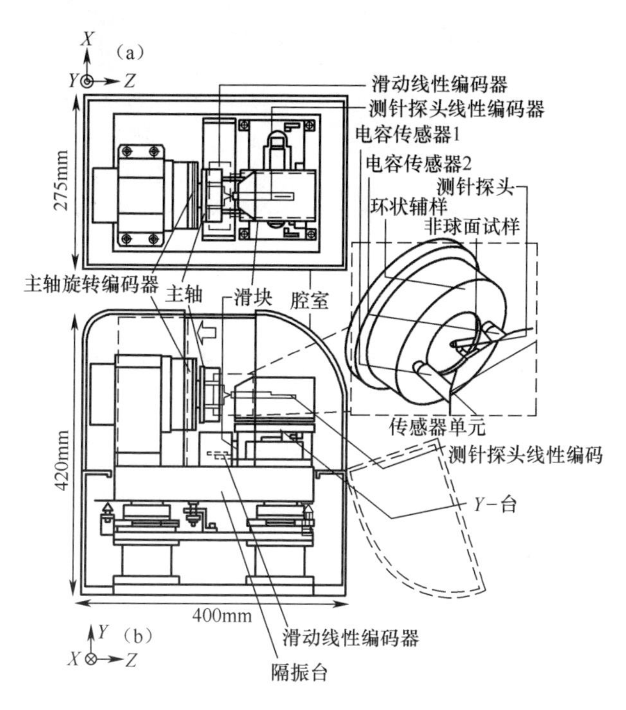

图 7.30 微型非球面仪测量仪器原理图
(a)顶视图；(b)侧视图。

图 7.31 为测量仪器中的扫描平台。空气轴承配备了角度分辨率为 0.0038″的旋转编码器，70mm 移动行程的气浮滑块具有分辨率为 0.28nm 的线性编码器。滑动线性编码器的比例尺设置在微型非球面试样的正下方以避免阿贝误差。主轴和滑块的主要部分由陶瓷制成，以提高刚度。扫描台安装在隔振台上，整个仪器由一个腔室覆盖，以减少振动和温度变化的影响。

图 7.32 显示了测量仪器的数据流。平台位置的命令从 PC 发送到平台控制器，输入到控制器的编码器的主轴和滑块的位置用于控制各级的反馈信号。来自针式探针传感器的线性编码器的输出(其对应于样本表面的高度信息)也作为 32

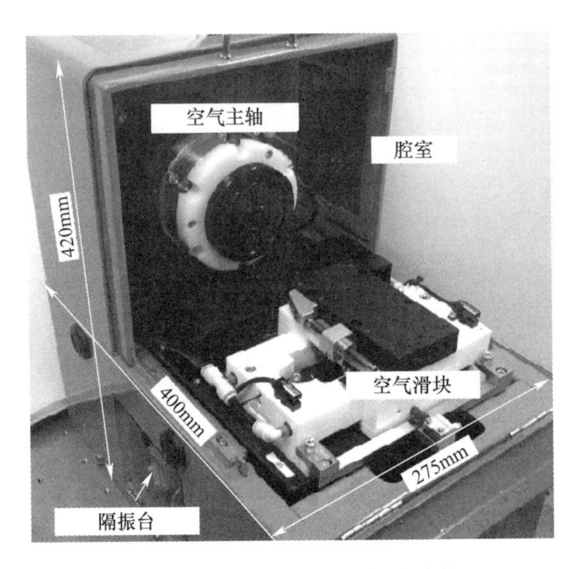

图 7.31　测量仪器中的扫描平台

位并行数据输入到 PC,电容式传感器的仿真输出通过数据记录器输入到 PC。图 7.33 显示了传感器单元,微型非球面试样和环形辅样的特写视图。图 7.34 显示了传感器的稳定性数据,可以看出,差分输出中每个传感器的热漂移减小到约 10nm。图 7.35 显示了微型非球面样品表面轮廓的测量结果。图 7.36 显示了仪器的概况。

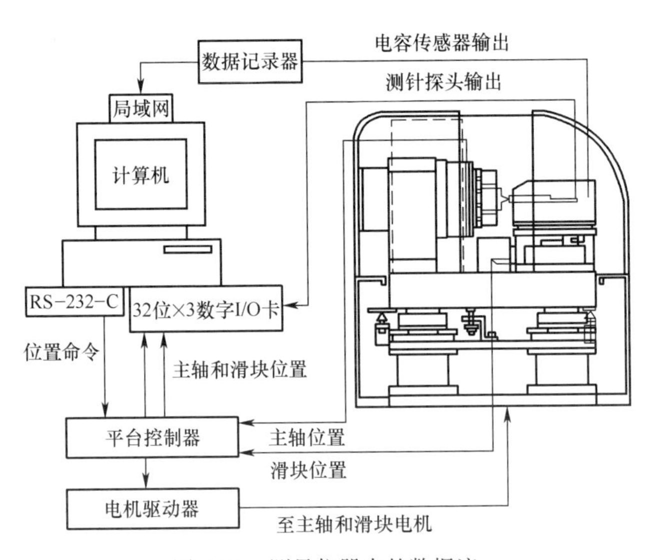

图 7.32　测量仪器中的数据流

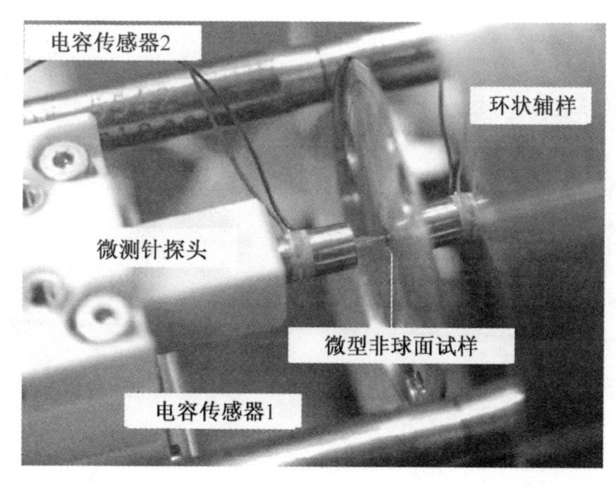

图 7.33　测量仪器中的传感器单元、微型非球面试样和环形辅样的特写视图

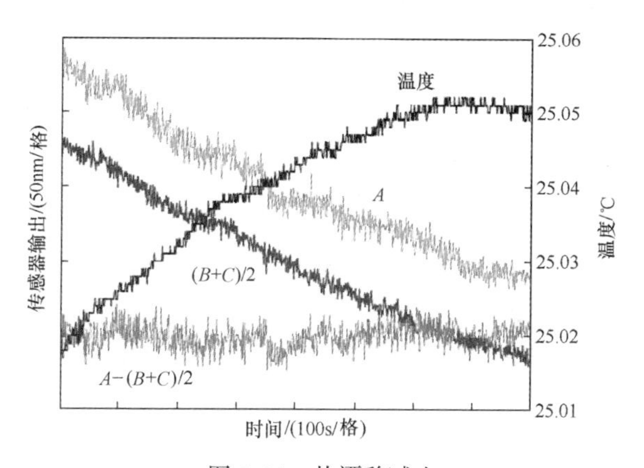

图 7.34　热漂移减少

A—微型测针探针　B—电容传感器 1　C—电容传感器 2

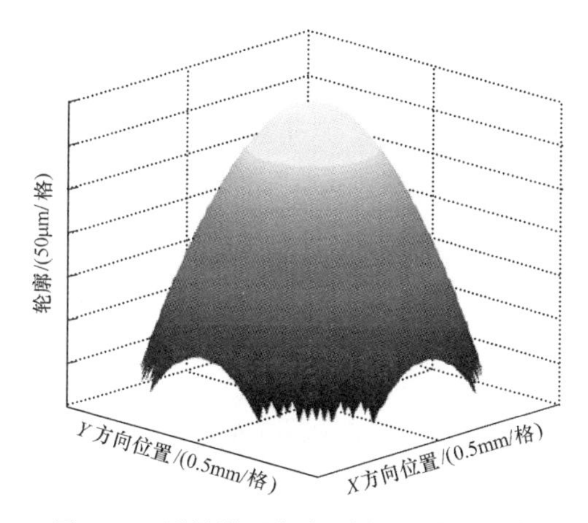

图 7.35　测量微型非球面样品的表面轮廓

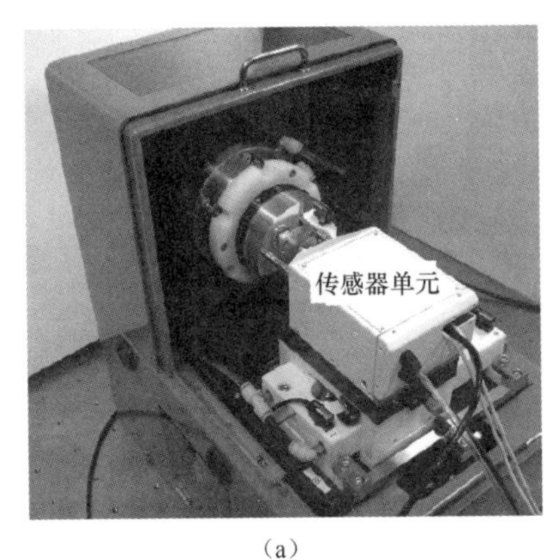

(a)

(b)

图 7.36　微型非球面测量仪
(a)内部图;(b)外部图。

7.5　小结

本节构建了用于精确测量微型非球面的表面轮廓的扫描式微测针系统。扫描运动由空气主轴和空气滑块产生。微型非球面试样安装在主轴的中心,微测针安装在载玻片上。为了分离扫描误差运动,采用了将环形辅样和两个电容式传感器组合在一起的单元,环形辅样安装在非球面样品周围,电容式传感器安装在测针的两侧。由于 3 个传感器同时检测轴向误差运动分量和倾斜误差分量,因此传感器输出的差分运算可以消除来自微测针探头输出的误差运动分量,并得到精确的微型非球面试样的表面轮廓。

本节还开发出具有直径小于 100μm 的尖端球的玻璃管微球测针,测针由玻璃杆和玻璃微球组成。通过加热和拉伸玻璃管来磨削玻璃杆,玻璃微球粘在玻璃杆的末端。从以上可以看出,微球测针可以承受较大的切向力。将 PZT 执行器集成到玻璃管微球测针中以构建轻敲模式微球测针,可减少在测针扫描试样表面期间发生的粘滑现象的影响。

参考文献

[1] Eric JS, Mark F, Janet CB, Quinn YJS, Chris MB (2003) Microfabricated optical fiber with microlens that produces large field of-view, video rate, optical beam scanning for microendoscopy applications. Proc SPIE 4957:46-55

[2] Fankhauser F, Kwasniewska S (2004) Cyclodestructive procedures. II Optical fibers, endoscopy,

physics: a review. Ophthalmologica 218(3):147-161
[3] Shan XC, Maeda R, Murakoshi Y (2003) Microhot embossing for replication of microstructures. Jpn J Appl Phys Part 1 42(6B):3859-3862
[4] Firestone GC, Yi AY (2005) Precision compression molding of glass microlenses and microlens arrays: an experimental study. Appl Opt 44(29):6115-6122
[5] Venkatesh VC (2003) Precision manufacture of spherical and aspheric surfaces on plastics, glass, silicon and germanium. Curr Sci 84(9):1211-1229
[6] Chen WK, Kuriyagawa T, Huang H, Yosihara N (2005) Machining of micro aspherical mould inserts. Precis Eng 29(3):315-323
[7] Milton G, Gharbia Y, Katupitiya J (2005) Mechanical fabrication of precision microlenses on optical fiber endfaces. Opt Eng 44(12):123402
[8] Lee, HJ, Kim SW (1999) Precision profile measurement of aspheric surfaces by improved Ronchi test. Opt Eng 38(6):1041-1047
[9] Hill M, Jung M, McBride JW (2002) Separation of form from orientation in 3D measurements of aspheric surfaces with no datum. Int J Mach Tools Manuf 42(4):457-466
[10] Tomlinson R, Coupland JM, Petzing J (2003) Synthetic aperture interferometry: inprocess measurement of aspheric optics. Appl Opt 42(4):701-707
[11] Greivenkamp JE, Gappinger R (2004) Design of a non-null interferometer for aspheric wave fronts. Appl Opt 43(27):5143-5151
[12] Arai Y, Gao W, Shimizu H, Kiyono S, Kuriyagawa T (2004) On-machine measurement of aspherical surface profile. Nanotechnol Precis Eng 2(3):210-216
[13] Lee CO, Park K, Park BC, Lee YW (2005) An algorithm for stylus instruments to measure aspheric surfaces. Meas Sci Technol 16(5):215-1222
[14] Evans CJ, Hocken RJ, Estler WT (1996) Self-calibration: reversal, redundancy, error separation, and "absolute testing". Ann CIRP 45(2):617-634
[15] Zygo Corporation (2010) http://www.zygo.com. Accessed 1 Jan 2010
[16] Moritex Corporatoin (2010) http://www.moritex.co.jp. Accessed 1 Jan 2010
[17] Takaya Y, Imai K, Dejima S, Miyoshi T, Ikawa N (2005) Nano-position sensing using optically motion-controlled microprobe with PSD based on laser trapping technique. Ann CIRP 54(1):467-470
[18] Nagaike Y, Nakamura Y, Ito Y, Gao W, Kuriyagawa T (2006) Ultra-precision onmachine measurement system for aspheric optical elements. J CSME 27(5):535-540
[19] Gao W, Shibuya A, Yoshikawa Y, Kiyono S, Park CH (2006) Separation of scanning error motions for surface profile measurement of aspheric micro lens. Int JManuf Res 1:267-282

第8章
用于微纹理表面测量的大面积扫描探针显微镜

8.1 概述

大面积三维(3D)微结构表面可以在全息图、衍射光学元件(DOE)和抗反射膜等中找到[1]。大量的表面由周期性微结构组成,这些微结构具有从几微米到几十微米的小结构宽度(在 X 和 Y 方向上)。大多数表面需要在大于几毫米的区域内精确制造。

小的结构宽度使包括干涉显微镜在内的光学显微镜(OM)很难使用[2],扫描电子显微镜(SEM)也不能提供准确的三维轮廓数据,因为 SEM 图像基本上是三维表面的二维投影。接触式表面粗糙度测量仪器也不能测量微结构,因为探针的尖端半径通常太大。与 OM、SEM 和表面粗糙度测量仪器相比,原子力显微镜(AFM)等扫描探针显微镜(SPM)[3]在三维微结构表面的精密纳米计量方面具有更高的潜力[4]。然而,传统的 SPM 是定性成像导向的[5-6],而用于建立可追溯性得计量级 SPM 正在国家标准机构中建立,但实际中使用又过于昂贵和复杂[7-8]。大多数 SPM 在 X、Y、Z 方向上也没有足够大的测量范围。由于样品通常由光栅扫描模式中的 PZT 扫描仪或扫描台移动,因此需要扫描多次来测量大面积微结构化的表面,致使测量十分耗时。

本章介绍了基于 AFM 的可准确、快速地测量大面积微结构表面的测量系统,还分别介绍了使用电容位移传感器和线性编码器来测量和补偿 AFM 探头单元 Z 方向误差的方法,讨论了用于快速 XY 扫描的螺旋扫描系统。

8.2 电容式传感器补偿的扫描探针显微镜

图 8.1 为 AFM 典型扫描系统的原理图。通过 AFM 悬臂探针的 X 方向、Y 方向和 Z 方向扫描以获得 AFM 图像。AFM 探针尖端的 X、Y、Z 坐标(指示目标表面

上的测量点的 X、Y、Z 坐标)由扫描执行器/平台的位置提供。扫描执行器/平台的精确位置测量(可通过位移传感器完成)对精确的 AFM 成像非常重要。

除此之外,包括倾斜误差运动在内的扫描执行器/平台的误差运动也是影响具有大成像区域的 AFM 精度的重要因素。图 8.2 显示了由 Z-执行器和 X-平台的倾斜误差运动引起的 AFM 误差。Z-执行器(通常是 PZT 执行器)的倾斜误差运动($\Delta\theta_{PZT}$)将在测量的 X 坐标中生成误差分量 ΔX_{PZT},可表示为

$$\Delta X_{PZT} = (L + \delta)\sin\Delta\theta_{PZT} \tag{8.1}$$

式中:L 为 Z-执行器的长度;δ 为 Z-执行器的位移。

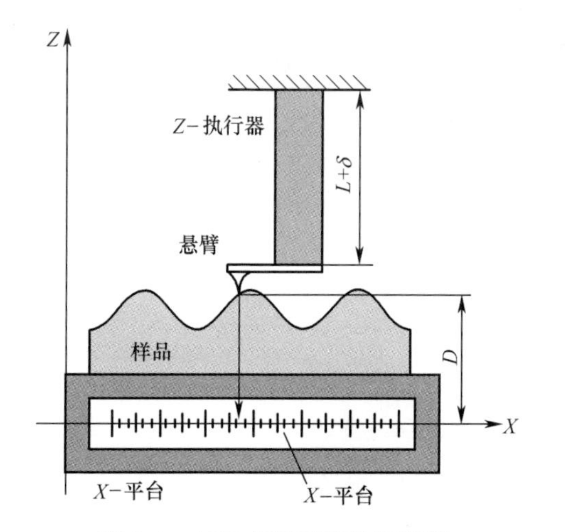

图 8.1　AFM 扫描系统的原理图

图 8.2　Z-执行器的角度误差运动的影响

X-平台的俯仰误差($\Delta\theta_{stage}$)也会在 X 坐标中生成一个误差分量 ΔX_{stage}(阿贝误差):

$$\Delta X_{stage} = D\tan\Delta\theta_{stage} \tag{8.2}$$

式中:D 为阿贝偏移,即平台刻度和 AFM 悬臂探针尖端之间的距离。

应当注意,为了简单起见,仅示出了 X 坐标中的误差,但是当沿 Y 方向扫描时,在 Y 坐标中将出现相同的误差。由于在大面积测量的情况下 L 和 D 很大,因此需要补偿倾斜误差运动。

图 8.3 为用于测量大面积表面的 AFM 示意图,不仅可补偿 Z-执行器的位移误差,还可用于补偿扫描的倾斜误差运动。行程为 100μm 的 PZT 执行器用作 Z-执行器,用于 Z 方向的长行程测量。为了测量 PZT 执行器的位移和倾斜运动,两个电容传感器沿着 Z 方向在 PZT 执行器的两侧对准。PZT 执行器安装在手动工作台(Z 工作台)上,用作 Z 方向上相对于样品表面的 AFM 尖端位置的粗调机构。样品由带有空气静力轴承的线性电机驱动平台和带有滑动接触轴承的步进电机驱动平台移动,用于在 50mm×40mm 的区域内沿 X 方向和 Y 方向扫描,可以通过使

用第1章和第2章中描述的角度传感器来补偿平台倾斜运动的测量结果。采用压阻式悬臂[9-10]代替传统的光学力传感装置,使得AFM结构简单紧凑,悬臂连接在PZT执行器的末端。AFM探头单元的照片如图8.4所示,整个系统如图8.5所示。

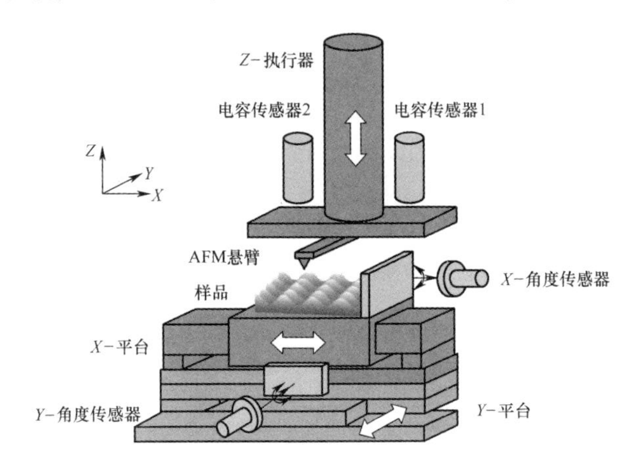

图8.3 具有电容式传感器补偿的大面积AFM的示意图

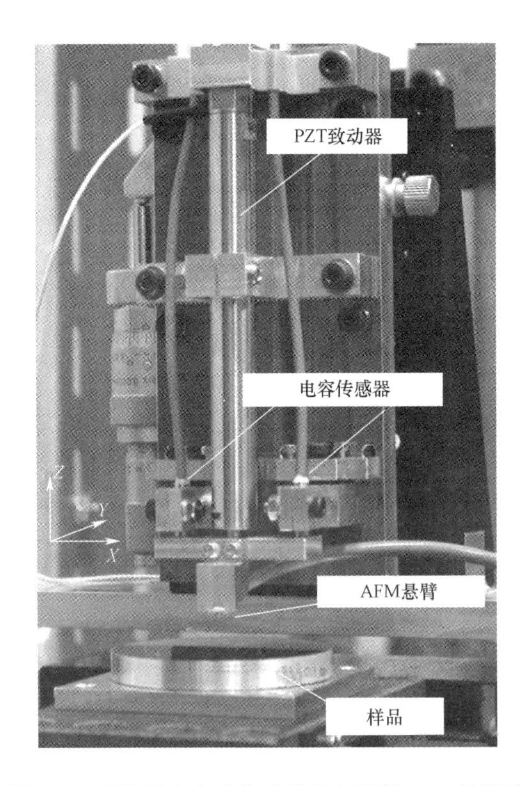

图8.4 带补偿电容式传感器的大面积AFM的照片

图 8.5 整个系统的照片

图 8.6 显示了 AFM 系统电子元件的框图。线性电机驱动的空气轴承平台（X-平台）由 PC 通过 RS-232C 控制。X-平台的扫描位置由线性编码器获得，并

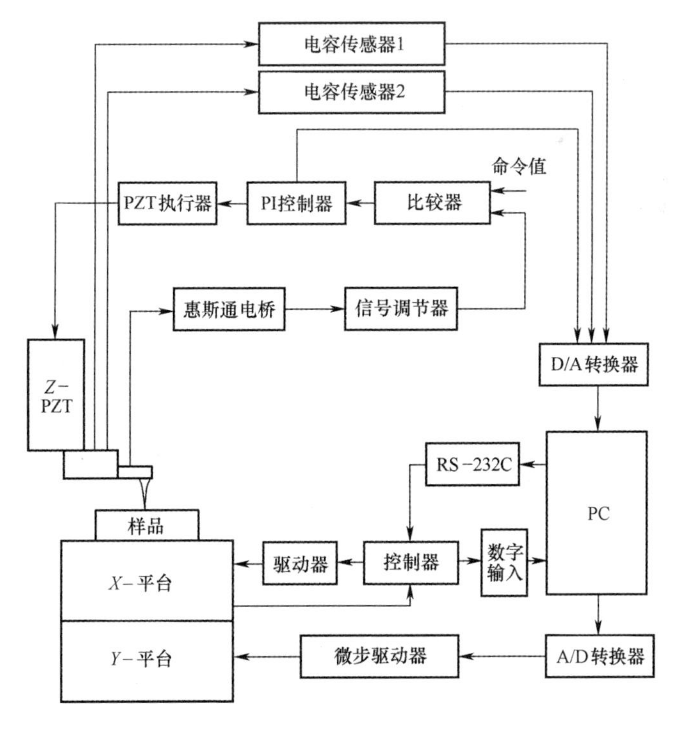

图 8.6 AFM 系统的电子器件框图

由 PC 通过数字输入(DI)记录。线性编码器的分辨率约为 0.28nm。X-平台的扫描范围为 50mm。步进电机驱动平台(Y-平台)由 PC 通过 D/A 转换器驱动。通过使用微步驱动器,可以以 10nm 的步长移动平台,由于样品的表面轮廓的变化引起悬臂弯曲,导致悬臂的电阻变化由信号调节器通过惠斯通电桥检测。信号调节器输出与来自电压参考的命令值之间的差异由比较器获取,由 PI 控制器积分。PI 控制器的输出发送到 PZT 执行器的放大器,用于执行器的反馈控制,直到差值变为零,使得 AFM 悬臂尖端和样品表面之间的间隙保持恒定。Z 方向上的表面轮廓高度是由 PC 通过 A/D 转换器记录的两个电容传感器输出的平均值获得的。

图 8.7 显示了带两个压阻式传感器的 AFM 悬臂梁的照片:一个传感器用于测量悬臂梁的挠度;另一个用于温度补偿。假设传感器的电阻分别为 R_M 和 R_E。R_M 和 R_E 的初始电阻(R_0)相同。R_M 响应 AFM 悬臂的偏转和温度的变化而变化,R_E 仅响应温度变化而变化。设由 AFM 悬臂的偏转引起的 R_M 的变化为 ΔR_M。ΔR_M 可以通过图 8.8 所示的惠斯通电桥电路转换为电压变化,而不受温度变化的影响。假设电桥的电压输出为 Δe,且电源电压为 E_0,则 Δe 和 ΔR_M 之间的关系可表示为

$$\Delta e = \frac{\Delta R_M}{R_0}\frac{e_0}{4} \tag{8.3}$$

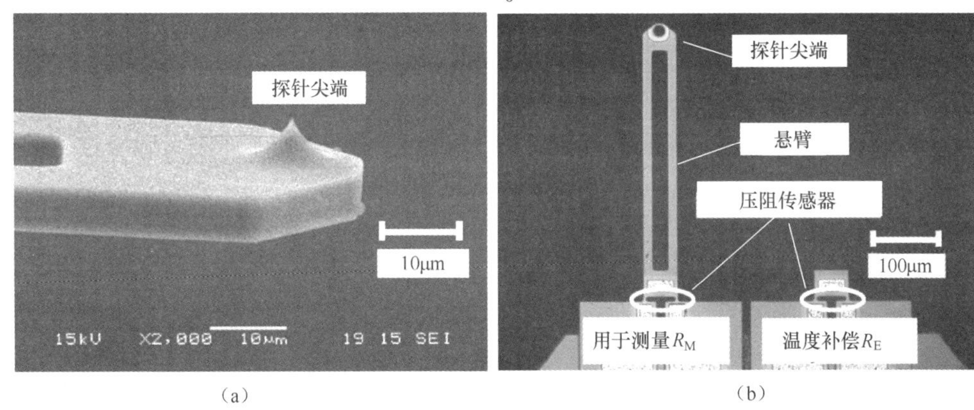

图 8.7 AFM 悬臂和探针尖端

(a)AFM 悬臂的探针尖端的 SEM 图像;(b)具有压阻传感器的 AFM 悬臂的照片。

悬臂 ΔR_M 与偏差 Δz 之间的关系为

$$\Delta z = \frac{\Delta R_M}{R_0}\frac{1}{\dfrac{3\Pi Et}{2h^2}} \tag{8.4}$$

式中:Π 为压阻式传感器的压电系数,$\Pi = 6.6 \times 10^{-11}\mathrm{m^2/N}$。AFM 悬臂的杨氏模量、厚度和长度分别是 $E(=1.9\times10^{11}\mathrm{N/m^2})$、$t(=4\mu\mathrm{m})$ 和 $h(=400\mu\mathrm{m})$。

假设 AFM 悬臂的刚度为 $k(=3\mathrm{N/m})$,则 AFM 探针尖端和测量表面的接触力

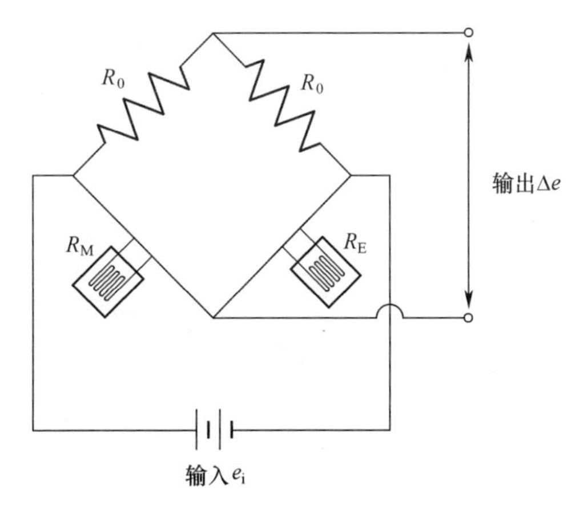

图 8.8　惠斯通电桥电路

F 可表示为

$$F = k\Delta z = k\frac{\Delta R_M}{R_0}\frac{1}{\frac{3\Pi Et}{2h^2}} \tag{8.5}$$

图 8.9 显示了 PZT 执行器的 Z 方向位移与压阻式力传感器的输出之间的测量关系,称为力曲线。从图中可以看出,当探针尖端接近测量表面时,AFM 悬臂被偏转,导致排斥力传感器的变化。在排斥力区域选择悬臂的工作点,该区域比吸引力区域更稳定。在表面轮廓测量实验中选择的接触力小于 0.5μN。

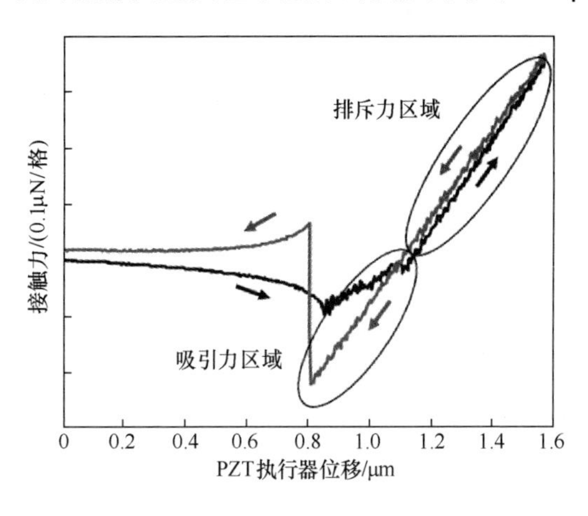

图 8.9　力曲线

图 8.10 显示了由两个电容传感器测量的 PZT 执行器的 Z 方向位移。施加到 PZT 执行器的电压从-10V 变为 125V,步长为 0.01V。两个电容式传感器的输出之间的差异也显示在图中,最大差异约为 5μm,滞后约为 1μm,这相当于 16″的最

大倾斜误差和 5″的滞后。图 8.11 为图 8.2 中定义的误差 ΔX_{PZT}。倾斜误差将导致在 X 方向上的最大误差约为 8μm，为了精确测量表面轮廓，应该对其进行补偿。

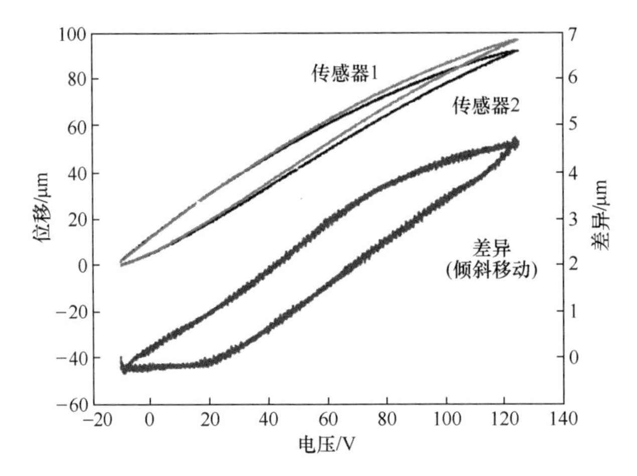

图 8.10 PZT 执行器的位移和两个电容传感器输出之间的差异

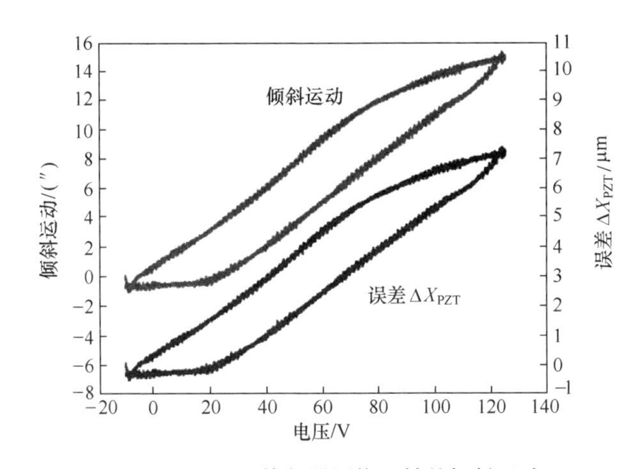

图 8.11 PZT 执行器围绕 Y 轴的倾斜运动

在图 8.12 中显示了第 3 章中描述的正弦曲面的测量结果。X 方向和 Y 方向的振幅和间距分别为 0.1μm 和 150μm，扫描面积为 1000μm(X)×1000μm(Y)，抽样数量为 200，X 方向和 Y 方向的采样间隔均为 5μm。每个 X 线的扫描时间约为 2s，整个成像约为 20min。图 8.12 显示了根据从图 8.10 获得的 PZT 执行器的平均电压-位移灵敏度，将 PZT 执行器的施加电压简单地转换为位移所获得的结果。图 8.12(b)显示了两个电容式传感器输出平均值的结果。在图 8.12(a)和图 8.12(b)中，正弦结构的螺距均为 150μm，与设计值相同；另一方面，图 8.12(a)中的幅度约为 0.3μm，大约是设计值的 3 倍。相比之下，图 8.12(b)中的结果与设计的振幅成良好的对应关系。

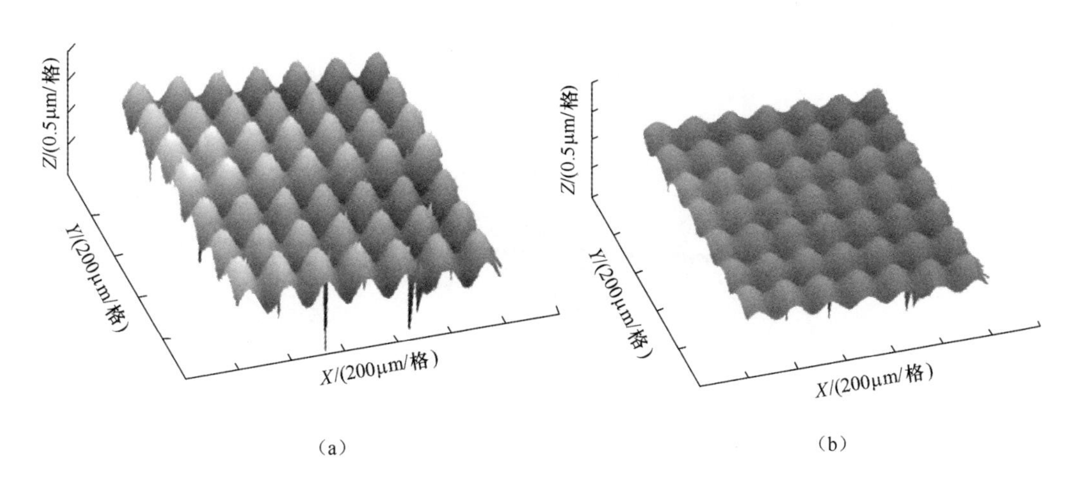

图 8.12 使用 AFM 测量微结构表面的结果

(a)无电容式传感器补偿;(b)有电容式传感器补偿。

图 8.13 为干涉显微镜的结果[11],与图 8.12(b)中的结果一致。图 8.14 显示了超过大面积 10mm(X)×10mm(Y)的结果[12]。

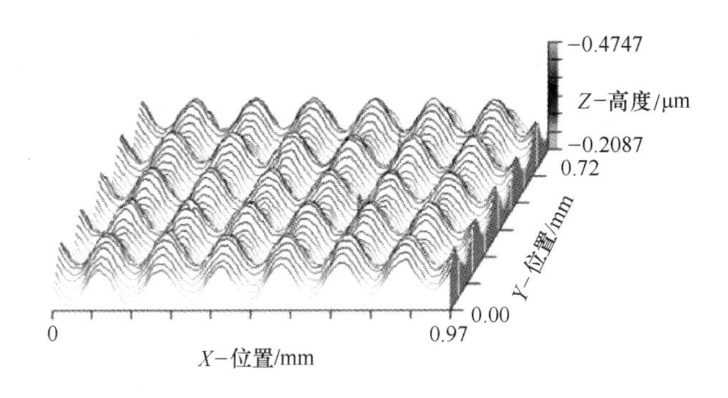

图 8.13 使用白光干涉显微镜的测量结果

电容式传感器固有的最严重的问题是电磁噪声的影响和动态范围的限制。图 8.15(a)显示了使用嵌入在传感器放大器中的内部电源供电的电容式传感器的噪声电平,截止频率为 1kHz,噪声水平约为 30mV(相当于 150nm)。使用高性能外部电源时,噪声降至 10mV(50nm)(图 8.15(b))。虽然当截止频率设定为 100Hz 时,可以实现 2mV(10nm)的噪声水平,但这将降低 AFM 的测量速度。在下面的章节中,我们采用了一个动态范围更大,鲁棒性更强的线性编码器代替电容式传感器[13]。

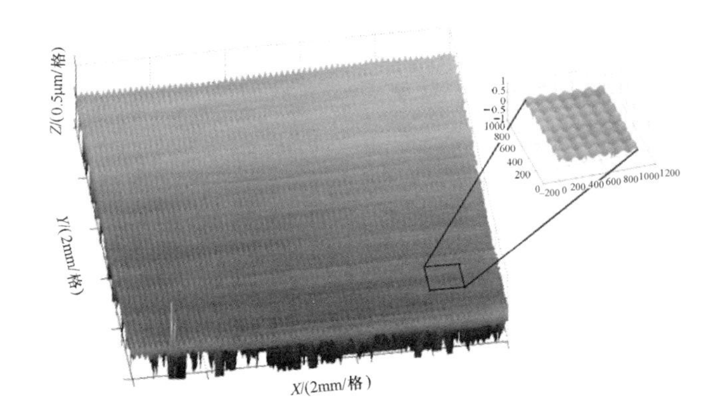

图 8.14 大面积的测量结果[10mm(X)×10mm(Y)]

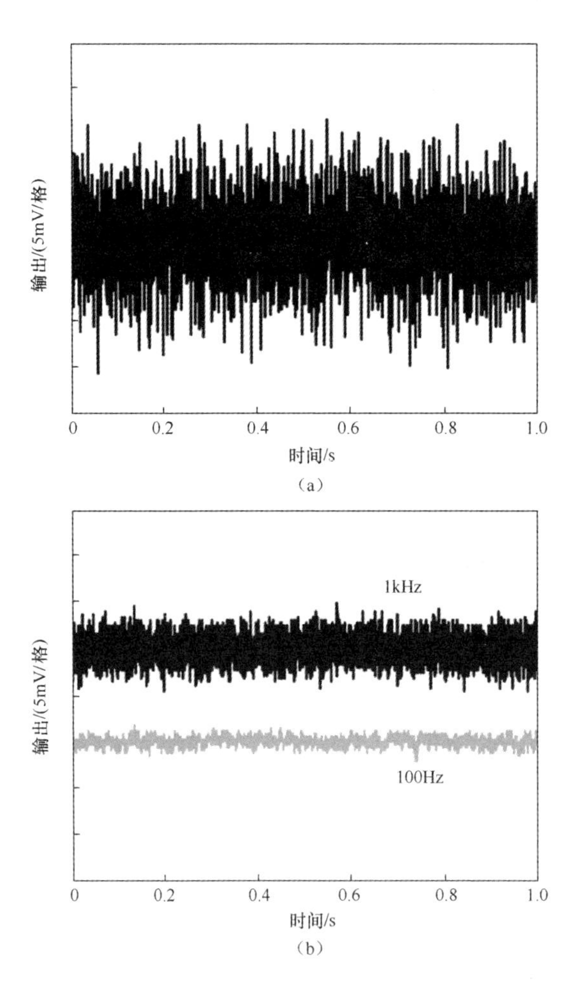

图 8.15 AFM 探头单元中用于补偿的电容式传感器的噪声级别
(a)带内部电源;(b)带外部电源。

8.3 线性编码器补偿的扫描探针显微镜

图 8.16 和图 8.17 显示了 AFM 探头单元的原理图和照片,其中采用了线性编码器来补偿 PZT 执行器的误差。探头单元包括一个带有用于探测表面的压阻传感器的硅悬臂,一个用于伺服控制悬臂的 PZT 执行器和一个用于测量 PZT 执行器位移的线性编码器。硅悬臂和编码器标尺安装在 PZT 执行器的移动端,PZT 执行器和线性编码器的读取头固定在 AFM 探头单元的底座上。当探头单元在表面上扫描进行轮廓测量时,悬臂的 Z 方向位置由 PZT 执行器伺服控制,使压阻式传感器的输出保持恒定。因此,可以从用于测量 PZT 执行器位移的线性编码器的输出上获得表面轮廓高度。

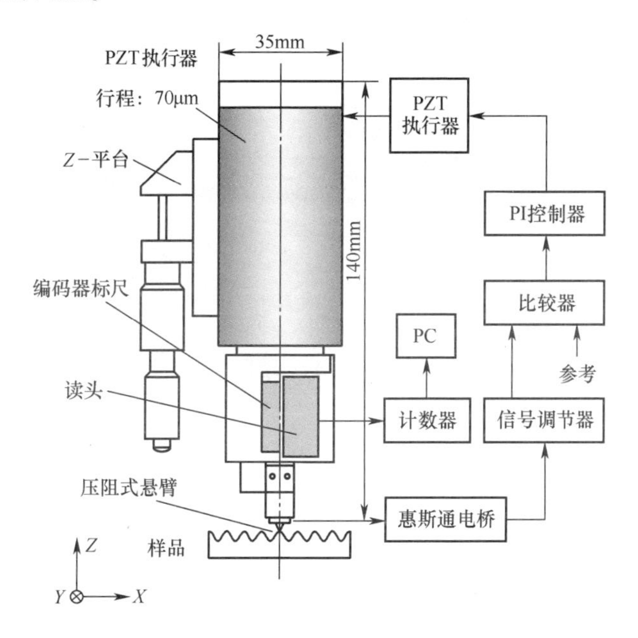

图 8.16　带误差补偿的线性编码器的 AFM 探头单元的原理图

PZT 执行器的最大行程为 70μm,线性编码器的尺寸、信号周期和测量范围分别为 20mm(X)×15mm(Y)×20mm(Z),2mm 和 10mm。编码器刻度沿着执行器的运动轴线对准,从而可以避免阿贝误差。AFM 探针单元紧凑,约为 35mm(X)×35mm(Y)×150mm(Z)。

图 8.18 显示了由 AFM 探头单元内置的线性编码器测量的 PZT 执行器的位移。施加到 PZT 执行器的电压从-10V 变为 150V。从图中可以看出,施加 150V 的电压时,PZT 执行器的位移约为 53μm。最大非线性约为 6μm,可以用线性编码

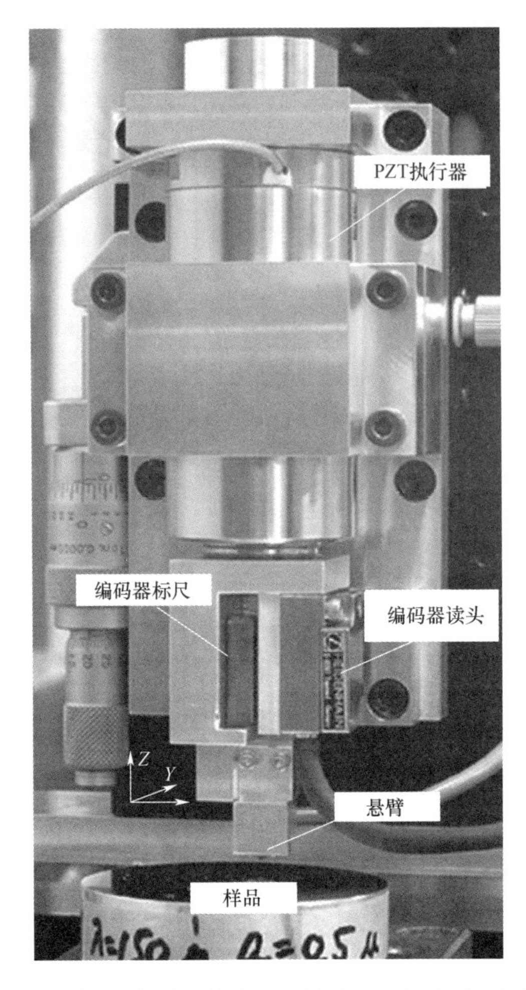

图 8.17　带误差补偿的线性编码器的 AFM 探头单元的照片

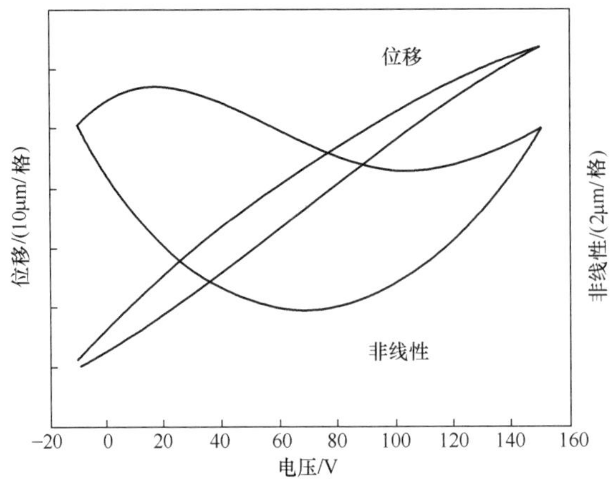

图 8.18　PZT 执行器的位移

器输出补偿。图 8.19 显示了线性编码器在纳米范围内测量 PZT 执行器的位移。施加到 PZT 执行器的电压以 6mV 的步长改变,可以看出,线性编码器能够检测到大约 1nm 的步长。AFM 探头单元的动态范围计算大约为 94dB。

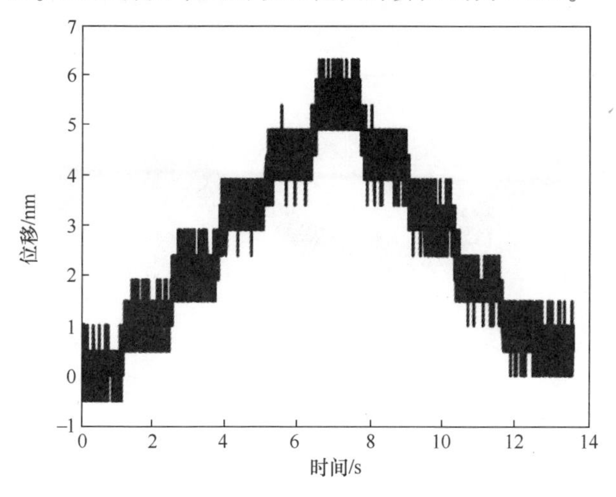

图 8.19 AFM 探针单元的分辨率

AFM 探头单元的频率响应是测量大面积微结构表面的另一个重要特征。PZT 执行器的带宽为 15kHz,线性编码器的带宽为 3.3kHz。图 8.20 显示了 AFM 探头单元的开环频率响应,可以看出,AFM 探头单元可以在 1.8kHz 的频率下稳定工

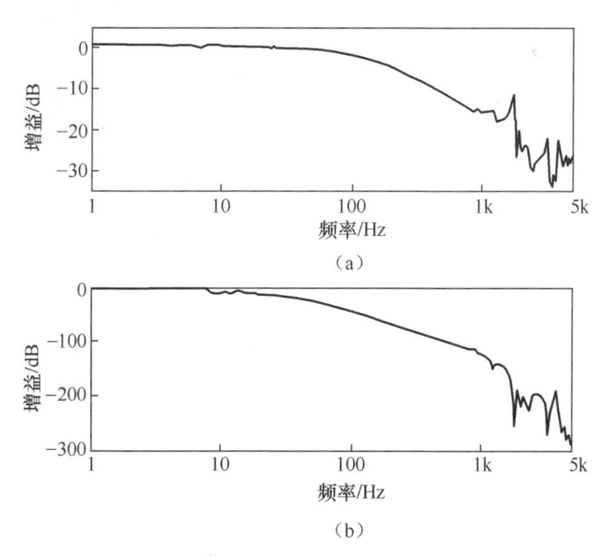

图 8.20 AFM 探头单元的开环频率响应

(a)频率/Hz;(b)频率/Hz。

作。图 8.21 显示了 AFM 探头单元的闭环稳定性。线性编码器的输出在 10min 内以 0.05s 的间隔进行采样。可以看出,对于大约 0.2℃ 的温度变化,稳定性约为 20nm。从图 8.21 中可以观察到 AFM 不稳定性与温度变化之间的相关性。

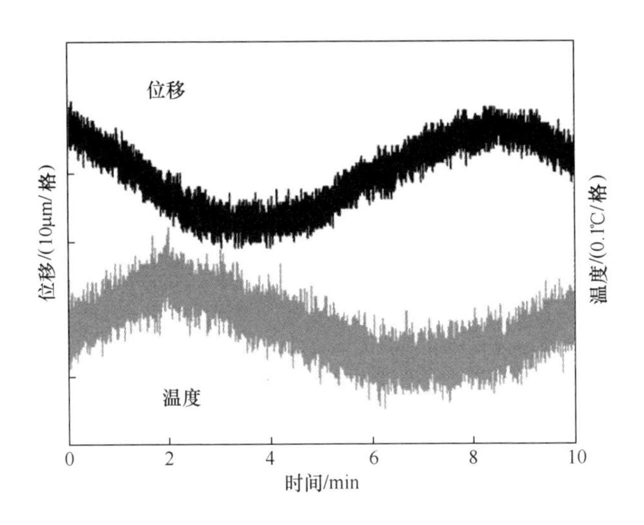

图 8.21　AFM 探针单元的稳定性

图 8.22 显示了由 AFM 探头单元和 $X-Y$ 扫描台组成的测量系统的照片。AFM 探针单元保持静止,并且通过扫描台以光栅扫描模式移动样品。$X-Y$ 扫描台与图 8.5 所示的平台相同。X-平台是一个线性电机驱动的平台,带有空气轴承,用于以恒定速度扫描样品。基于使用线性编码器(X-编码器)的反馈控制,X-平台具有大约 0.28nm 的定位分辨率。使用带导螺杆的步进电机驱动平台逐步沿 Y 方向移动试样,通过具有 1nm 分辨率的线性编码器(Y-编码器)测量 Y 平台的移动。图 8.23 显示了当 Y-平台从 0 移动到 10mm 时,由 Y-编码器测量的 Y-平台位移。Y-平台具有与导螺杆的导程相对应的周期性定位误差,最大定位误差约为 3.5μm,可以通过使用 Y-编码器进行补偿。

通过相对于参考镜扫描电容传感器来测量 $X-Y$ 扫描台的 Z 方向误差运动。从图 8.24 和图 8.25 可以看出,由干涉仪测量的参考镜的不平整度和 Z 方向的误差运动分别为 14nm 和 150nm。使用基于图 8.25 所示的结果对直接影响 AFM 测量结果的误差运动进行补偿。图 8.26 和图 8.27 显示了在 8.4 节中测得的同一正弦表面的 AFM 图像。图 8.26 所示的结果是通过将 PZT 执行器的施加电压简单地转换为基于 PZT 执行器的平均电压-位移灵敏度的位移,就像传统的 AFM 一样。

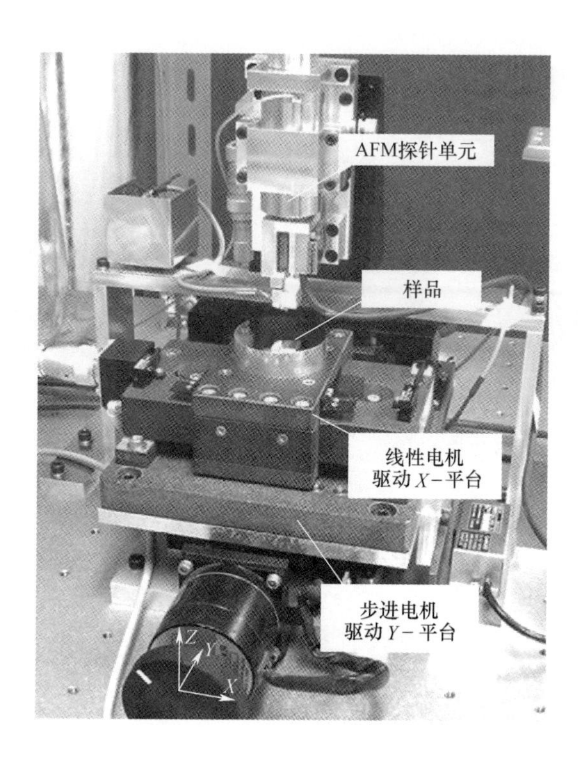

图 8.22　AFM 测量系统的照片

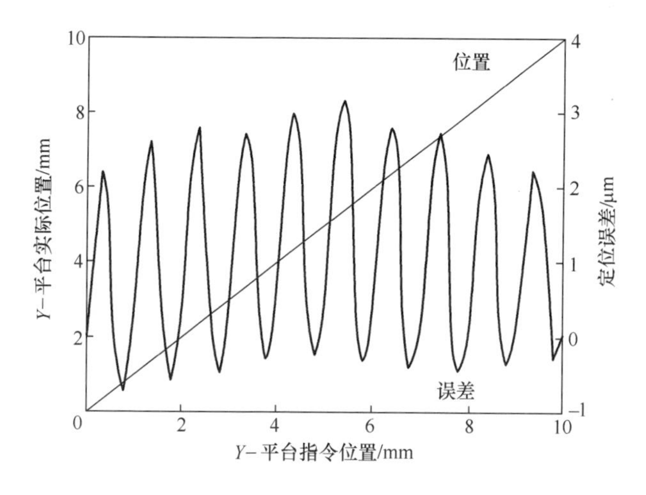

图 8.23　Y-平台的位移

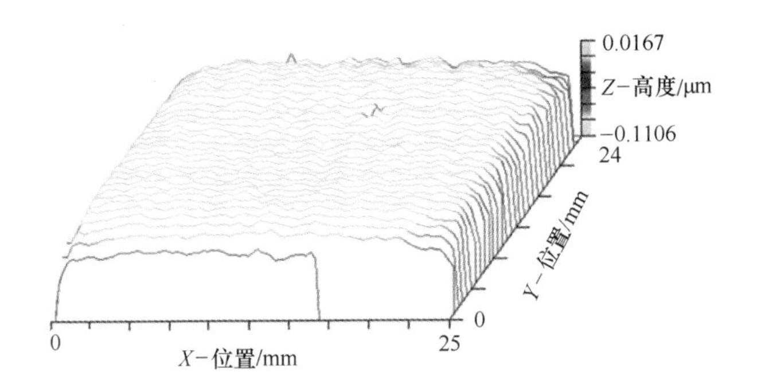

图 8.24　参考镜的表面轮廓

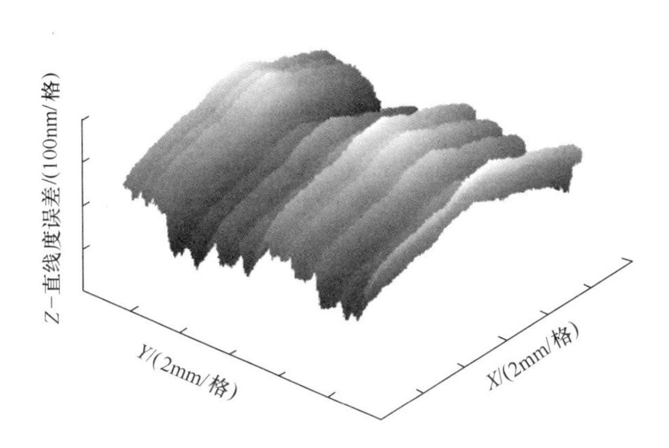

图 8.25　XY-扫描平台的 Z 方向误差运动的测量结果

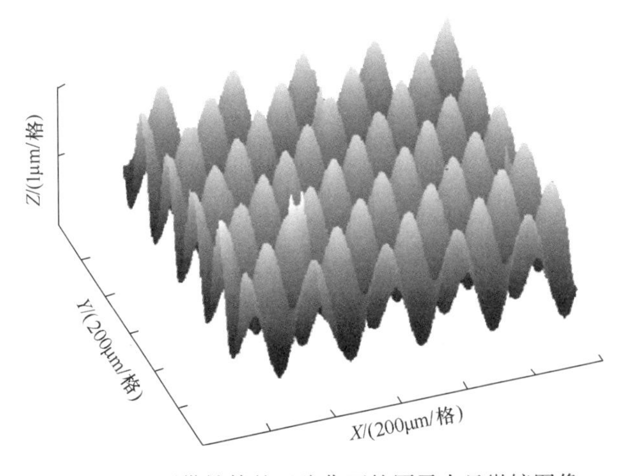

图 8.26　不带补偿的正弦曲面的原子力显微镜图像

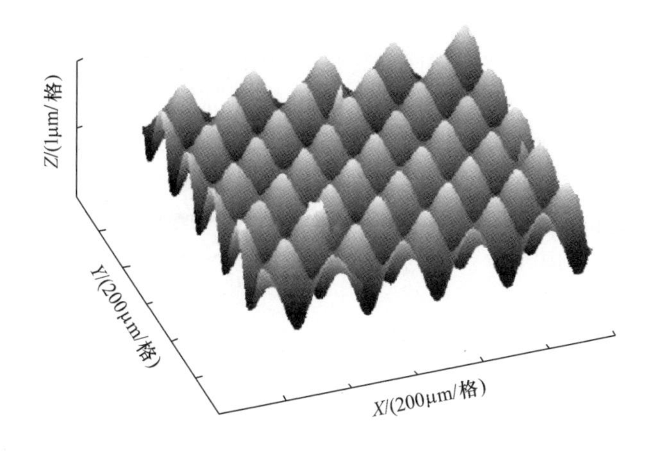

图 8.27　基于线性编码器输出的补偿正弦曲面的 AFM 图像

图 8.27 中显示的结果是基于 Z-编码器的输出进行补偿的。扫描区域为 1mm (X)×1mm(Y),抽样数量为 200,X 方向和 Y 方向的采样间隔均为 5μm。图 8.26 中正弦幅度的平均值和偏差为 1.625μm±0.028μm(3σ),图 8.27 中的正弦幅度的平均值和偏差为 0.987μm±0.021μm(3σ)。与图 8.26 所示的非补偿结果相比,图 8.27 中的幅度平均值更接近设计值,且偏差也更小。图 8.28 显示了补偿后的大面积 AFM 图像。

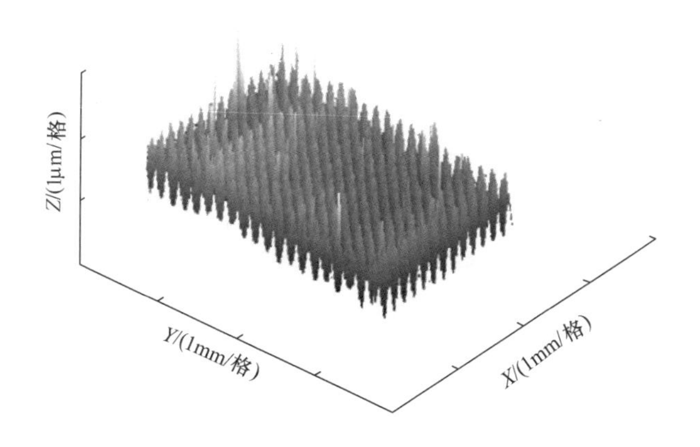

图 8.28　具有误差补偿的大面积 AFM 图像

8.4 螺旋扫描探针显微镜

上面描述的 AFM 系统具有与传统 AFM 相同的光栅扫描机制。如图 8.29(a)所示,由于光栅扫描机制需要进行多次扫描,因此需要耗费大量的时间。在本节中,描述了螺旋扫描机制。如图 8.29(b)所示,由于螺旋扫描机构只需沿径向进行一次扫描,测量时间可缩短。另一方面,与光栅扫描机制相比,螺旋扫描机构存在两个挑战:一个是测量点之间的间隔在样品的外部区域变大,如图 8.30 所示;另一个是测量坐标的中心应该与主轴的中心对准,如图 8.31 所示。

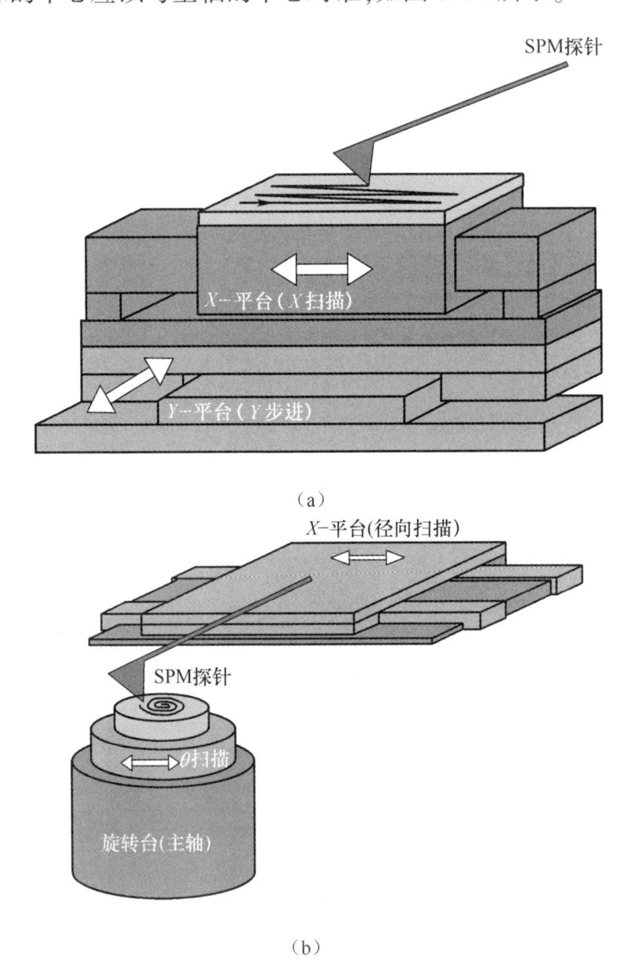

图 8.29 光栅扫描机制和螺旋扫描机制

(a)光栅扫描(X 方向多次扫描);(b)螺旋扫描(沿径向扫描一次)。

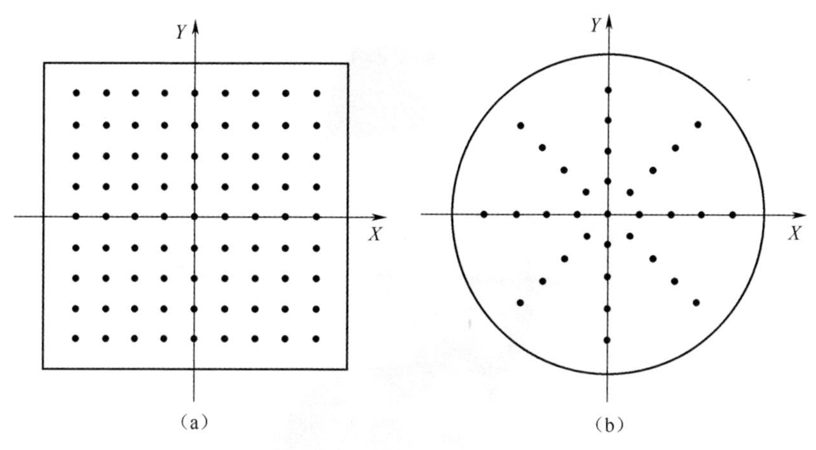

图 8.30　测量点之间的间隔

(a)光栅扫描(测量点之间的间隔均匀/横向分辨率均匀);(b)螺旋扫描(测量点之间的间隔越大/外部区域的横向分辨率越低)。

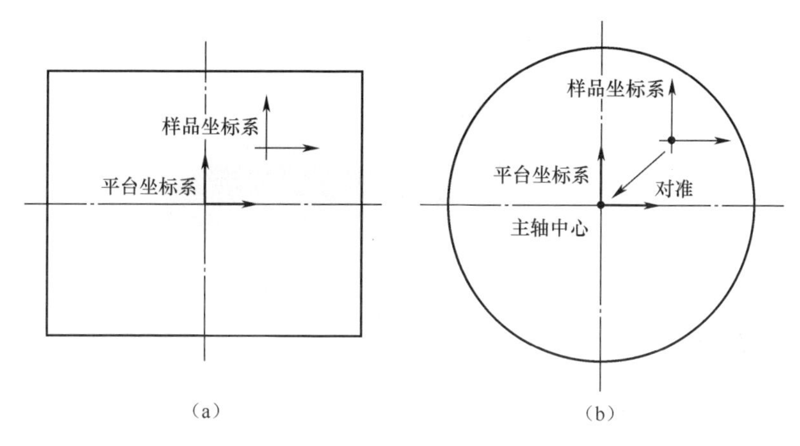

图 8.31　坐标系对准

(a)光栅扫描(无需对齐坐标系);(b)螺旋扫描(坐标系必需相对于主轴中心对齐)。

图 8.32 显示了使用光栅扫描机制开发的 AFM 系统的示意图。用空气静压轴承(空气主轴)将试样真空吸附在主轴上。带有空气静压轴承(空气滑块)的 X-滑块用于安装 AFM 探头单元。主轴的旋转和 X-滑块的移动是同步的,因此 AFM 探头单元可以以螺旋扫描模式扫描样品表面。假设 X-滑块开始从主轴的中心位置移动,AFM 探针单元的悬臂尖端在 XY-平面内的极坐标和笛卡儿坐标可分别表示为

$$(r_i, \theta_i) = \left(\frac{F_i}{UT}, 2\pi \frac{i}{U}\right) \quad (i = 0, 1, \cdots, N-1) \tag{8.6}$$

$$(x_i, y_i) = (r_i\cos\theta_i, r_i\sin\theta_i) \quad (i = 0, 1, \cdots, N-1) \tag{8.7}$$

式中：F 为 X-滑块的进给速率（μm/min）；U 为主轴旋转编码器的脉冲数，以每转脉冲数表示；T 为主轴的转速（r/min）；i 为第 i 个旋转编码器脉冲；N 为扫描范围内的旋转编码器的脉冲数总数。

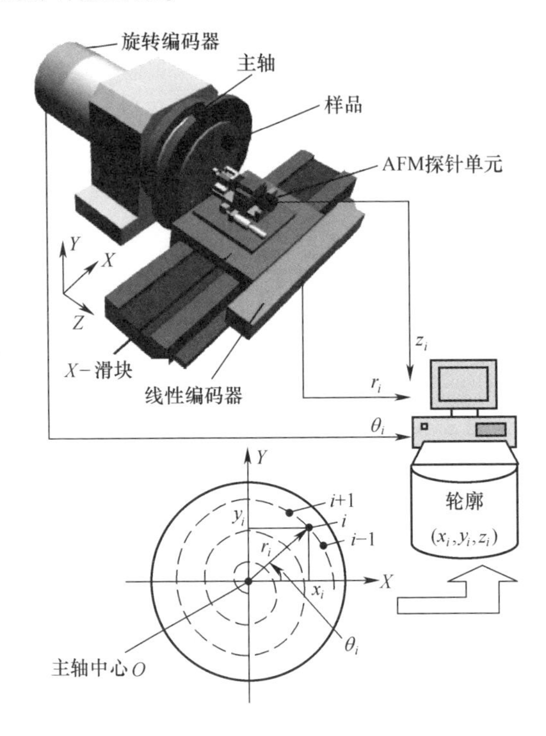

图 8.32　螺旋扫描 AFM 的示意图

旋转编码器脉冲用作 PC 数据采集板的外部触发信号，主轴的旋转编码器输出 θ_i、X 滑块的线性编码器输出 r_i、AFM 探头单元的线性编码器输出 z_i 同时进入 PC 以响应外部触发。因此，可以从笛卡儿坐标系中的 x_i、y_i 和 z_i 坐标中获得样本的三维表面轮廓。

图 8.33 显示了螺旋扫描 AFM 的照片。主轴可以安装直径为 130mm（可选 300mm）的样品，X-滑块的移动范围为 300mm。为了应对图 8.30 所示的第一个挑战，采用了一个脉冲数为 1.5×10^8、角度分辨率为 0.009″的旋转编码器。对于直径 100mm 的测量区域，AFM 实现了 2nm 的最低横向分辨率，X-滑块的线性编码器的分辨率为 0.28nm。

图 8.34 显示了 AFM 探针单元的照片，其在 Y 方向上具有对准平台。AFM 探头单元基本上与图 8.17 所示的相同。为了应对图 8.31 所示的螺旋扫描 AFM 的第二个挑战，在 AFM 悬臂和 PZT 执行器之间安装了一个小平台，以便调整悬臂尖端的位置可以在 Y 方向上朝着主轴。

图 8.33　螺旋扫描 AFM 的照片

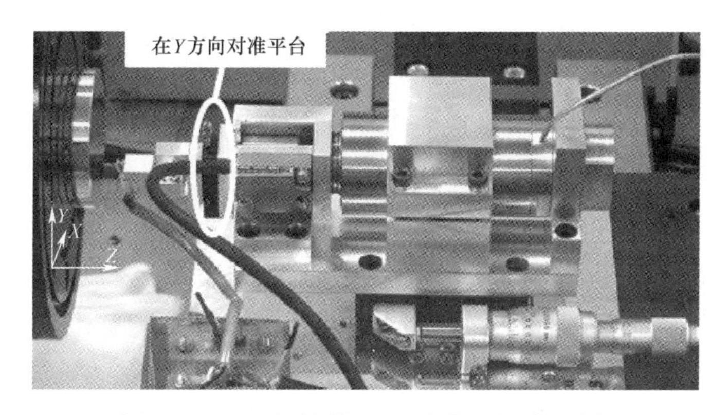

图 8.34　AFM 探针单元在 Y 方向上的对准平台

图 8.35 显示了悬臂尖端相对于主轴中心的对准误差的影响,这是图 8.31 所示的螺旋 AFM 的第二个挑战。如果 AFM 悬臂尖端 O'的位置与作为螺旋扫描测量坐标系原点的主轴中心(O)不一致,则实际测量点(P_1)将与理想测量点(P_0)不同,这将导致测量的表面轮廓的扭曲。δ_X 和 δ_Y 分别是对准误差的 X 方向和 Y 方向分量。假设 P_0 的坐标为(x,y),P_1 的坐标为(x_1,y_1)。如果对准误差足够小,则 x_1 和 y_1 可以表示如下:

$$x_1 = x + \frac{1}{\sqrt{x^2 + y^2}}(\delta_X \cdot x + \delta_Y \cdot y) \tag{8.8}$$

$$y_1 = y + \frac{1}{\sqrt{x^2 + y^2}}(\delta_Y \cdot x + \delta_X \cdot y) \tag{8.9}$$

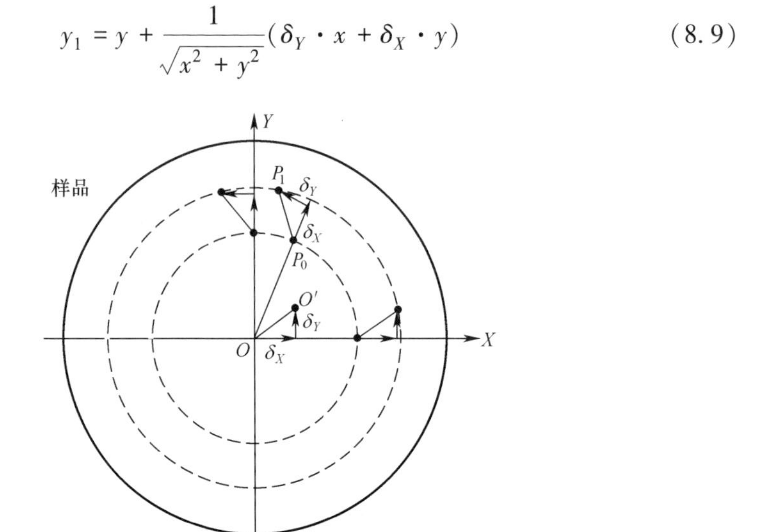

图 8.35 AFM 悬臂尖端与主轴中心的对准误差的影响

O—主轴中心的位置;O'—AFM 悬臂尖端的位置;$P_0(x,y)$—理想的测量点;$P_1(x_1,y_1)$—实际测量点;δ_X—X 方向的中心对齐误差;δ_Y—Y 方向的中心对齐误差。

图 8.36 和图 8.37 分别显示了由 δ_X 和 δ_Y 引起的 $P_0(x,y)$ 和 $P_1(x_1,y_1)$ 之间的差异。从图中可以看出,δ_X 引起沿径向的位置误差,δ_Y 引起沿圆周方向的位置误差。误差矢量具有与对准误差相同的幅度。

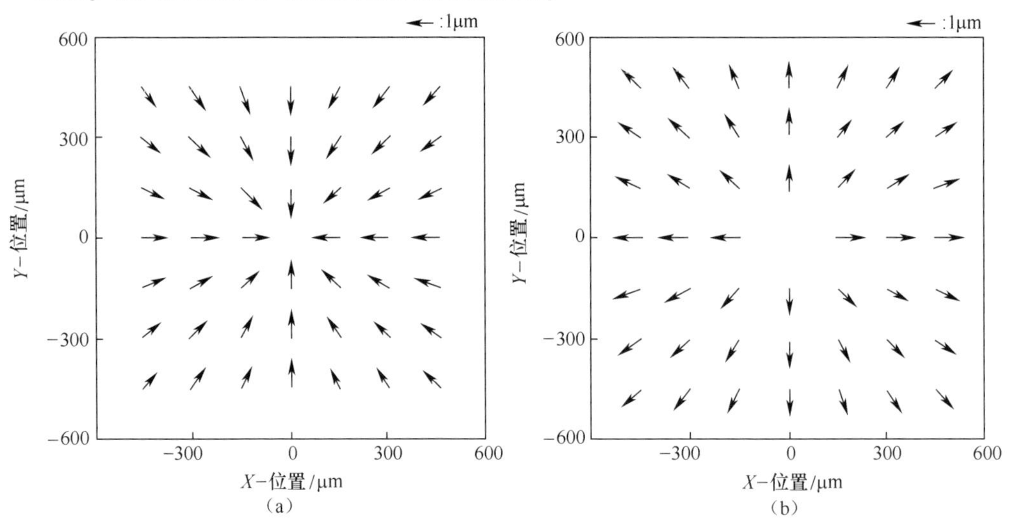

图 8.36 中心对准误差的 X 方向分量引起的测量点位置误差 δ_X

(a)$\delta_X = 1\mu m$;(b)$\delta_X = -1\mu m$。

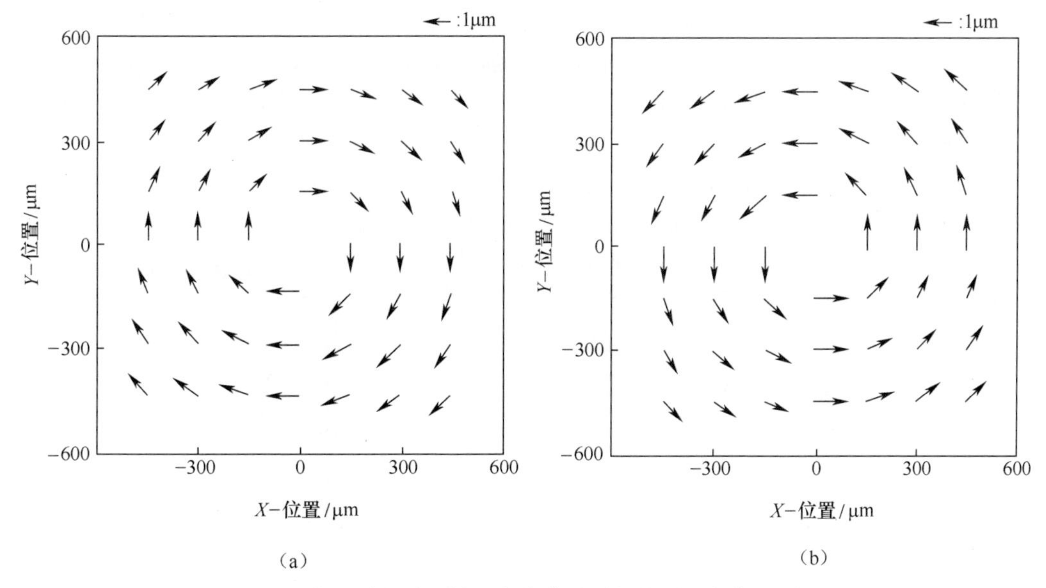

图 8.37　中心对准误差的 Y 方向分量引起的测量点位置误差 δ_Y

(a)$\delta_Y = 1\mu m$;(b)$\delta_Y = -1\mu m$。

图 8.38 显示了由中心对准误差引起的轮廓畸变的仿真结果。试样的表面轮廓是正弦 XY 网格,叠加有 X 方向和 Y 方向的正弦波。X 方向和 Y 方向的正弦波的幅度设置为 0.25μm,这会导致 1μm 的峰谷网格幅度。两个方向的相应空间间

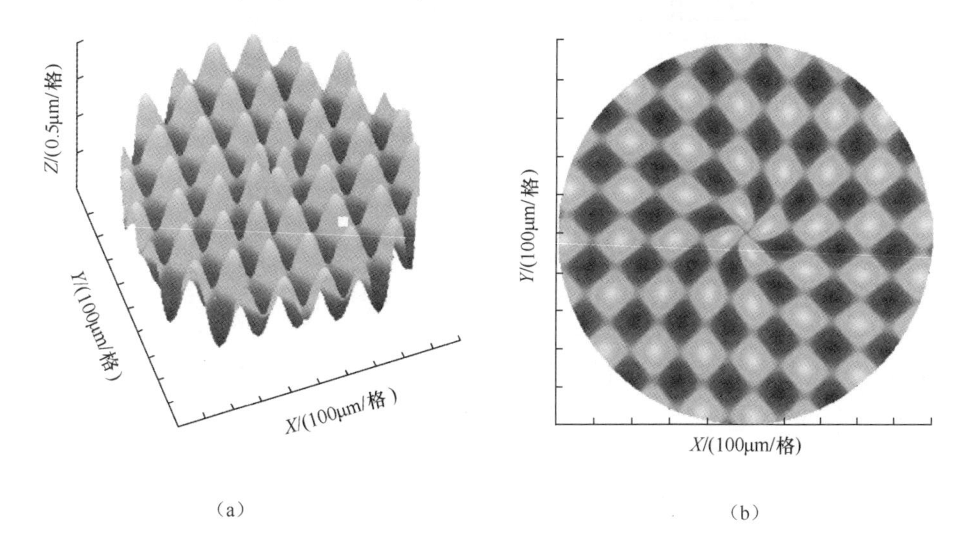

图 8.38　由中心对准误差引起的轮廓畸变的仿真结果

(a)三维图;(b)俯视图。

距为 150μm。在仿真中,误差分量 δ_X 和 δ_Y 都设置为 50μm。图 8.38(a)为表面轮廓仿真结果的三维图,图 8.38(b)为表面轮廓仿真结果的俯视图,在图中可以观察到大的轮廓扭曲。为了通过螺旋 AFM 实现对表面轮廓的精确测量,有必要准确地将 AFM 悬臂尖端与主轴中心进行对准。

图 8.39 显示了中心对准的实验装置,在中心位置采用了具有微凸起的铝制辅样。首先通过使用高倍率显微镜监视随主轴旋转的辅样上的微凸起,将辅样与主轴中心对准。然后通过 X-滑块移动 AFM 探针单元,来扫描保持静止的微凸起。通过使用 AFM 探针单元的对准台在微凸起的不同 Y-位置进行多次 X-扫描来改变 AFM 尖端的 Y-位置,结果用于评估 AFM 悬臂尖端相对于主轴中心的位置,基于该位置可以进行精确的中心对准。采用电容式传感器监测悬臂支架的 Y-位置,通过 X-载玻片移动 AFM 头来进行 X 方向的对准。应该注意,仅在交换 AFM 悬臂时才需要中心对准。

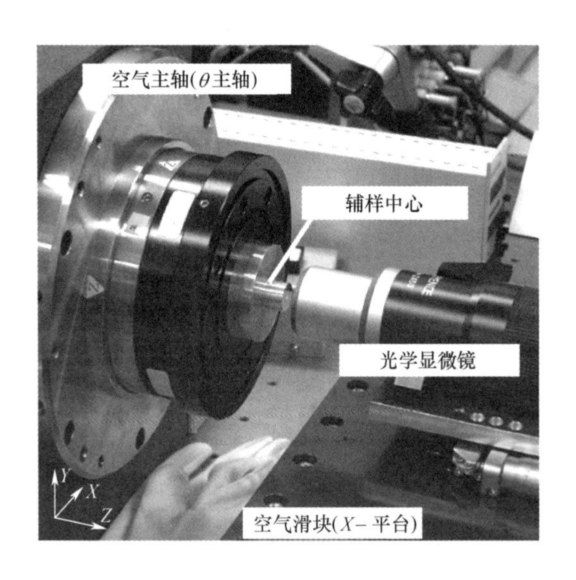

图 8.39 中心对准的实验装置

在中心对准之后,辅样与正弦 XY 网格样本进行交换,辅样具有与图 8.38 所示的仿真相同的规格。图 8.40 显示了在直径 1mm 的区域内,网格样品中心部分的测量表面轮廓。X-滑块的进给速度为 0.1m/s,主轴转速为 3.6(°)/s,X-滑块的运动长度为 0.5mm。图 8.40 分别显示了轮廓的三维图和俯视图。在结果中没有观察到由于中心对准误差引起的轮廓畸变,表面的尖峰成分是由制造误差或污染引起的。

AFM 探头单元安装在用于制造 XY-正弦曲线网格的金刚石车床上

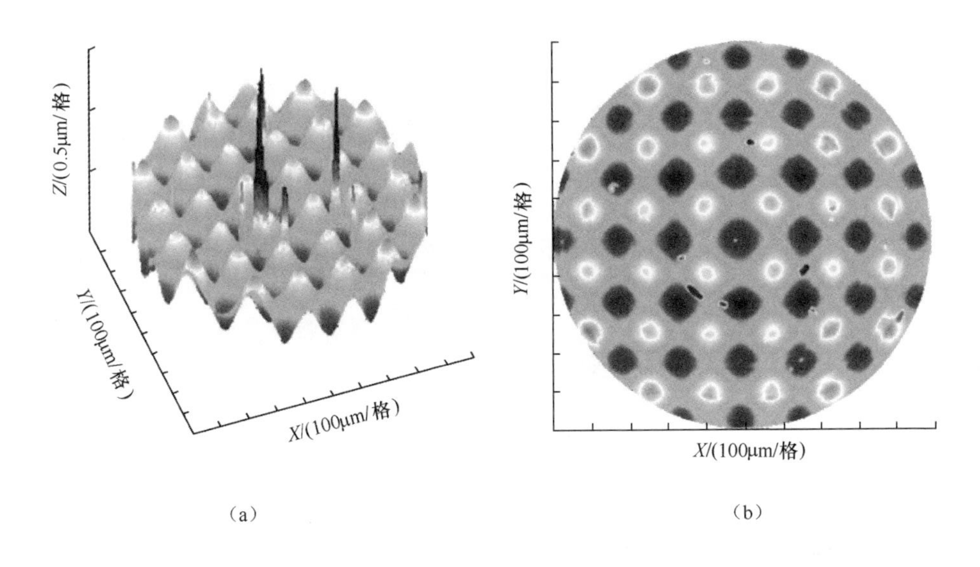

图 8.40　在中心对准之后通过螺旋 AFM 测量的正弦表面的轮廓
(a)三维图;(b)俯视图。

(图 8.41),以便可以在机器上测量网格。螺旋扫描原子力显微镜[14]的构建采用了横向滑块(X-滑块)和机床的工件主轴。由于表面轮廓可以通过机器上的 AFM 进行评估,因此测量结果可以轻松反馈至加工过程。即使存在与机器相关的电磁噪声的情况下,集成在 AFM 探头单元中的线性编码器也可以实现 Z 方向表面轮廓的精确测量。图 8.42 显示了机器上螺旋 AFM 拍摄的 XY-网格图像。

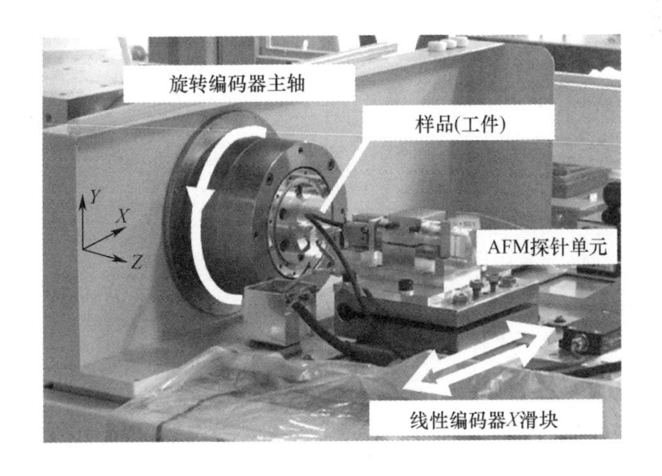

图 8.41　用于金刚石车床的表面轮廓测量的螺旋扫描 AFM

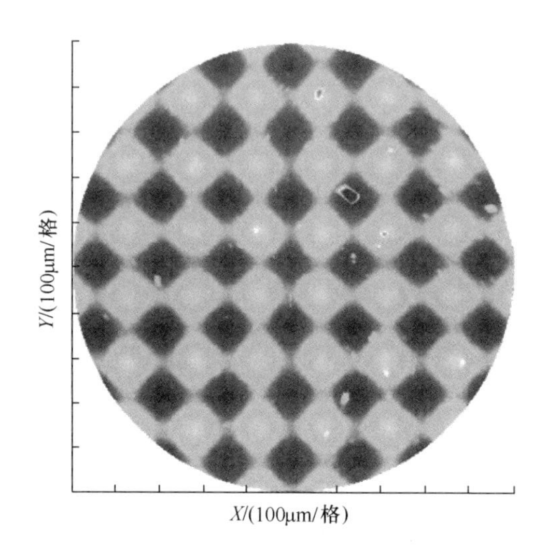

图 8.42　在金刚石车床上拍摄的 XY 格栅的 AFM 图像

8.5　小结

本节介绍了两个探头单元。第一个 AFM 探头单元采用行程为 100μm 的 PZT 执行器作为 Z-执行器，以实现 Z 方向上的大测量范围；两个电容式传感器沿着 Z 方向排列在 PZT 执行器的两侧；传感器的位移和倾斜运动可以根据传感器输出精确测量和补偿。第二个 AFM 探头单元采用线性编码器来测量和补偿来自 PZT 执行器的误差运动。AFM 探头装置中使用的执行器的刚度为 100N/μm，行程为 53μm；由于 PZT 执行器具有高刚性的特点，线性编码器的标尺与 AFM 悬臂可以一起安装；可以通过分辨率为 1nm 的线性编码器精确测量与表面轮廓高度相对应的 PZT 执行器的位移。

此外，本节还提出了一种螺旋扫描机制，而不是传统 AFM 中使用的光栅扫描机制。通过使用线性编码器补偿的 AFM 探针单元和螺旋扫描机制构建了大面积螺旋扫描 AFM。扫描机制由行程为 300mm、分辨率为 0.24nm 的直线工作台，以及主轴直径为 130mm、旋转分辨率为 0.009″的主轴组成。样品安装在主轴上，AFM 探头单元安装在线性平台上。本节验证了 AFM 悬臂端与主轴中心对准的重要性，提出了使用光学显微镜和定心辅样的中心对准方法。

线性编码器补偿的 AFM 探头单元也安装在金刚石车床上，用于在线测量大面积微结构表面轮廓。已证实，线性编码器对电磁噪声的强大鲁棒性对于在机床上使用 AFM 探针单元是重要且有效的。

参考文献

[1] Evans CJ, Bryan JB (1999) "Structured", "textured" or "engineered" surfaces. Ann CIRP 48 (2):541-556

[2] Kiyono S, Gao W, Zhang S, Aramaki T (2000) Self-calibration of a scanning white light interference microscope. Opt Eng 39(10):2720-2725

[3] Binning G, Quate CF, Gerber CH (1986) Atomic force microscope. Phys Rev Lett 56:930-933

[4] Holmes M, Hocken RJ, Trumper DL (2000) The long-range scanning stage: a novel platform for scanned-probe microscopy. Precis Eng 24(3):191-209

[5] Gao W, Nomura M, Kewon H, Oka T, Liu QG, Kiyono S (1999) A new method for improving the accuracy of SPM and its application to AFM in liquid. JSME Int J Ser C 42(4):877-883

[6] Kweon H, Gao W, Kiyono S (1998) In situ self-calibration of atomic force microscopy. Nanotechnology 9:72-76

[7] Gonda S, Doi T, Kurosawa T, Tanimura Y, Hisata N, Fujimoto TH, Yukawa H (1999) Real-time interferometrically measuring atomic force microscope for direct calibration of standards. Review of Scientific Instruments 70(8):3362-3368

[8] Dai G, Pohlenz F, Danzebrink HU, Xu M, Hasche K, Wilkening G (2004) Metrological large range scanning probe microscope. Rev Sci Instrum 75(4):962-969

[9] Tortonese M, Barrett RC, Quate CF (1993) Atomic resolution with an atomic force microscope using piezoresistive detection. Appl Phys Lett 62(8):834-836

[10] Seiko Instruments Inc. (2010) Reference data of piezo-resistive cantilever. Seiko Instruments Inc., Japan

[11] Zygo Corporation (2010) http://www.zygo.com. Accessed 1 Jan 2010

[12] Aoki J, Gao W, Kiyono S, Ono T (2005) A high precision AFM for nanometrology of large area micro-structured surfaces. Key Eng Mater 295-296:65-70

[13] Aoki J, Gao W, Kiyono S, Ochi T, Sugimoto T (2005) Design and construct of a high-precision and long-stoke AFM probe-unit integrated with a linear encoder. Nanotechnol Precis Eng 3(1):1-7

[14] Gao W, Aoki J, Ju BF, Kiyono S (2007) Surface profile measurement of a sinusoidal grid using an atomic force microscope on a diamond turning machine. Precis Eng 31:304-309

第9章
测量三维纳米结构的自动对准扫描探针显微镜系统

9.1 概述

尺寸在 1~100nm 量级的纳米结构可以通过纳米制造来加工，以单点金刚石切割工具的纳米棱角为代表，金刚石切割工具用于超精密切割，来制造精密工件[1-5]。如图 9.1 所示，该工具具有非常锋利的边缘，半径为 10~100nm。工具边缘的微/纳米尺寸会产生很大的问题，因为它会影响加工表面的质量[6]。金刚石切割也已用于生成三维微结构化表面。在这种情况下，制造精度不仅受工具边缘锐度的影响，还受工具边缘局部三维轮廓的影响[7]。因此，进行边缘磨损以及三维边缘轮廓的精确纳米测量是非常重要的。

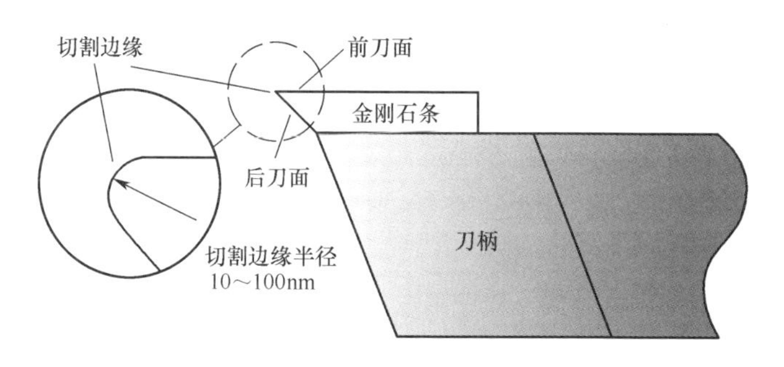

图 9.1　带有纳米棱角的单点金刚石切割工具

通常可通过光学显微镜或 SEM[8-16] 监测工具边缘。光学显微镜易于使用，但受光学衍射现象的限制，其分辨率在毫米量级范围内。SEM 拥有纳米分辨率，但必须在真空室中进行测量。另外，SEM 图像基本上是三维对象的二维投影，并不适用三维工具边缘轮廓的测量。

与光学显微镜和扫描电子显微镜不同，以 AFM 为代表的 SPM 对纳米结构的三维轮廓测量非常有效，因为 SPM 在 *X*、*Y*、*Z* 方向上具有纳米分辨率[17-18]。尽管可以使用 AFM 来表征金刚石工具的边缘[19],但很难将 AFM 探针尖端与工具边缘对准。传统 AFM 中的对准是利用来自光学显微镜的视觉反馈执行的,然而光学显微镜聚焦在 AFM 悬臂的背面,而不是直接在 AFM 探针尖端和工具边缘之间的界面上,如图 9.2 所示。光学显微镜的极小工作距离和低分辨率是 AFM 尖端和工具边缘对准的其他限制。

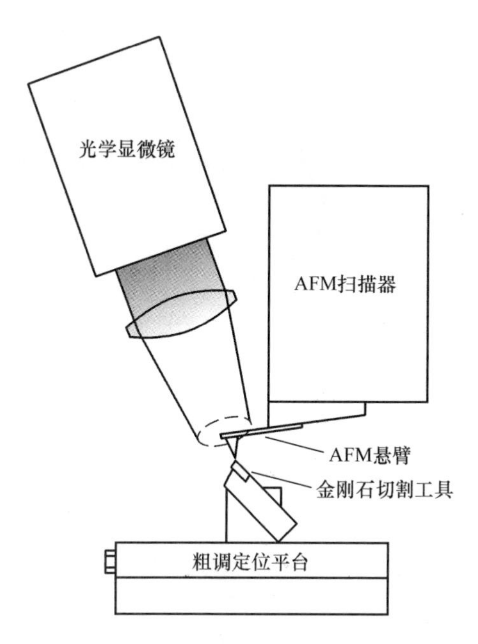

图 9.2 用于 AFM 尖端与样本对准的带有光学显微镜视觉反馈的传统 AFM

本节提供了一个用于 AFM 探针尖端与工具边缘顶端的自动对准的光学探头。

9.2 自动对准光学探针

9.2.1 对准原则

图 9.3 显示了将 AFM 探针尖端与切割工具边缘顶端自动对准的光学探针示意图。来自激光源的准直激光光束被物镜聚焦,以在束腰处产生小束斑,然后激光光束通过聚光透镜之后由光电二极管接收。*XYZ* 坐标系的设置如图 9.3 所示。坐标系的原点被定义为光束束腰处的光斑中心,这个点称为 AFM 探针尖端与切割工具边缘顶端对准的参考点。不考虑 AFM 尖端和工具顶部的光衍射,并且假设收集透镜收集的所有光束都被 PD 接收。

假设在 XZ-平面上的光束的截面轮廓是圆形的,梁的半径[20]可以表示为

$$a(y) = a_0\sqrt{1 + \left(\frac{\lambda y}{\pi a^2}\right)^2} \tag{9.1}$$

式中:a_0 为光束腰部的光束半径。

截面梁的相应面积为

$$A(y) = \pi a(y)^2 \tag{9.2}$$

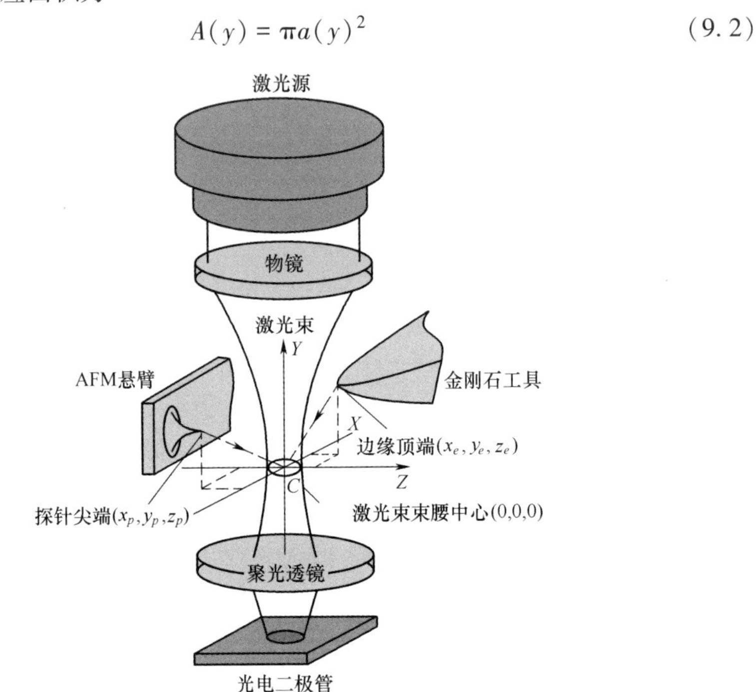

图 9.3 AFM 探针尖端与切割工具边缘顶端自动对准的光学探针示意图

图 9.4 和图 9.5 显示了激光光束中的工具边缘和 AFM 探针。当 AFM 探针或工具边缘进入激光光束时,由于激光光束的一部分将被阻挡,光电二极管接收的光束的光功率将随着激光光束中 AFM 探针或工具边缘的位置而改变。假设(x_1, y_1, z_1)和(x_2, y_2, z_2)分别是刀尖顶端和 AFM 探针尖端的坐标,将未被工具边缘和 AFM 尖端阻挡的区域用 $A_1(x_1, y_1, z_1)$和 $A_2(x_2, y_2, z_2)$表示,并且光电二极管接收的相应光功率分别为 Q_{tool}和 Q_{AFM}。假定激光源的光功率为 Q,光电二极管的相对输出,分别定义为 Q_{tool}与 Q 的比值以及 Q_{AFM}与 Q 的比值,可表示如下:

$$s_{\text{tool}}(x_1, y_1, z_1) = \frac{Q_{\text{tool}}(x_1, y_1, z_1)}{Q} \times 100\% = \frac{A_1(x_1, y_1, z_1)}{A(y_1)} \times 100\% \tag{9.3}$$

$$s_{\text{AFM}}(x_2, y_2, z_2) = \frac{Q_{\text{AFM}}(x_2, y_2, z_2)}{Q} \times 100\% = \frac{A_2(x_2, y_2, z_2)}{A(y_2)} \times 100\% \tag{9.4}$$

其中

$$Q_{\text{tool}}(x_1, y_1, z_1) = \frac{A_1(x_1, y_1, z_1)}{A(y_1)} \tag{9.5}$$

$$Q_{\text{AFM}}(x_2, y_2, z_2) = \frac{A_2(x_2, y_2, z_2)}{A(y_2)} \tag{9.6}$$

可以看出,由光电二极管接收的相对光电二极管输出和光功率是工具边缘顶端或 AFM 探针尖端的位置的函数,可以用于 AFM 探针尖端与工具边缘顶端的对准。

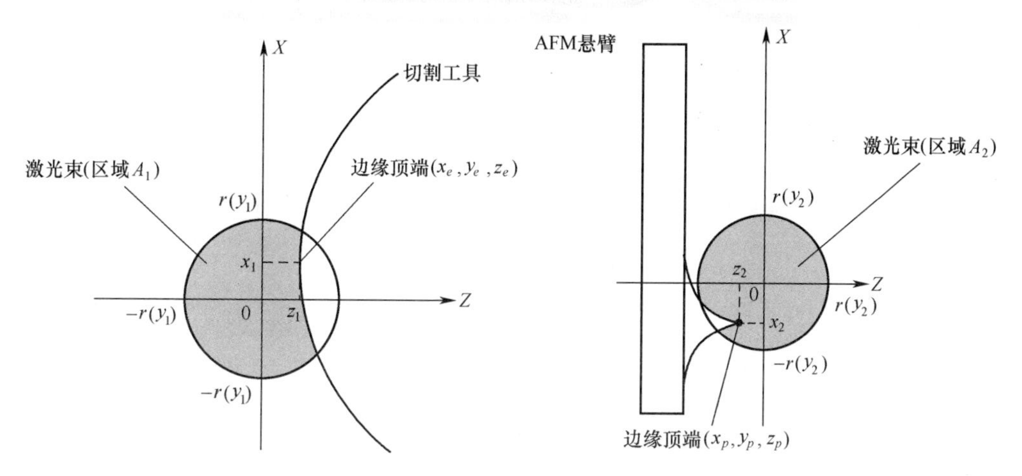

图 9.4　激光光束中的工具边缘

图 9.5　激光光束中的 AFM 探针

9.2.2　对准程序

步骤 1:沿 X 方向对准工具边缘顶端。

通过沿 X 方向将工具边缘顶端定位在激光光束的中心开始对准(图 9.6)。图 9.7 显示了当沿 X 方向进行对准时,用于研究光电二极管输出与工具边缘位置之间的关系的计算机仿真结果。图 9.7 显示了光电二极管输出 $s_{\text{tool}}(x_e, y_e, z_e)$ 与 x_e 之间的关系。束腰的直径设置为 10μm,圆头工具的半径为 1mm。下面所有仿真中的工具和激光光束的几何形状是相同的。

在图 9.7(a)中,工具边缘顶端的 Z-位置 z_e 设置为-2.5μm、0μm 和+2.5μm,而工具边缘顶端的 Y 位置 y_e 保持为 0。虽然 s_{tool} 对 x_e 的曲线随着 z_e 的变化而垂直移动,但相对于 x_e 的 $s_{\text{tool}}(x_e, y_e, z_e)$ 的最小值总是在光束的中心($x_e = 0$)。在图 9.7(b)中,y_e 连续设定为-50μm、0μm 和+50μm,而 z_e 保持为 0。尽管 $s_{\text{tool}}(x_e, y_e, z_e)$ 的最小值相对于 x_e 也出现在 $x_e = 0$ 处,曲线不随着 y_e 变化而垂直移动。

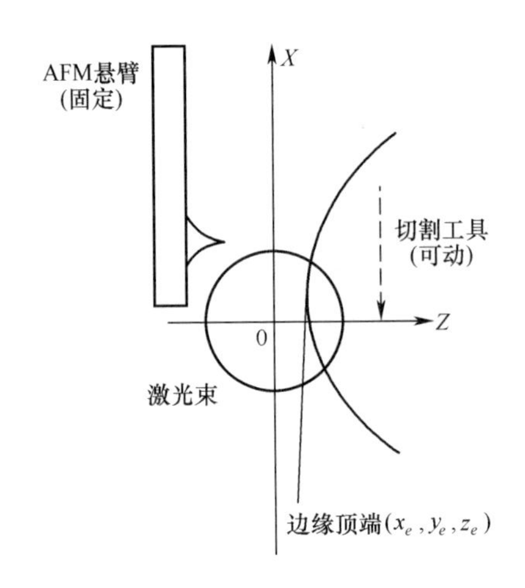

图 9.6　步骤 1:工具边缘顶端沿 X 方向对准

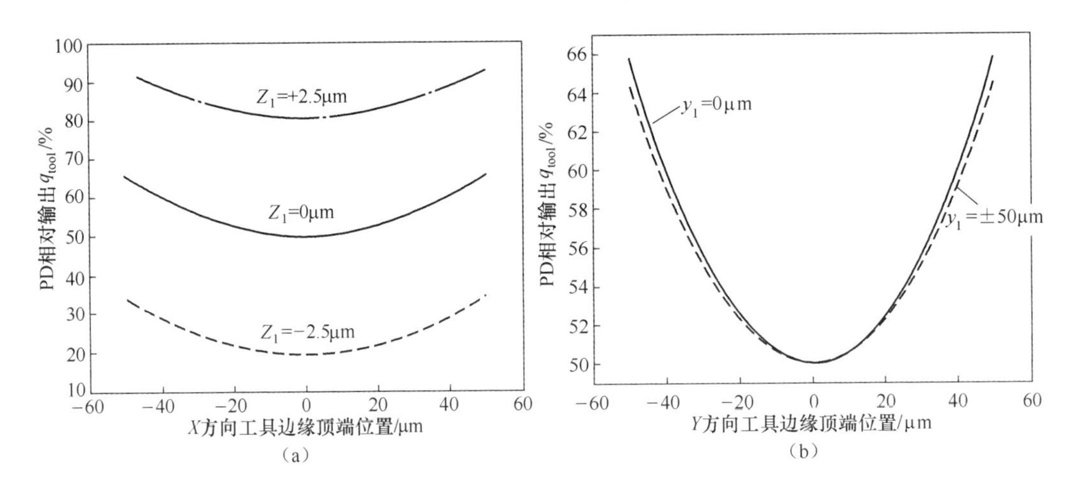

图 9.7　沿 X 方向对准工具边缘顶端的仿真结果

(a)PD 输出与不同 Z-位置的 x_e;(b)PD 输出与不同 Y-位置的 x_e。

从图 9.7 的结果可以看出,通过沿着 X 方向移动工具边缘来追踪光电二极管输出的最小值,可以将工具边缘顶端的位置与激光光束的 X 方向中心对准。y_e 和 z_e 的初始值不会影响 X 方向上的对准。

步骤 2:沿 Y 方向对准工具边缘顶端。

对准的第二步是沿 Y 方向对准工具边缘顶端,如图 9.8 所示。在图 9.9 中示出了沿 Y 方向对准工具边缘顶端的仿真结果。在图 9.9(a)中,假设 $x_e=0$,一方面,当 $z_e=0$ 时,光电二极管输出信号 $s_{\text{tool}}(x_e,y_e,z_e)$ 不会随着 y_e 而改变;另一方面,当 $z_e\neq0$ 时,$s_{\text{tool}}(x_e,y_e,z_e)$ 变成 y_e 的函数,在 $z_e>0$ 处获得最小值,在 $z_e<0$ 处获得最大值。基于此结果,通过沿着 Y 方向移动工具边缘顶端来追踪 PD 输出的最大值

和/或最小值，可以使工具边缘顶端与激光光束腰的 Y 方向中心对准。当 $s_{tool}(x_e, y_e, z_e)$ 达到最大值时，z_e 的值可以估计为正值，当 $s_{tool}(x_e, y_e, z_e)$ 达到其最小值时，z_e 的值为负值。

对于不同的 x_e、$s_{tool}(x_e, y_e, z_e)$ 与 y_e 的仿真结果如图 9.9(b) 所示，z_1 设定为 −2.5μm。可以看出，无论初始 x_e 如何，$s_{tool}(x_e, y_e, z_e)$ 总是在 $y_e = 0\mu m$ 处显示最小值。该结果可用于在 Y 方向上对准工具边缘顶端。

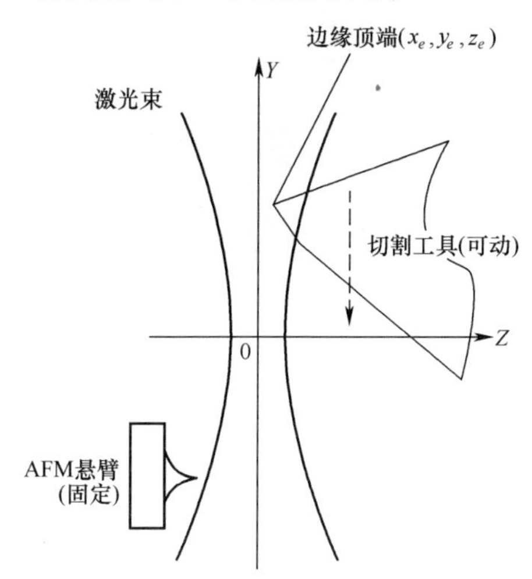

图 9.8 步骤 2：沿 Y 方向对准工具边缘顶端

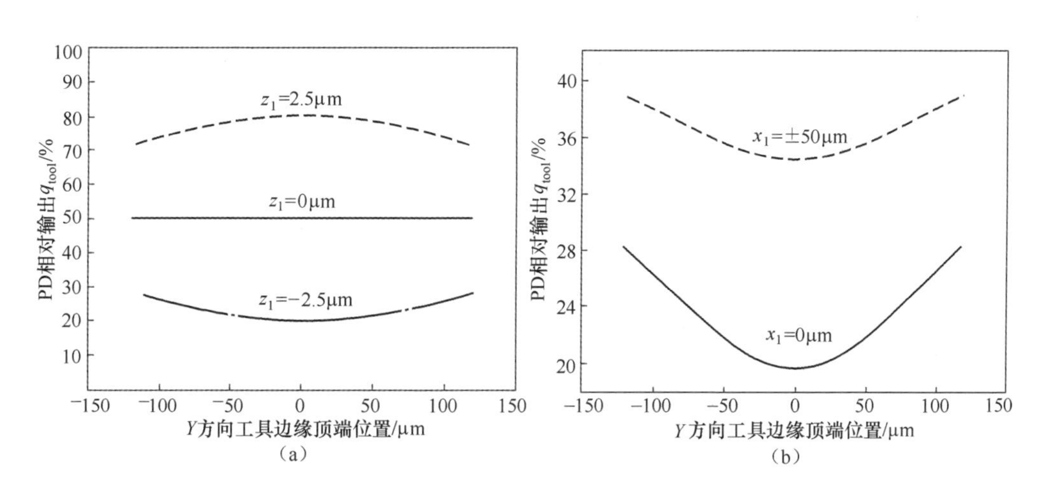

图 9.9 沿 Y 方向对准工具边缘顶端的仿真结果

(a) PD 输出与不同 Z-位置的 y_e；(b) PD 输出与不同 Y-位置的 y_e。

步骤 3：沿 Z 方向对准工具边缘顶端。

对准的第三步是沿着 Z 方向对准工具边缘顶端，如图 9.10 所示。图 9.11 显示了光电二极管输出 $s_{tool}(x_e,y_e,z_e)$ 与工具边缘顶端的 Z 方向位置 z_e 的仿真结果。图 9.11(a) 显示了当 $y_e=0$ 时,通过改变 x_e 获得的结果,曲线 $s_{tool}(x_e,y_e,z_e)$ 随着 z_e 的变化而变化,并随 x_e 的不同而垂直移动。在保持 $x_e=0$ 的同时改变 y_e 的结果如图 9.11(b) 所示。与图 9.11(a) 中的相似,图 9.11(b) 中的曲线 $s_{tool}(x_e,y_e,z_e)$ 也随着 z_e 而增加,但是当 y_e 改变时没有垂直移位。显然,$s_{tool}(x_e,y_e,z_e)$ 不能直接用于将工具边缘定位到光束的中心,因为图 9.11(a) 和 9.11(b) 中的 $s_{tool}(x_e,y_e,z_e)$ 在激光光束中心没有相对于 z_e 的最大值或最小值。

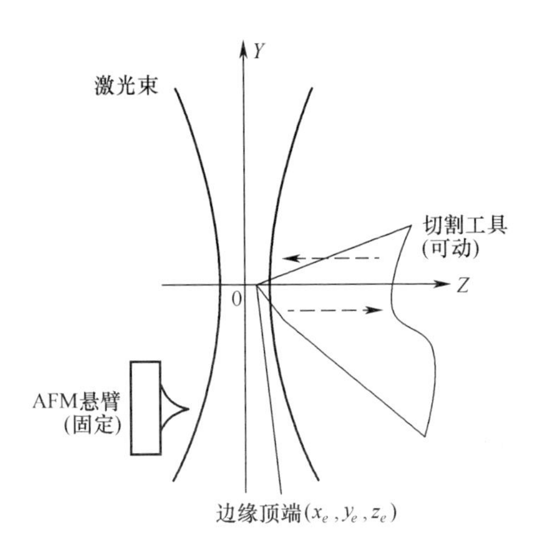

图 9.10　步骤 3:沿 Z 方向对准工具边缘顶端

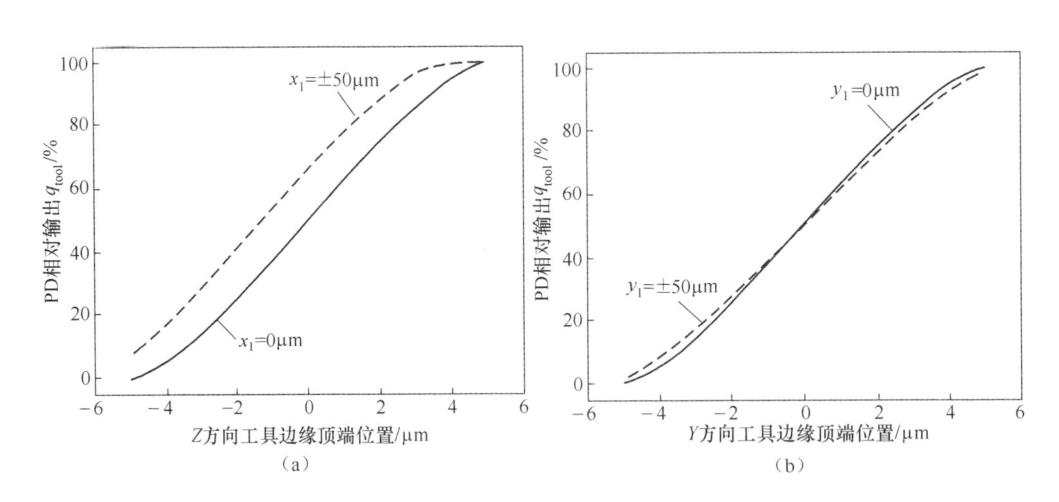

图 9.11　沿 Z 方向对准工具边缘顶端的仿真结果(1)

(a) PD 输出与不同 X-位置的 $z_e(y_e=0)$;(b) PD 输出与不同 Y-位置的 $y_z(x_e=0)$。

为了识别沿 Z 方向的工具边缘顶端,评估了图 9.11 中曲线 $s_{\text{tool}}(x_e,y_e,z_e)$ 相对于 z_e 的导数 $s'_{\text{tool}}(x_e,y_e,z_e)$,图 9.12 显示了结果。在图 9.12(a)中,当工具边缘顶端位于激光光束的 X 方向中心($x_e=0$)时,$s'_{\text{tool}}(x_e,y_e,z_e)$ 在 $z_e=0$ 时具有最大值。然而,如果 $x_e\neq0$,则 $s'_{\text{tool}}(x_e,y_e,z_e)Z$ 轴位置的最大值将偏离激光光束中心,这使得沿 Z 方向的对准变得困难。另一方面,$s'_{\text{tool}}(x_e,y_e,z_e)$ 总是在图 9.12(b)中的 $z_e=0$时达到最大值,只要 $x_e=0$,y_e 可以有不同的值。结果表明,如果已完成 X 方向上的对准,则光电二极管输出的导数可用于将工具边缘顶部定位到激光光束的 Z 方向中心。

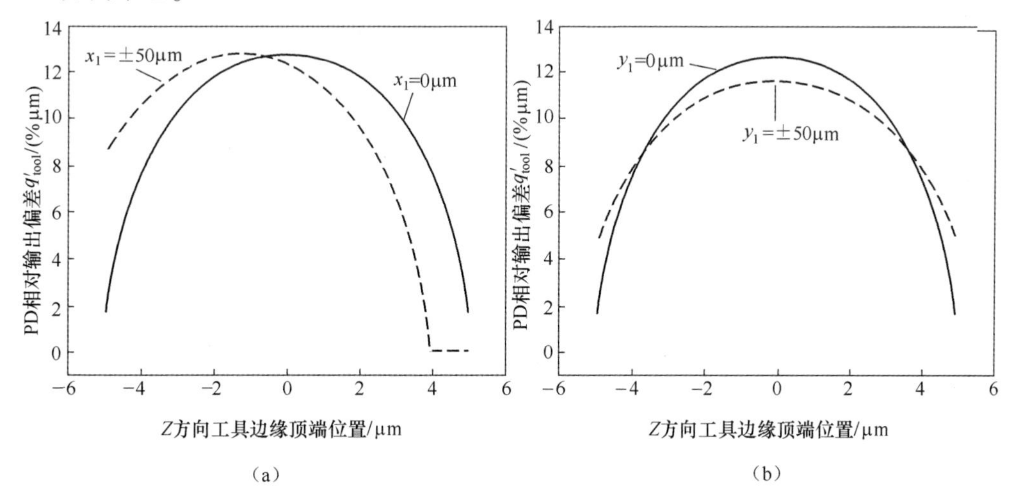

图 9.12　沿 Z 方向对准工具边缘顶端的仿真结果(2)

(a)PD 输出偏差与不同 X-位置的 $z_e(y_e=0)$;(b)PD 输出偏差与不同 Y 位置的 $y_z(y_e = 0)$。

在记录了工具边缘相对于光束中心的位置之后,沿 Z 方向将工具从光束中拉出到特定位置。

步骤 4 和 5:沿 X 方向和 Y 方向对准 AFM 探针尖端。

在工具边缘顶端顶部对准后,工具保持静止,AFM 探针尖端沿着图 9.13 所示的 X 方向对准激光光束束腰的中心,沿着 Y 方向的如图9.14 所示。仿真结果分别显示在图 9.15 和图 9.16 中。原子力显微镜探针假定为三角形,宽度为 10μm,高度为 5μm。可以看出,虽然 AFM 探针尖端的尺寸和几何形状有很大不同,但结果与工具边缘顶端的结果相似。因此可以将相同的对准方法应用在工具边缘顶端和 AFM 探针尖端上。

步骤 6:沿着 Z 方向在 AFM 探针尖端和工具边缘顶端之间进行接触。

工具边缘顶端返回到束腰的中心,然后 AFM 探针尖端沿 Z 方向移动来接触工具边缘顶端。接触过程与常规 AFM 中的接触过程相同,如图 9.17 和图 9.18 所示。

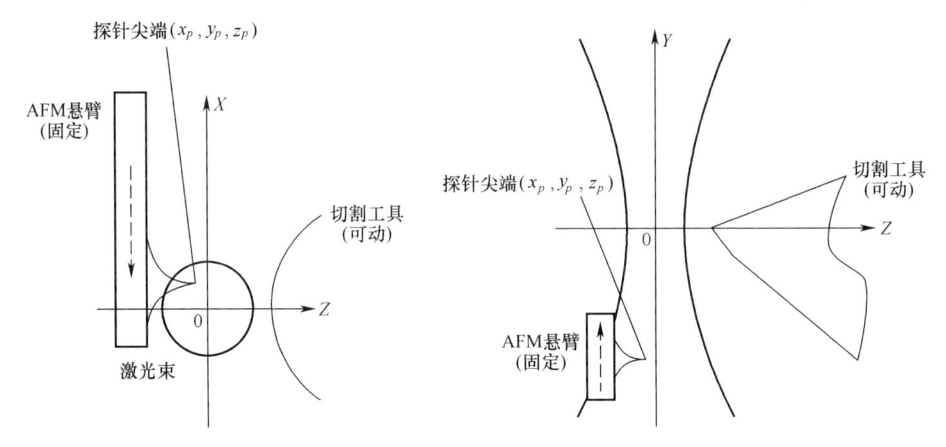

图 9.13　步骤 4：沿 X 方向对准 AFM 探针尖端　　图 9.14　步骤 5：沿 Y 方向对准 AFM 探针尖端

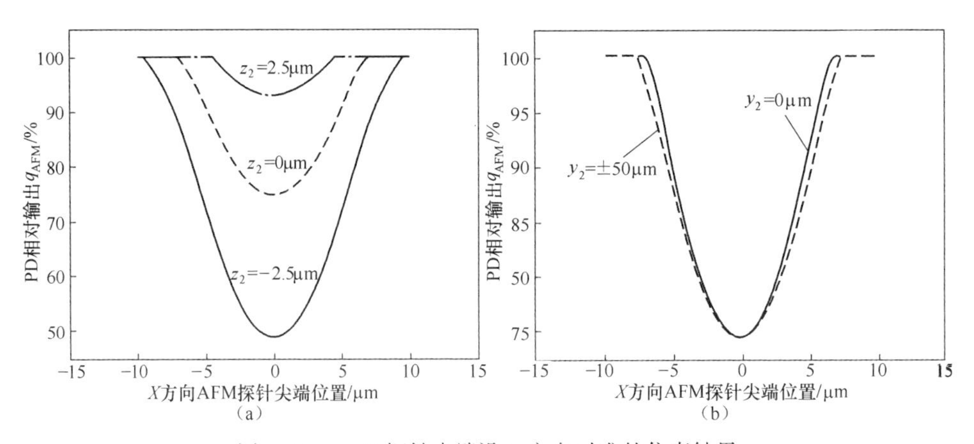

图 9.15　AFM 探针尖端沿 X 方向对准的仿真结果

(a) PD 输出与不同 Z-位置的 x_p；(b) PD 输出与不同 Y-位置的 x_p。

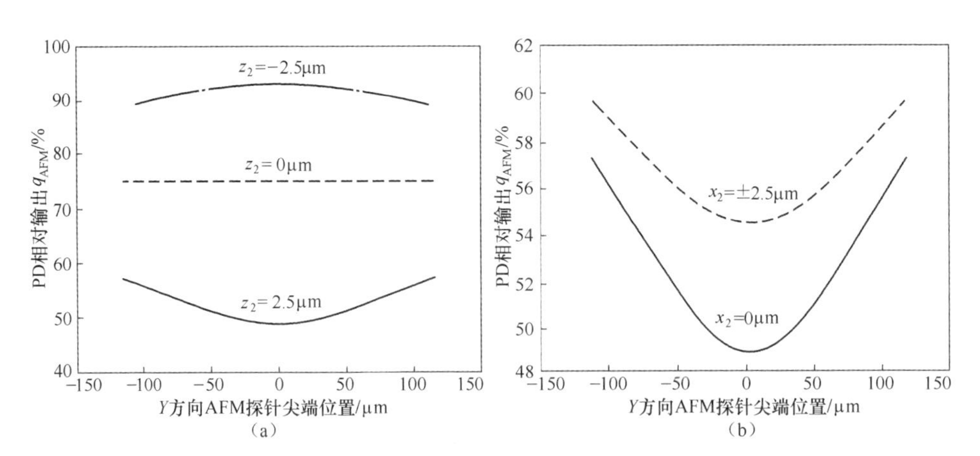

图 9.16　AFM 探针尖端沿 Y 方向对准的仿真结果

(a) PD 输出与不同 Z-位置的 x_p；(b) PD 输出与不同 Y-位置的 x_p。

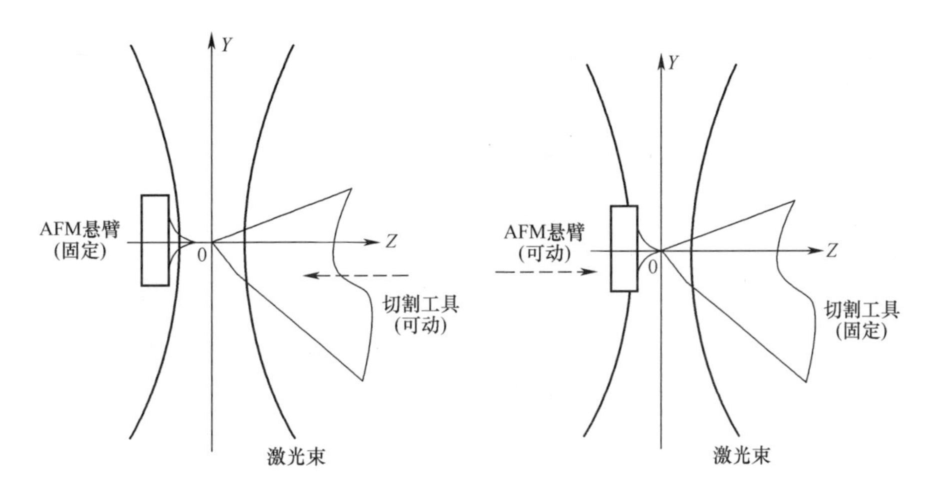

图 9.17　步骤 6.1:工具返回　　　图 9.18　步骤 6.2:移动 AFM 悬臂进行接触

9.3　自动对准 AFM 的仪器

9.3.1　仪器设计

图 9.19 显示了基于 9.2 节中描述的对准概念设计的自动对准 AFM 的示意图。该仪器由四个主要部分组成:AFM 单元、光学探针单元、切割工具单元和电子单元(注意电子单元未在图 9.19 中显示)。每个单元描述如下。

1. AFM 单元

AFM 单元由 AFM 扫描仪、AFM 悬臂和对准台组成。AFM 悬臂设置在 AFM 扫描仪的顶部,安装在校准台上。AFM 扫描仪由 3 个 PZT 执行器构成,可以对 AFM 悬臂进行 X、Y 方向的扫描和 Z 方向的伺服控制。每个 PZT 执行器都是基于嵌入执行器中的电容式位移传感器的反馈信号进行伺服控制的。传感器的行程和分辨率分别为 100μm 和 1nm。PZT 执行器的运动的闭环线性度是行程范围的 0.02%,谐振频率约为 790Hz。

压阻 AFM 悬臂安装在 AFM 扫描仪的顶面上。悬臂的探针具有锥形形状,锥形探针的长度为 5μm,锥角为 30°,尖端半径小于 20nm。AFM 悬臂的探针尖端可以通过 AFM 对准台移动,以分别实现在 X 方向、Y 方向和 Z 方向的对准。该对准台由 3 个伺服电机驱动的线性平台来驱动。每个平台的行程为 15mm,最大速度为 1.5mm/s,最小增量运动为 50nm。

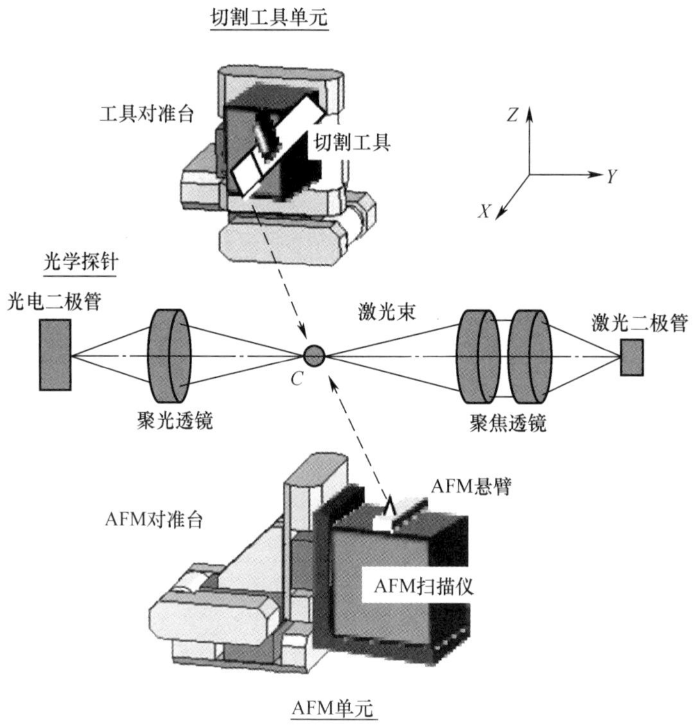

图 9.19　自动对准 AFM 的示意图

2. 光学探针单元

图 9.20 显示出了光学探针单元的示意图,该光学探针单元在点 C 处产生聚焦光斑,被用作 AFM 悬臂的探针尖端和切割工具的边缘顶端对准的参考点。通过使用透镜 L_1 和 L_2 聚焦来自激光二极管(LD)的激光光束,透镜 L_3 用于将激光光束收集到光电二极管(PD)。L_1、L_2 和 L_3 分别是准直透镜、物镜和聚光透镜。

作为设计目标,点 C 与透镜 L_2 和透镜 L_3 之间的工作距离 t_3、t_4 设定为大于 30mm,这是安装微型工具和 AFM 单元所需的。假设镜头的焦距分别为 f_1、f_2 和 f_3。在聚焦光学系统的典型排列中,LD 被放置在准直透镜 L_1 的焦点位置 f_1 处,使来自 LD 的激光光束可以由 L_1 准直,然后聚焦在物镜 L_2 的焦点位置 f_2 处。这是聚焦 LD 发射的激光光束的最简单的设计。然而,工作距离 t_3 受到物镜 L_2 的焦距的限制,物镜 L_2 的焦距通常小于 30mm,以使数值孔径(NA)足够大。为了增加工作距离 t_3,LD 的位置从点 F_1 移动到透镜 L_1 到点 A,如图 9.20 所示。假设点 F_1 和点 A 之间的距离为 Δt,t_3 可以表示为

$$t_3 = \frac{f_1^{\,2} f_2 - (f_1 - t_2) f_2 \Delta t}{f_1^{\,2} - (f_1 + f_2 - t_2)\Delta t} \tag{9.7}$$

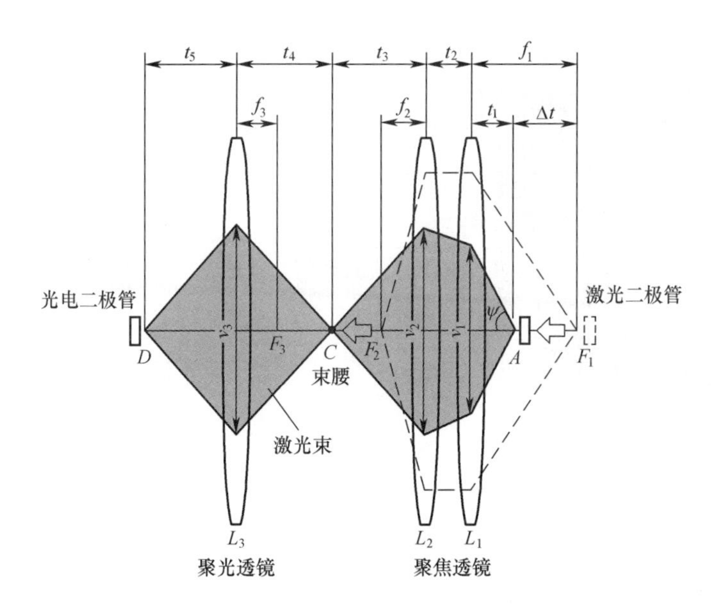

图 9.20　光学探头的设计

L_1—准直透镜;L_2—物镜;L_3—聚光透镜。

式中:t_2 为准直透镜 L_1 和物镜 L_2 之间的距离。通过分别将 f_1、f_2、t_2 和 Δt 确定为 20mm、25mm、10mm 和 3.5mm,工作距离 t_3 设计为 32.9mm。

基于以下关系,通过将 f_3 确定为 15mm,则工作距离 t_4 设计为 30mm,则

$$t_4 = t_5 = 2f_3 \tag{9.8}$$

另一方面,每个透镜的直径应设计成大于在透镜上形成的光束直径。镜头上的光束直径 v_1、v_2、v_3 分别为

$$v_1 = 2t_1\tan\psi \tag{9.9}$$

$$v_2 = \frac{2(f_1{}^2 - f_1\Delta t + t_2\Delta t)\tan\psi}{f_1} \tag{9.10}$$

$$v_3 = \frac{2(f_1{}^2 - f_1\Delta t + s_2\Delta t)t_4\tan\psi}{f_1 t_3} \tag{9.11}$$

式中:ψ 为 LD 的光束发散角。v_1、v_2、v_3 分别评估为 4.9mm、5.5mm 和 5.0mm,其中 ω=8.5°。相应的透镜直径分别为 12.5mm、7mm 和 15mm,它们大于 v_1、v_2 和 v_3。图 9.21 显示了光束分析仪测量的束腰处(C 点)的聚焦激光光束的光强度。在 C 点测得的光束直径约为 11μm。

3. 切割工具单元

切割工具单元采用相同类型的对准工作台,以便与图 9.19 中夹在对准工作台

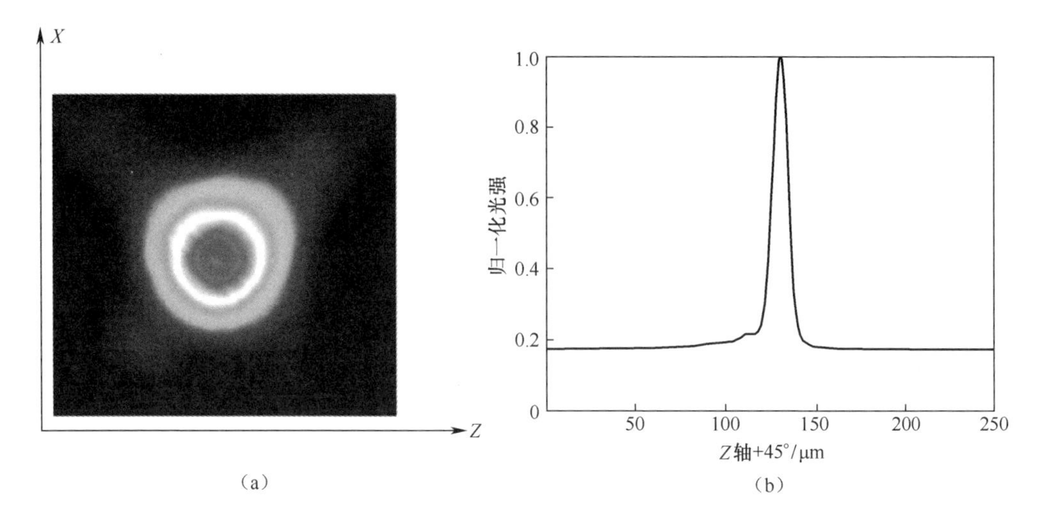

图 9.21 聚焦激光光束的强度分布

(a)束腰处的强度分布(C 点);(b)C 点光束强度的截面轮廓。

上的切割工具的边缘尖端进行对准。切割工具夹紧机构的设计使该工具可以很容易地从切割工具单元上安装和拆卸。

4. 电子单元

电子单元由两部分组成:一个是光学探头的电子元件;另一个是 AFM 对切割边缘的轮廓测量。从图 9.22 可以看出,激光器的强度由一个函数发生器的特定频率的正弦信号(在下面的实验中为 10kHz)调制,具有相同频率的 AC 分量的 RD 的输出由锁定放大器检测。光电二极管输出中的 AC 分量的幅度是 AFM 探针尖端和/或工具边缘顶端的位置函数。函数发生器的输出用作锁定放大器的参考信号,以便在有电子噪声的情况下可以检测光电二极管输出中的交流分量的幅度。锁定放大器的输出由 PC 通过 A/D 转换器(ADC)获取。

图 9.23 显示了 AFM 探针单元的电子元件。AFM 悬臂梁的偏转通过嵌入悬臂中的压阻式传感器转换为电阻信号,然后由桥式电路转换为电压信号。桥式电路的输出用作 Z-PZT 的 PID 控制器的反馈信号,使得 AFM 悬臂的偏转保持静止。与工具边缘轮廓的 Z 方向高度信息相对应的 Z-PZT 平台的位移由嵌入平台中的电容传感器检测。电容式传感器的电压输出通过模数转换器输入到 PC。基于 AFM 悬臂和工具边缘表面之间的接触力确定 PID 控制器的参考信号。AFM 悬臂在 X 方向和 Y 方向上的扫描是通过移动 X-平台和 Y-PZT 平台来完成的,这些平台由 PC 通过 DAC 控制。嵌入在 X-平台和 Y-PZT 平台中的电容式位移传感器的电压输出通过模数转换器输入到 PC。图 9.24 显示了设计和构造的测量仪器的照片。

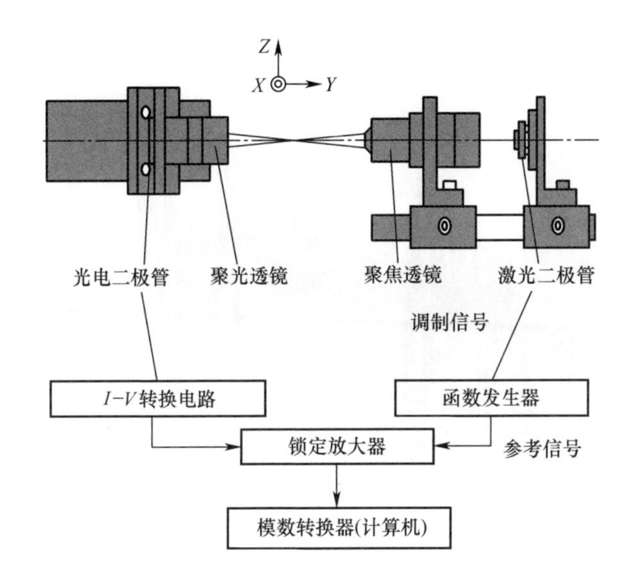

图 9.22　用于光学探头的电子设备

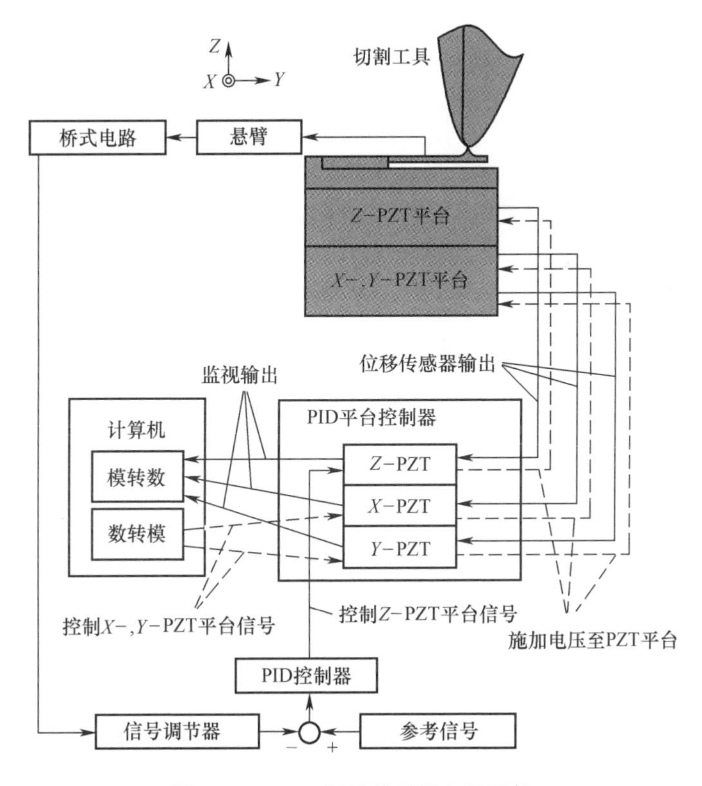

图 9.23　AFM 探针单元的电子元件

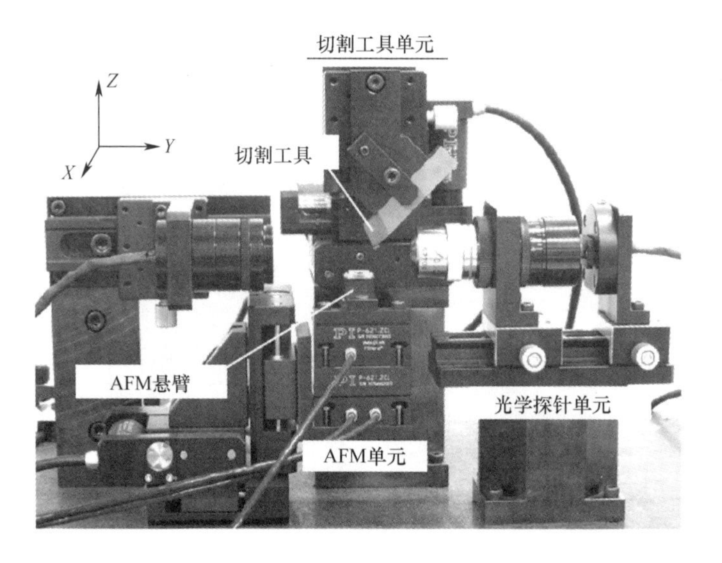

图 9.24　用于三维切割边缘轮廓的测量仪器的照片

9.3.2　仪器性能

首先测试了仪器对准切割工具和 AFM 悬臂的能力。样品是一个圆头半径为 0.2mm 的单晶金刚石切割工具。该工具的前角为 0°,后角为 7°。原子力显微镜悬臂梁的尖端半径在 20nm 左右,并且在实验之前并未使用。

图 9.25 和图 9.26 分别显示了沿 X 方向和 Y 方向定位工具边缘的结果。图中的误差栏显示了每个位置输出数据偏差的全频带,每幅图中的数据都用最小均方曲线拟合。在图 9.25 的实验中,切割工具通过切割工具单元的 X 方向的伺服电机驱动台以 1μm 的步幅向激光光束的中心移动。锁定放大器输出(对应于光电二极管输出的 AC 幅度)与 X 位移的曲线与仿真结果非常一致。锁定放大器输出在 x=0μm 处达到最小值,这是沿 X 方向的激光光束的中心,定位分辨率与 1μm 步进的相当。利用拟合曲线可以提高分辨率。

类似地,图 9.26 中的结果表明,工具边缘顶端在 y=0μm 处沿 Y 方向接近激光光束腰的中心。在实验中,切割工具通过切割工具单元的 Y 方向的伺服电机驱动台以 1μm 的步幅向激光光束中心移动。Y 方向的定位分辨率也约为 1μm。图 9.27显示了切割工具单元的 Z 向伺服电机驱动台以 0.1μm 的步长沿 Z 方向扫描工具边缘顶端所获得的结果。锁定放大器输出的导数是由每个位置锁定放大器输出的平均值计算出来的。从图中可以看出,工具边缘顶端接近光束腰的中心,约在 z=0 时,锁定放大器的导数达到最大值。沿 Z 方向的定位分辨率约为 0.5μm。

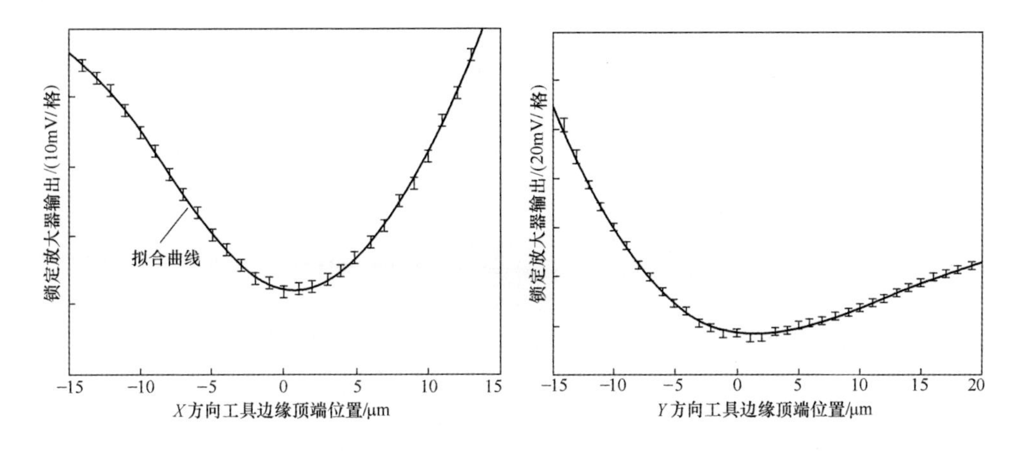

图 9.25　切割工具边缘顶端沿 X 方向对准　　　图 9.26　切割工具边缘顶端沿 Y 方向对准

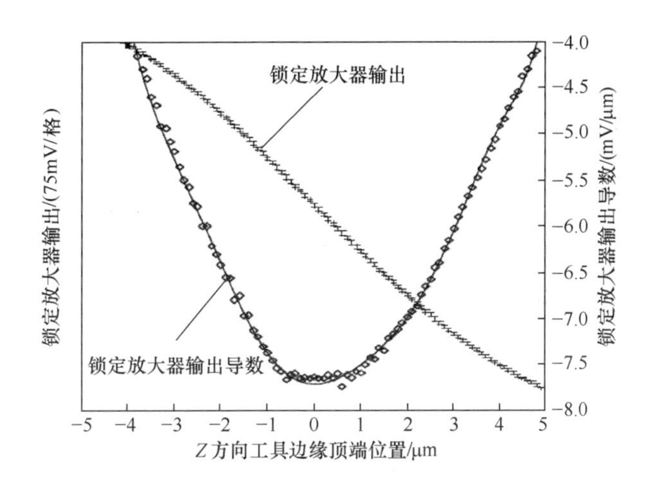

图 9.27　切割工具边缘顶端沿 Z 方向对准

此时,工具边缘顶端已经在 X、Y 和 Z 方向与激光光束腰部的中心对准。在记录束腰中心的工具边缘顶端的坐标之后,从激光光束中拉出工具边缘,并且通过 X 方向和 Y 方向伺服电机驱动的平台将 AFM 探针以步幅分别为 1μm 的速度带入激光光束中。图 9.28 分别显示了 AFM 尖端沿 X 方向和 Y 方向的定位结果。从图 9.28(a)可以看出,AFM 尖端在 $x=0\mu m$ 处沿 X 方向与激光光束腰部的中心对准,X 方向的定位分辨率约为 1μm。然而,当在 Y 方向上对准 AFM 尖端时,在图 9.28(b)所示的输出中,在 80μm 的扫描范围内存在多个峰,这使在这个方向上的对准变得困难。

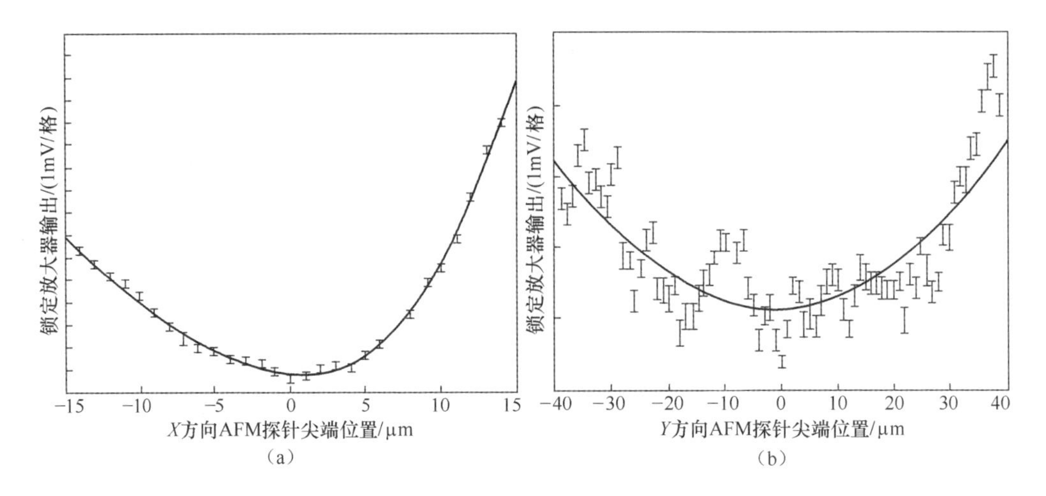

图 9.28　AFM 探针尖端的对准

(a)在 X 方向对准;(b)在 Y 方向对准。

Y 方向输出中显示的多个峰值是由光衍射引起的,图 9.29 显示了激光光斑的图像,衍射图案可以从图像中观察到。为了解决这个问题,对准过程如图 9.30 所示。

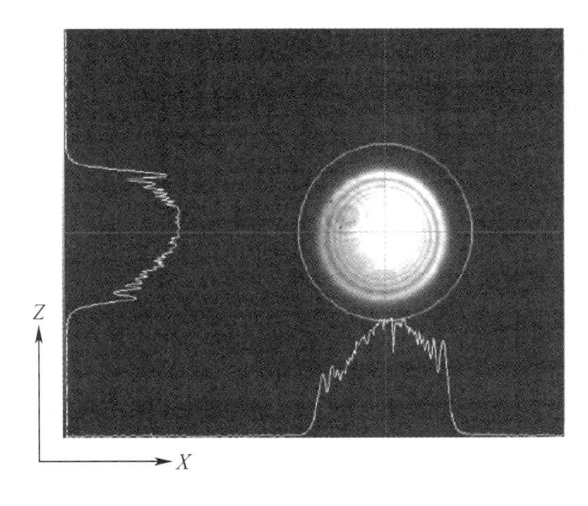

图 9.29　由光学缺陷引起的光衍射

假设悬臂尖端和切割工具顶端分别位于 P_{C0} 和 P_{T0} 上,并且对准前未知坐标。假设 C 点的坐标(也是未知的)是(x_0, y_0, z_0)。对准步骤如下。

步骤 1:沿着 X 方向移动工具对准平台,直到工具的切割边缘顶端的 X 坐标通过跟踪 PD 输出的最小值变为 x_0。

步骤 2:沿 Z 方向移动工具对准平台,直到工具的切割边缘顶端的 Z 坐标通过跟踪 PD 输出微分的最大值变为 z_0。

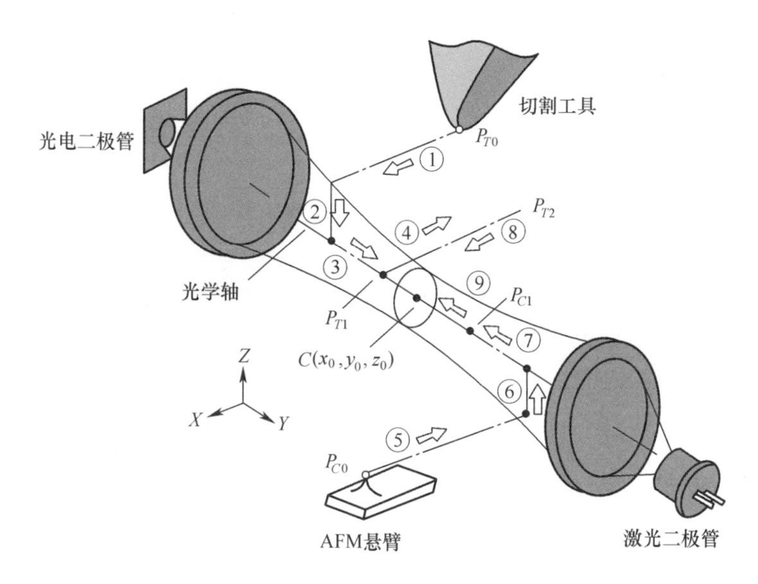

图 9.30　改进的对准程序

步骤 3:沿着 Y 方向移动工具对准平台,直到工具的切割边缘顶端的 Y 坐标通过跟踪 PD 输出的最小值接近 y_0。在 P_{T1} 上记录对准平台的位置。

步骤 4:移动工具对准平台,直到工具到达点 P_{T2},即离开激光光束。

步骤 5:沿着 X 方向移动 AFM 对准平台,直到 AFM 悬臂尖端的 X 坐标通过追踪 PD 输出的最小值变为 x_0。

步骤 6:沿着 Z 方向移动 AFM 对准平台,直到 AFM 悬臂尖端的 Z 坐标通过跟踪 PD 输出的最小值变为 z_0。

步骤 7:沿着 Y 方向移动 AFM 对准平台,直到 AFM 悬臂尖端的 Y 坐标通过追踪 PD 输出的最小值接近 y_0。

步骤 8:移动工具对准平台,直到工具返回到 P_{T1}。

步骤 9:沿着 Y 方向移动 AFM 对准平台,直到 AFM 悬臂尖端接触微型工具的切割边缘顶端。

一旦在实验中完成对准,AFM 探针尖端就会与工具边缘接触,进行三维边缘轮廓测量。工具边缘顶端保持静止,并且 AFM 探针尖端通过 AFM 单元的 Z 方向的 PZT 台沿着 Z 方向朝工具边缘顶端顶部移动以获得力曲线。该力曲线是接触力和 AFM 探针的位移之间的关系,接触力由 AFM 悬臂的压阻传感器计算,结果如图 9.31 所示。从图中可以看出,当位移为 4.3μm 时,AFM 探针尖端与工具边缘顶部接触。对于使用 AFM 单元的轮廓测量,参考接触力确定为 0.1~0.4μN。

图 9.32 显示了圆头半径为 0.2mm 的切割工具的三维边缘轮廓测量。以具有相同 X 步长的 Y 方向的光栅模式扫描工具边缘顶端,X 方向的扫描范围为 40μm,

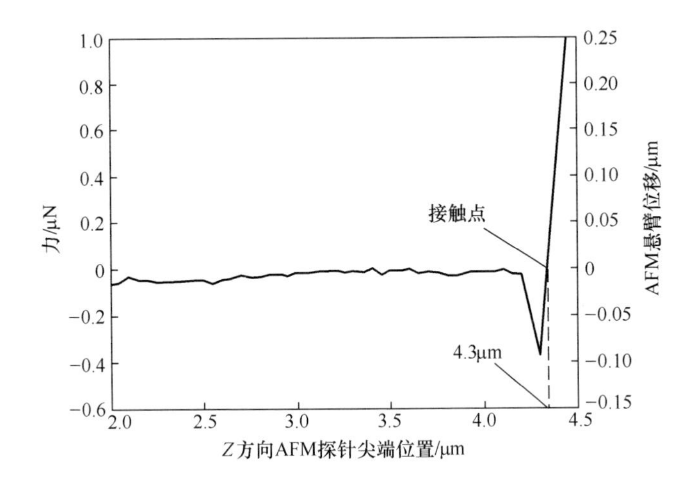

图 9.31　轮廓测量的力曲线和参考力

扫描线数为 200 条。Y 方向的扫描范围为 1.65μm，行数为 270 条。测定时间为 200μs，主要是由 AFM 单元的伺服控制电子设备限制。可以看出，我们成功地测量了切割边缘的三维边缘轮廓。

我们还测试了用于圆头半径小于 100μm 的微切割工具的仪器的校准和测量能力。

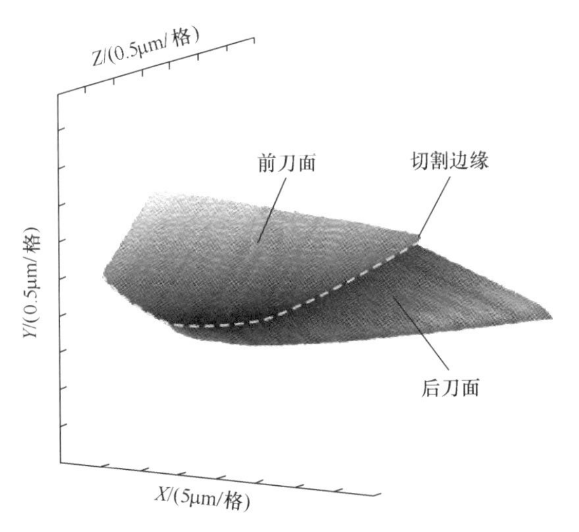

图 9.32　圆头半径为 0.2mm 的圆鼻形工具的三维轮廓测量结果

图 9.33 显示了在对准的测量仪器中的 AFM 悬臂和一个具有 1.5μm 的标称圆头半径微型工具的照片。从图中可以看出，微型工具的单晶金刚石切片黏合在不锈钢柄上，前角和后角分别为 0°和 7°。

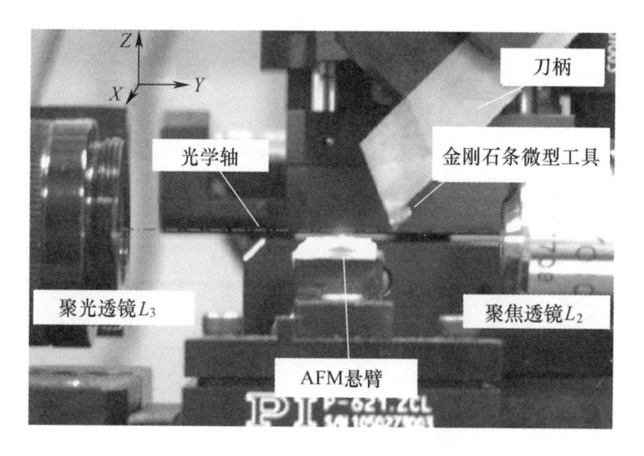

图 9.33　测量仪器中标称圆头半径为 1.5μm 的微型工具的校准和测量

图 9.34~图 9.36 分别显示了微型工具沿 X 方向、Z 方向和 Y 方向的对准结果。在 X 方向上对准期间,通过工具对准台的 X-平台以 0.7μm 的步长和 1 步/s 的速度朝着激光光束的光轴移动工具。如图 9.34 所示,当 X-平台的位移为 36μm 时,PD 的输出达到最小值 3.8V,这意味着微型工具的切割边缘顶部沿 X 方向与光轴对准。然后工具通过工具对准台的 Z-平台以 0.7μm 的步长和 1 步/s 的速度移动,以便在 Z 方向上对准。如图 9.35 所示,当工具的切割边缘顶部位于光轴时,PD 输出的导数达到最大值 0.29V/μm。Z-平台的位移为-45μm。最后,工具通过工具对准台的 Y-平台以 0.7μm 的步长和 1 步/s 的速度移动,用于在 Y 方向上对准,图 9.36 显示了结果。当 PD 输出达到最小值 2.0V 并且 Y-平台的位移为

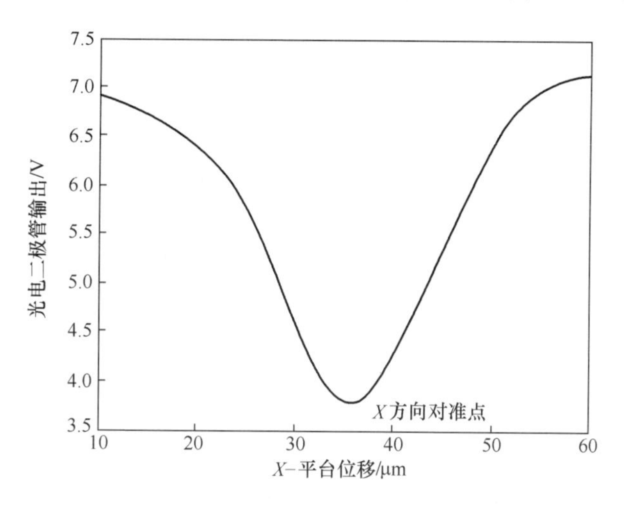

图 9.34　在 X 方向上标称圆头半径为 1.5μm 的微型工具的对准结果

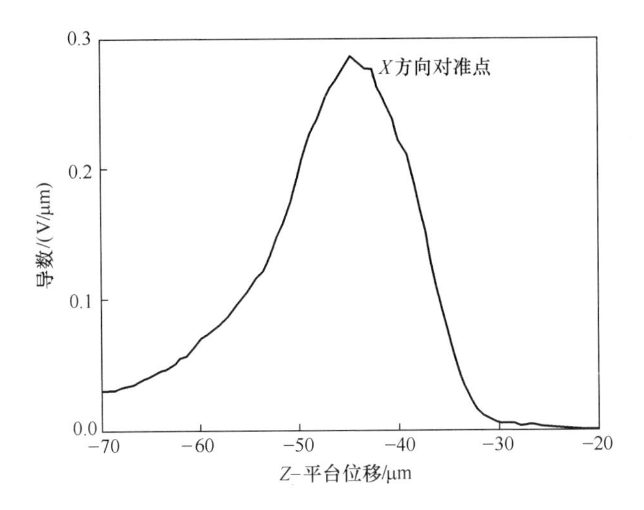

图 9.35　在 Z 方向上标称圆头半径为 1.5μm 的微型工具的对准结果

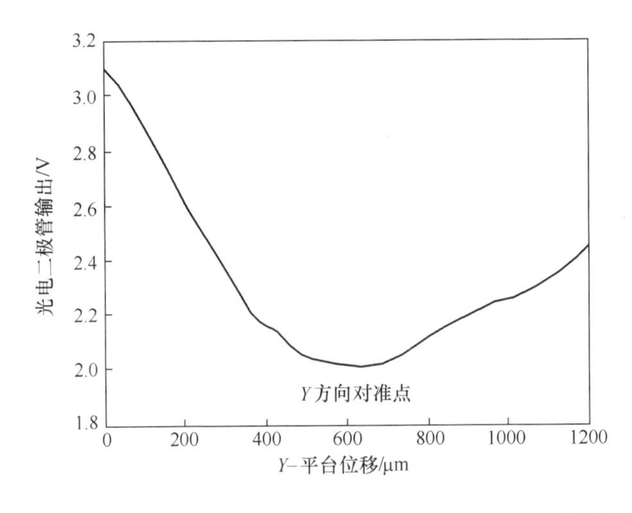

图 9.36　在 Y 方向上标称圆头半径为 1.5μm 的微型工具的对准结果

630μm 时，该工具位于激光光束腰部周围。在工具对准台的 X-、Y-和 Z-平台的位置被记录下来之后，该工具从激光光束中移出，以便可以进行 AFM 悬臂尖端的对准。Y 方向上的对准灵敏度低于 X 方向和 Z 方向上的对准灵敏度。X 方向和 Z 方向的对准分辨率约为 1μm，Y 方向的对准分辨率约为 20μm。

为了解决在 Y 方向上未对准的问题，使 AFM 悬臂沿 AFM 对准台的 Y-平台移动来接触工具切割边缘进行轮廓测量。在此过程中，通过测量悬臂的阻力输出来监测 AFM 悬臂的偏转。一旦接触建立，悬臂 Z 方向的位置由 Z-PZT 执行器伺服控制，使得压阻悬臂的偏转以及电阻输出保持静止。AFM 的测量力与 AFM 悬臂的偏转成比例,设定为 0.1μN。

图 9.37 显示了微型工具的三维切割边缘轮廓的结果。通过使用 X-PZT 执行器和 Y-PZT 执行器,AFM 尖端以具有相同 X 步长的 Y 方向的光栅模式进行扫描。扫描范围为 5μm(X)×2.3μm(Y)。Y 方向上的扫描点数为 500,X 方向上的扫描线数为 100,扫描时间约为 3.5min,测量重复 3 次。提取 YZ 平面中的截面轮廓,用于评估切割边缘锐度(ρ)、圆头半径(r)和边缘轮廓不圆度。如图 9.38 所示,图中绘

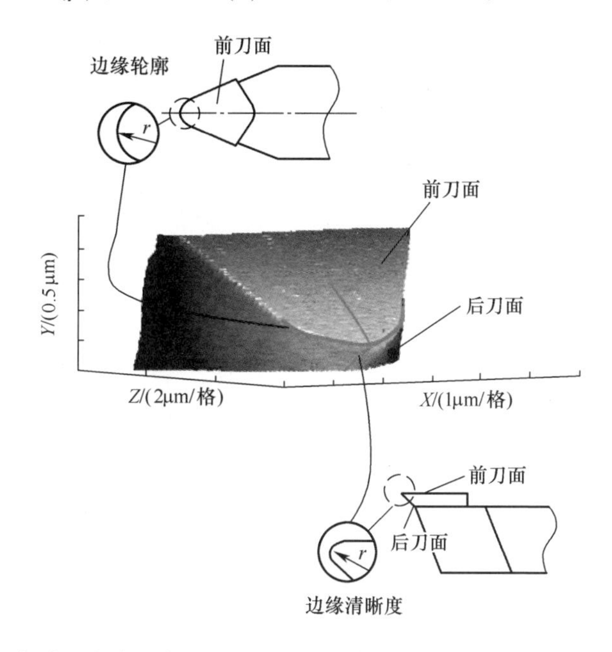

图 9.37 标称圆头半径为 1.5μm 的微型切割工具的三维边缘轮廓的测量结果

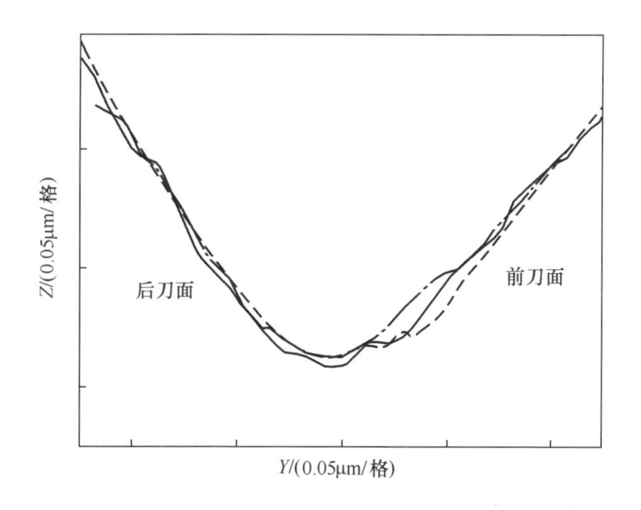

图 9.38 标称圆头半径为 1.5μm 的微型切割工具边缘锐度的测量结果

制了 3 个重复的结果,边缘锐度评估约为 40nm,重复性为 5nm。图 9. 39 显示了不圆度的评估结果,评估不圆度为 42nm,重复性为 8nm。圆头半径评估为 1. 520μm,重复性为 10nm。图 9. 40 显示了用于检查切割工具的仪器照片,图 9. 41 显示了仪器的微型切割工具的测量结果。

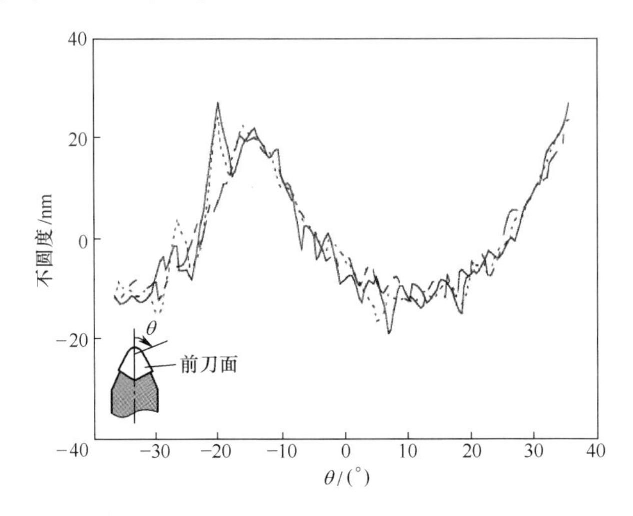

图 9. 39　标称圆头半径为 1. 5μm 的微型切割工具的不圆度测量结果

图 9. 40　为检查金刚石切割工具而开发的测量仪器的照片

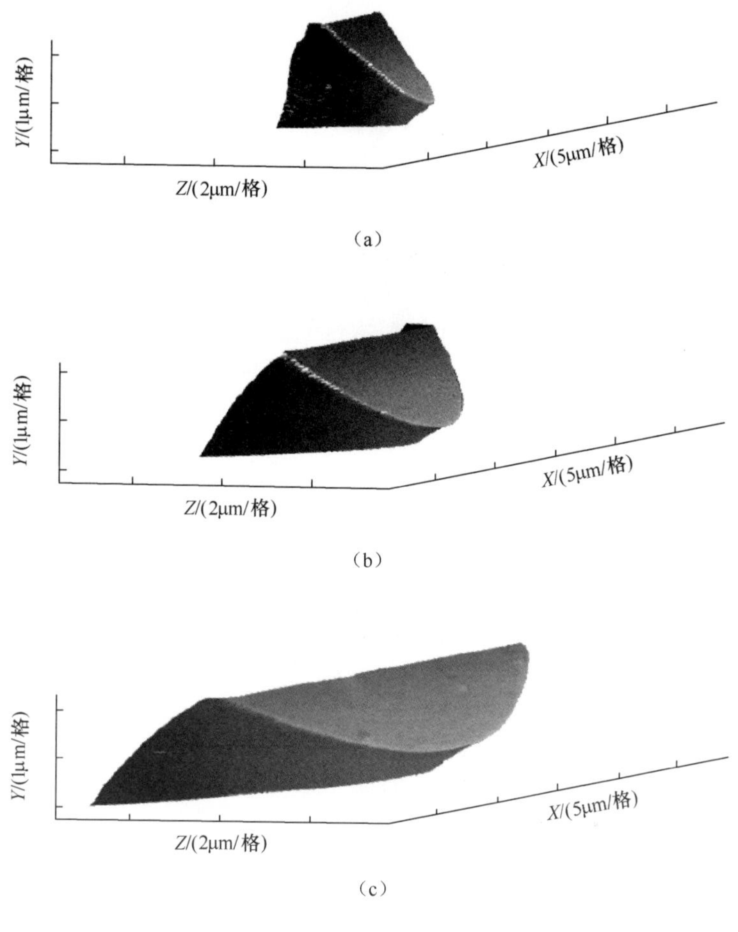

图 9.41　微型工具的三维测量结果

(a)标称圆头半径为 1.5μm;(b)标称圆头半径为 8μm;(c)标称圆头半径为 30μm。

9.4　小结

本节提出了一种用于自动对准 AFM 悬臂的探针尖端和单点金刚石工具的切割边缘顶部的光学对准传感器。激光束的光轴沿着 Y 方向从光学传感器的激光源聚焦,在 AFM 探针尖端和切割工具边缘顶端附近形成束腰,然后激光光束被透镜收集并被引导至光电二极管。光电二极管的输出被验证为使 AFM 尖端和/或工具边缘顶端的 X、Y 和 Z 位置的函数,用于 AFM 尖端与工具边缘顶端的对准。还

证实在沿 Z 方向对准之前，必须沿 X 方向对准工具边缘顶端。

本节已经基于所提出的光学对准探针设计和构造了测量仪器。除了光学探头之外，该仪器还包括一个用于切割边缘精确轮廓测量的 AFM 单元。AFM 单元采用闭环控制的 PZT 扫描仪，行程为 100μm。直接影响 AFM 测量精度的扫描运动的线性度是扫描范围的 0.02%。光学探头为 AFM 单元和工具设计有足够的工作空间。AFM 单元和微型工具安装在由 X、Y 和 Z 方向线性平台驱动的校准台上，以便快速对准 AFM 悬臂和微型工具切割边缘。

本节通过测量具有不同标称圆头半径的圆头工具，证明了测量仪器的可行性。最小的工具标称圆头半径为 1.5μm。安装和对准 AFM 悬臂和 1.5μm 工具的时间约为 20min，测量工具的三维切割边缘轮廓约为 3.5min。测得工具锐度、刀尖半径和工具轮廓不圆度分别为 40nm、1.520μm 和 42nm。

参考文献

[1] Krauskopf B (1984) Reflecting demands for precision. Manuf Eng 92(5):90-100

[2] Moriwaki T, Okuda K (1989) Machinability of copper in ultra-precision micro diamond cutting. Ann CIRP 38(1):115-118

[3] Ikais N, Shimada S, Tanaka H (1992) Minimum thickness of cut in micromachining. Nanotechnology 3:6-9

[4] Bruzzone AAG, Costa HL, Lonardo PM, Lucca DA (2008) Advances in engineered surfaces for functional performance. Ann CIRP 57(2):750-769

[5] Ohmori H, Katahira K, Naruse T, Uehara Y, Nakao A, Mizutani M (2007) Microscopic grinding effects on fabrication of ultra-fine micro tools. Ann CIRP 56(1):569-572

[6] Paul E, Evans CJ, Mangamelli A, McGlauflin ML, Polvani RS (1996) Chemicalaspects of tool wear in single point diamond turning. Precis Eng 18:4-19

[7] Gao W, Araki T, Kiyono S, Okazaki Y, Yamanaka M (2003) Precision nanofabrication and evaluation of a large area sinusoidal grid surface for a surface encoder. Precis Eng 27(3):289-298

[8] Maeda Y, Uchida H, Yamamoto A (1989) Measurement of the geometric features of a cutting tool edge with the aid of a digital image processing technique. Precis Eng 11(3):165-171

[9] Doiron TD (1989) Computer vision based station for tool setting and tool form measurement. Precis Eng 11(4):231-238

[10] Oomen JM, Eisses J (1992) Wear of monocrystalline diamond tools during ultraprecision machining of nonferrous metals. Precis Eng 14(4):206-218

[11] Soãres S (2003) Nanometer edge and surface imaging using optical scatter. Precis Eng 27(1):99-102

[12] Drescher J (1993) Scanning electron microscopic technique for imaging a diamond tool edge.

Precis Eng 15(2):112-114

[13] Yousefi R, Ichida Y (2000) A study on ultra-high-speed cutting of aluminum alloy: formation of welded metal on the secondary cutting edge of the tool and its effects on the quality of finished surface. Precis Eng 24(4):371-376

[14] Malz R, Brinksmeier E, Preuß W, Kohlscheen J, Stock HR, Mayr P (2000) Investigation of the diamond machinability of newly developed hard coatings. Precis Eng 24(2):146-152

[15] Born DK, Goodman WA (2001) An empirical survey on the influence of machining parameters on tool wear in diamond turning of large single-crystal silicon optics. Precis Eng 25(4):247-257

[16] Asai S, Taguchi Y, Horio K, Kasai T, Kobayashi A (1990) Measuring the very small cutting-edge radius for a diamond tool using a new kind of SEM having two detectors. Ann CIRP 39(1):85-88

[17] Binning G, Quate CF, Gerber CH (1986) Atomic force microscope. Phys Rev Lett 56:930-933

[18] Danzebrink HU, Koenders LK, Wilkening G, Yacoot A, Kunzmann H (2006) Advances in scanning force microscopy for dimensional metrology. Ann CIRP 55(2):1-38

[19] Lucca DA, Seo YW (1993) Effect of tool edge geometry on energy dissipation in ultra-precision machining. Ann CIRP 42(1):83-86

[20] O'Shea DC (1984) Elements of modern optical design. Wiley, New York

第10章 微尺寸测量的扫描图像传感器系统

10.1 概述

纳米制造的微结构中的长度、深度、宽度和半径等微观尺寸的测量是精密纳米计量学的重要任务。一些微结构是在长行程中的工件上面制造的，并且必须在整个行程上进行微尺寸的测量。在这种情况下，它要求测量系统具有足够快的测量速度。

一个由物镜和图像传感器组成的图像传感器系统是测量微观尺寸的理想选择[1-5]。图像传感器，包括区域图像传感器和行图像传感器，在使用高倍率物镜时，具有非接触式、高速度以及高分辨率等优点。当图像传感器系统用于在长行程中测量微小尺寸时，它总是具有小视野的缺点，这可以通过在微观维度上扫描系统来克服。但是，扫描图像传感器系统存在许多其他挑战。一个是扫描运动误差的影响，由于高放大率物镜的焦深很小，一般在几微米左右，因此扫描误差大于焦深将会产生测量误差，对于长行程的微尺寸测量而言，这尤其是一个挑战；另一个挑战是如何在短的测量时间内提供微观尺寸的三维信息，因为图像传感器系统提供的图像仅仅是三维结构的二维投影，为了使三维测量成为可能，有必要沿着光轴移动图像传感器系统以拍摄多个图像，这使长行程中的微观尺寸测量非常耗时。

本章分别介绍了两个扫描图像传感器系统，用于快速和准确地测量长缝的微宽度和长边的微半径。

10.2 使用扫描区域图像传感器测量微宽度

10.2.1 长工具狭缝的微宽度

10.2 节讨论了用于狭缝式模具涂布的工具微宽度的测量。狭缝式模具涂布用于涂覆液体涂层,如黏合剂和低黏度液体[6]。在这项技术中采用狭缝式模头作为涂布工具[7]。涂布工具的主要功能是将液体散布到基材薄膜中,如图 10.1 所示。该工具的狭缝长度为几米,宽度在 100μm 量级,所施加的液体从该处流出(图 10.2)。狭缝由两个精密磨床加工而成的精密元件构成。每个精密部件都具有平坦区域,其在 *X* 方向上的尺寸最大为几米,在 *Y* 方向上的尺寸为几百毫米。在整个狭缝上,狭缝宽度的偏差(其对涂布工具的性能有很大影响)需要小于几微米。因此,测量缝隙宽度偏差对涂布工具制造过程控制至关重要[8]。

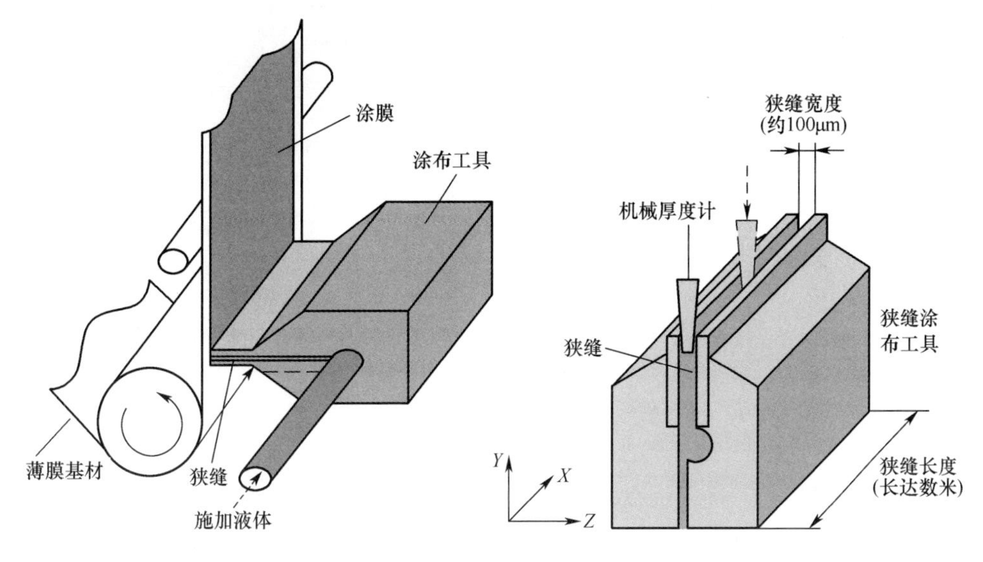

图 10.1　狭缝式模具涂布的示意图

图 10.2　长狭缝的涂布工具和使用机械厚度计的传统测量方法

如图 10.2 所示,通常使用机械厚度测量仪沿着狭缝的 *X* 方向逐点测量狭缝宽度。该测量依赖于操作员的技能,耗时且缺乏准确性,还有可能损坏狭缝的边缘。虽然可以通过在狭缝上沿着 *Z* 方向扫描位移传感器来执行狭缝宽度测量,但是测量精度受到传感器的边缘效应和扫描机构的误差运动的影响,测量时间也太长。

在 10.2 节中,介绍了一种扫描区域图像传感器方法,用于涂布工具的微缝测量。通过区域图像传感器沿 *X* 方向扫描狭缝顶面上的狭缝宽度的这种方法可以预期提供非接触、快速和准确的测量。

10.2.2　狭缝宽度的评估

图 10.3 显示了使用区域图像传感器进行狭缝宽度测量的示意图[9]。带有物镜的区域图像传感器安装在狭缝的顶部以拍摄狭缝的图像。区域图像传感器的像

素数在 Z 方向和 X 方向上分别为 720 和 480。物镜的放大倍数设置为 450，图像的视场为 680μm（Z）×510μm（X）。图 10.4 显示了图像传感器拍摄的狭缝区域原始图像的一部分。图像的黑暗区域是狭缝部分，因为没有光线反射回图像传感器，白色区域是形成狭缝的精密元件的顶部表面。

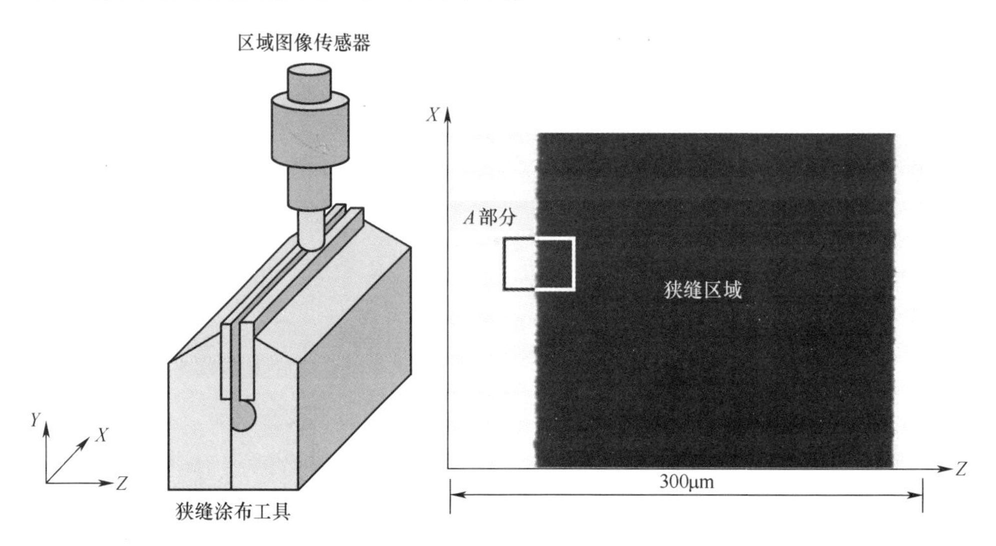

图 10.3　使用阵列图像传感器的狭缝宽度测量方法

图 10.4　阵列图像传感器采集的狭缝区域的原始静态图像

图 10.5 显示了图 10.4 中边缘部分（部分 A）的特写视图。可以看出，由于精密元件的顶面的倾斜引起的散焦，狭缝区域与精密元件顶面之间的图像中的边界不清楚。为了识别狭缝的边界，通过使用如下的图像处理来评估图 10.6 中所示的二值图像[10]：

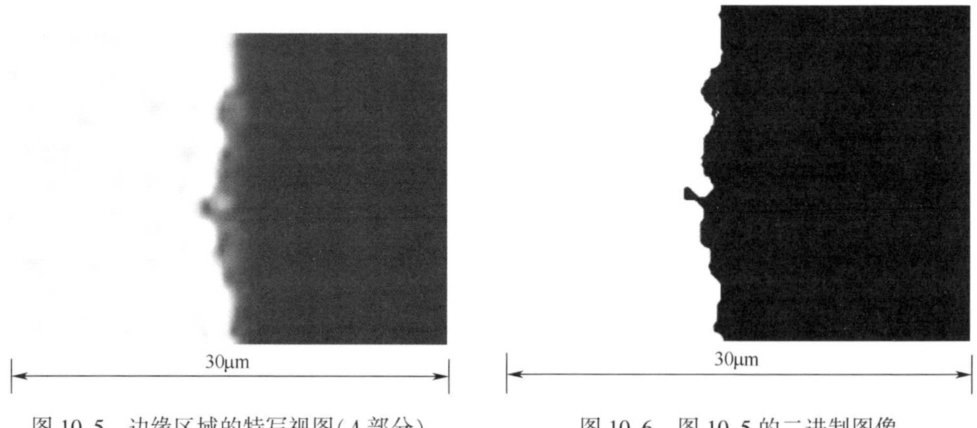

图 10.5　边缘区域的特写视图（A 部分）

图 10.6　图 10.5 的二进制图像

$$
I_B(x,z)=\begin{cases}255, & I(x,z)\geqslant T\\ 0, & I(x,z)\leqslant T\end{cases} \tag{10.1}
$$

式中:$I(x,z)$为(x,z)坐标处的区域图像传感器的像素的原始强度,范围为 0~255;$I_B(x,z)$为二进制图像的强度,或为 0 或为 255;T 为阈值。

图 10.7 显示了图 10.4 的二进制图像。图 10.8 显示了二进制处理之前和之后图 10.7 中线 BB'的强度,二进制处理之后,边缘的边界变得清晰。

图 10.7 还显示了沿着 X 方向的位置 x_i 处的狭缝宽度的评估范围。为了减少随机误差的影响,采用沿着 X 方向的 N 行像素的二进制数据。通过对该范围内的数据进行平均来评估狭缝宽度。

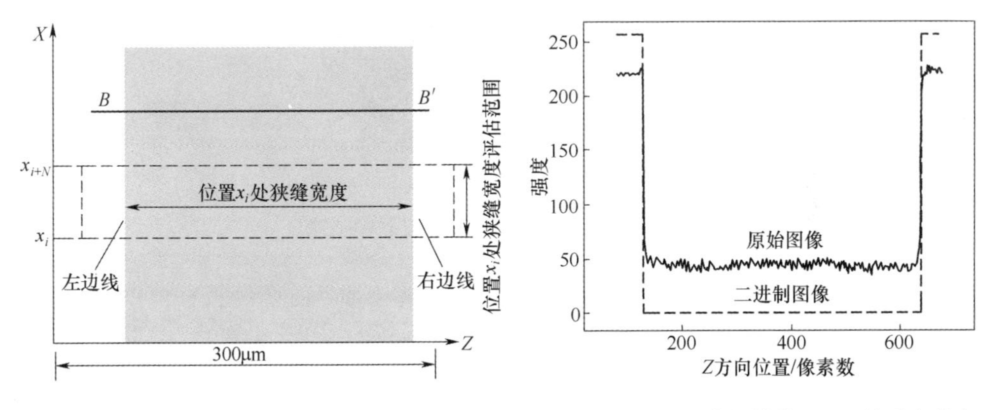

图 10.7 图 10.4 的二进制图像

图 10.8 图 10.7 中的横截面 BB'的强度分布

10.2.3 扫描区域图像传感器

如图 10.9 所示,通过用移动平台扫描区域图像传感器,可以测量整个狭缝上的狭缝宽度。测量有两种扫描模式,在模式 1 中,区域图像传感器沿 X 方向逐步移动。在每个步骤中,区域图像传感器都会拍摄狭缝的静态图像,这种类型的测量非常简单但费时。在模式 2 中,图像传感器以恒定速度沿着 X 方向移动以拍摄狭缝的视频。在这种扫描模式下,测量时间可以大大缩短。假设拍摄一帧图像的时间为 T/s,扫描速度为 v(mm/s)。每帧图像是沿 X 方向在 T_v/mm 范围内的平均值。在下文中,模式 1 和模式 2 分别称为静态测量模式和连续测量模式。

图 10.10 显示了与扫描相关的误差运动。如图 10.10(a)所示,沿 Z 方向的误差运动不会影响测量,因为狭缝两边的图像是由区域图像传感器同时拍摄的。但是,另一方面,图 10.10(b)所示的沿 Y 方向的误差运动直接影响图像传感器的焦点位置。由于高放大倍数物镜的焦点深度只有几微米,因此大于该量值的误差会给狭缝宽度测量带来误差。

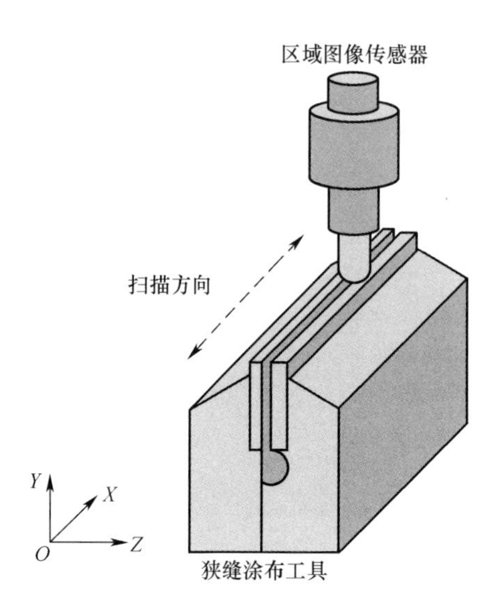

图 10.9　沿狭缝扫描区域图像传感器

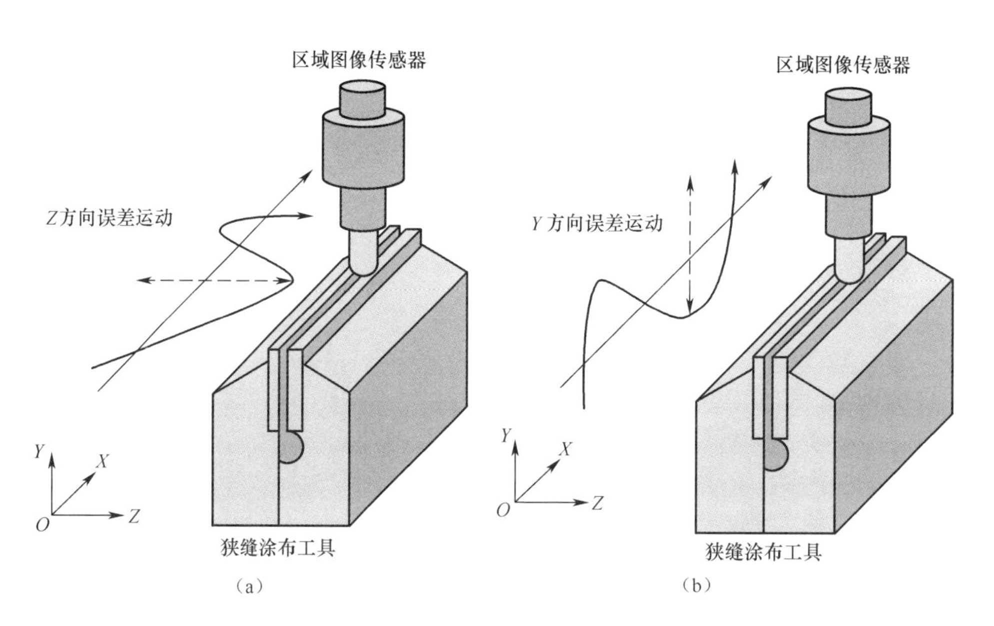

图 10.10　扫描误差运动

(a)沿 Z 方向的误差运动;(b)沿 Y 方向的误差运动。

图 10.11 和图 10.12 显示了安装在不同 Y-位置的图像传感器拍摄的图像。图 10.11 所示的图像是在焦点位置($y = 0\mu m$)拍摄的,图 10.12 所示的图像是在 $50\mu m$($y = -50\mu m$)的散焦位置,通过沿 Y 方向移动相机拍摄的。

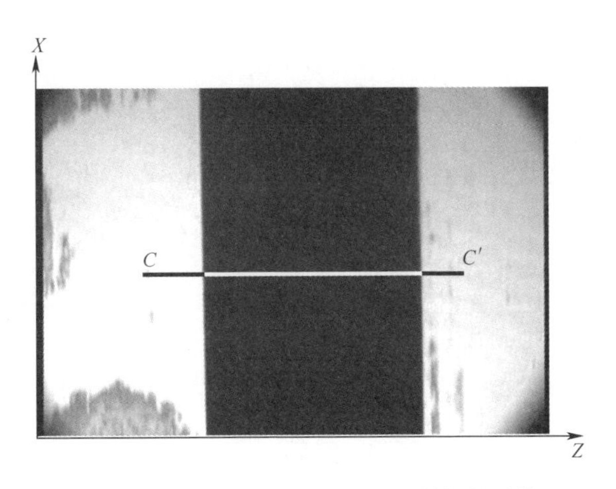

图 10.11　在焦点位置($y=0\mu m$)拍摄的图像

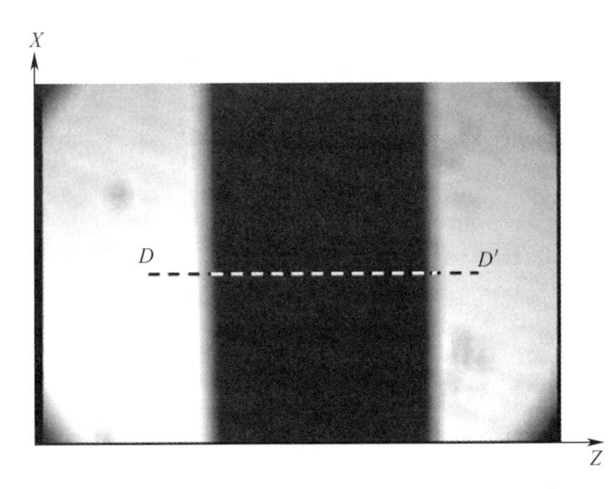

图 10.12　在离焦位置($y=-50\mu m$)拍摄的图像

通过比较图像可以观察到散焦对图像的影响,精密元件上表面的平坦度误差或涂布工具的倾斜也具有相同的影响。在静态测量模式下,可以在每个采样位置重新调整焦点,以避免 Y 方向误差运动的影响;在连续测量模式下,也可以把伺服控制系统用于图像传感器的 Y 位置,但是,这会使测量系统变得复杂。

因此,我们提出了一种简单的方法来减少 Y 方向误差运动的影响,特别是在连续测量模式下。在这种方法中,为了进行二进制处理,选择式(10.1)中所示的合适的阈值 T。图 10.13 显示了图 10.11 中 CC'线和图 10.12 中 DD'线上二值图像的强度分布,获得的二值图像分别具有 127 和 145 的不同阈值。区域图像传感器的像素数在 Z 方向和 X 方向上分别为 720 和 480,图像的对应视场为 $310\mu m(Z)\times 230\mu m(X)$。从图中可以看出,与在 $y=0\mu m$ 处拍摄的图像相比,在 $y=$

$-50\mu m$ 处拍摄的强度分布图像的左右边缘线都向左移动。

当阈值 T 设定为 127 时,评估的狭缝宽度(左边缘线与右边缘线之间的距离)发生了显著变化。另一方面,当 T 设定为 145 时,评估的狭缝宽度变化很小。结果表明 Y 方向误差运动的影响可以通过选择适当的阈值 T 来减少。

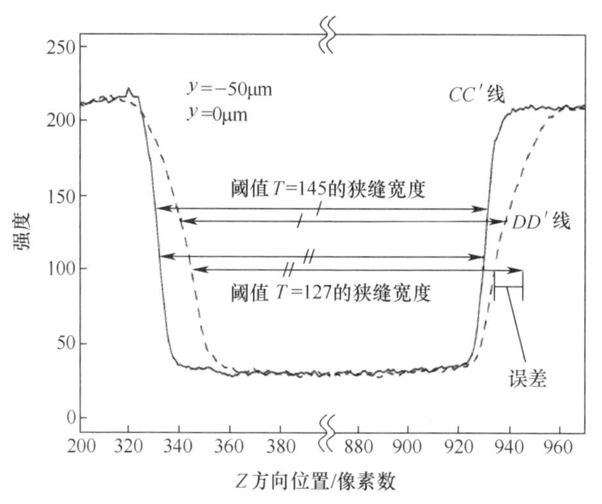

图 10.13 在不同的 Y 位置获得的强度分布

图 10.14 显示了评估的狭缝宽度相对于图像传感器的 Y-位置的变化。物镜的放大倍率被设置为 450,对应于 $680\mu m(Z)\times510\mu m(X)$ 的视场。由图可以看出,当阈值 T 设置为 145 时,评估的狭缝宽度的变化在 $S(-30\mu m<y<0\mu m)$ 的区域内小于 $0.1\mu m$。这意味着如果涂布工具的 Y 方向误差运动和平坦度不平整的总和小于 $30\mu m$,则不会影响狭缝宽度的测量。

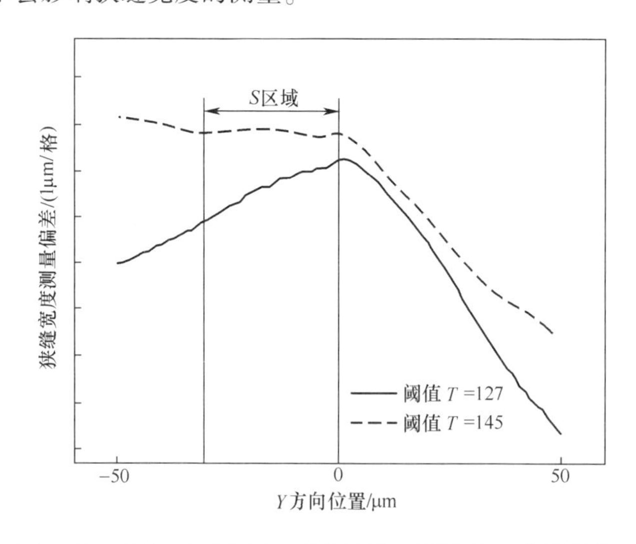

图 10.14 评估的狭缝宽度相对于图像传感器的 Y-位置的变化

10.2.4 生产线上的狭缝宽度测量

在生产线上也进行了精密涂布工具的狭缝宽度测量。图 10.15 为测量设置,精密涂布工具安装在平面型表面磨床的工作台上,在该表面磨床上加工了形成涂覆工具的精密元件。带有物镜的区域图像传感器安装在磨头上,图像传感器保持静止,并且涂布工具通过工作台沿着 X 方向移动,可以使用图像传感器扫描狭缝。

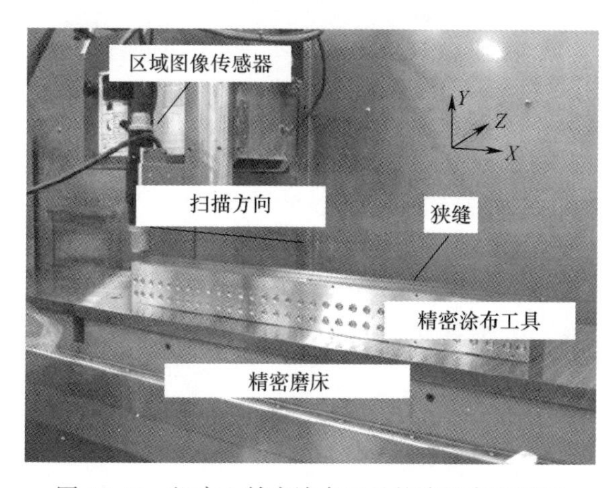

图 10.15 机床上精密涂布工具的狭缝宽度测量

在模式 1(静态测量模式)和模式 2(连续测量模式)的测量模式中执行宽度测量。表 10.1 显示了测量参数。

表 10.1 测 量 参 数

参 数	模式 1	模式 2
涂布工具的长度/mm	1400	
狭缝的标称宽度/μm	150	
区域图像传感器的像素数	1360(Z)×1024(X)	720(Z)× 80(X)
平台的扫描速度		42. 5mm/s
沿 X 方向采样点	14	1000
测量时间	15min	30s

图 10.16 显示了模式 1 和模式 2 的测量结果。模式 1 的两次重复测量的结果如图 10.16(a)所示,常规测厚仪的测量结果也用于比较。从图 10.16(a)可以看出,模式 1 的测量结果与厚度计的测量结果一致。对于狭缝宽度测量,模式 1 的分

辨率为 0.5μm,高于测厚仪的分辨率。图 10.16(b)显示了模式 2 的测量结果,工作台以 42.5mm/s 的速度移动,测量时间约为 30s,比模式 1 的时间短得多。

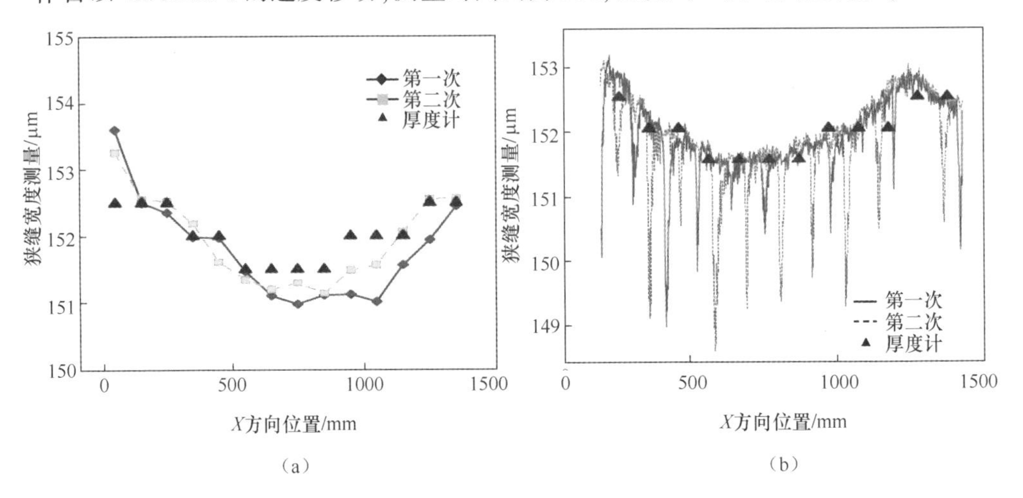

图 10.16 狭缝宽度测量的结果

(a)模式 1 和传统厚度计的结果;(b)模式 2 和传统厚度计的结果。

图 10.16(b)所示结果中的高频分量是由同一机械车间内其他机床的振动引起的。结果用六次多项式曲线拟合以消除振动误差的影响,拟合结果如图 10.17 所示。图中还显示了两次重复测量结果之间的差异。在图 10.17 中可以看出,狭缝宽度测量的模式 2 的可重复性约为 0.2μm。

图 10.18 显示了一种狭缝宽度测量的仪器,用于基于 10.2 节中描述的技术对精密涂布工具进行在线检测。

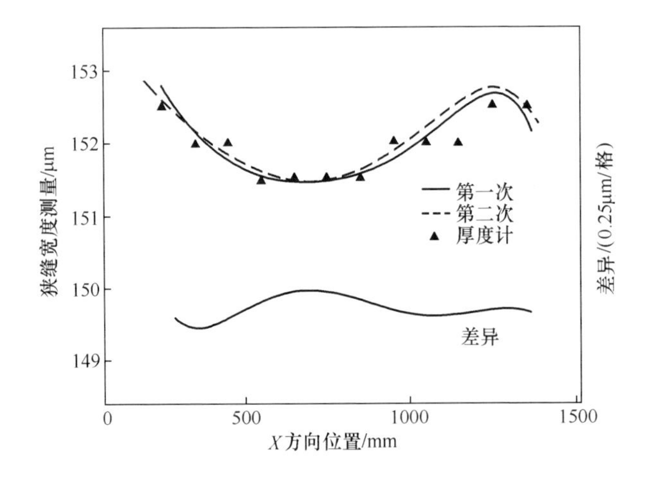

图 10.17 拟合后模式 2 测量的狭缝宽度的结果

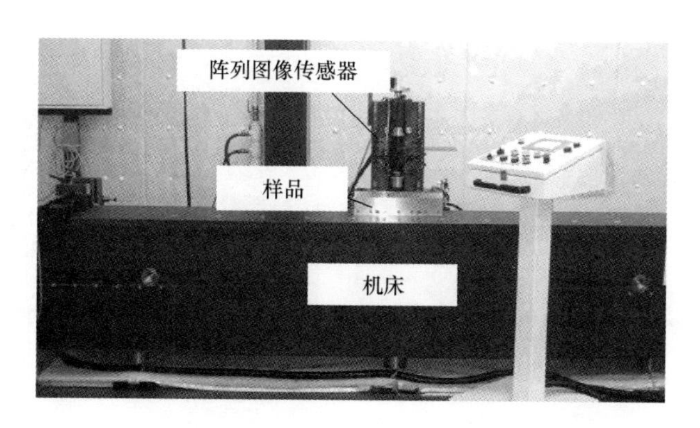

图 10.18　开发的精密狭缝涂布工具在线检测的狭缝宽度测量仪器

10.3　使用扫描行图像传感器测量微小半径

10.3.1　长工具边缘的微小半径

许多由纳米制造制备或用于纳米制造的工具具有长的微边缘。图 10.19 显示的便是一个例子,该工具称为挤塑板模,用于挤出塑料薄膜。类似于 10.2 节所述的狭缝模具,通过组合两个精密元件来配置挤塑板模。该工具的长度可达几米,精密元件的边缘半径小于 100μm[11]。挤塑板模的功能是形成所需的薄膜形状和尺寸。因为模具边缘是挤出过程中的最终组件,所以模具边缘的轮廓最强烈地影响挤出物的质量,例如均匀性、厚度和表面粗糙度。因此,在整个工具长度上测量微边缘,尤其是微半径,对于挤出过程的质量控制是必要的。

由于工具的尺寸太大,很难将其安装在轮廓测量机上以测量边缘。传统上,边缘半径的测量通过复制工具边缘实现间接测量。图 10.20 显示了使用树脂作为复制品的照片。工具边缘的形状转移到树脂上,然后通过使用轮廓测量机器来测量复制的边缘形状。复制过程非常耗时,复制的准确性也不够好,且测量整个工具的边缘是不可能的。

本节描述了一种通过扫描行图像传感器来测量微半径的快速精确的方法。

10.3.2　评估边缘半径

图 10.21 显示了测量系统的示意图[12]。采用带物镜[13]的行图像传感器沿 X 方向扫描工具边缘顶端。图 10.22 显示了 YZ-平面中工具边缘的截面轮廓。假设

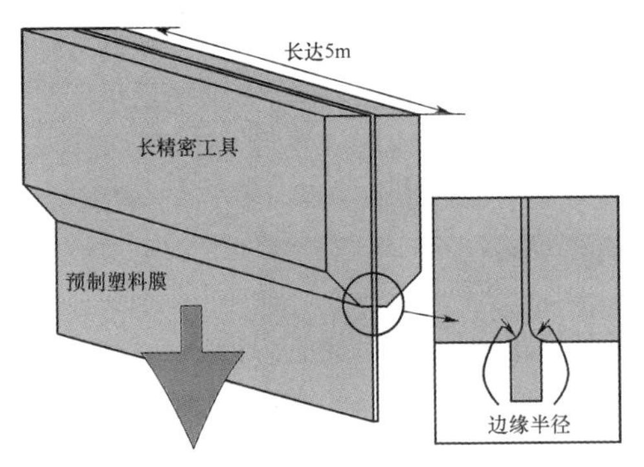

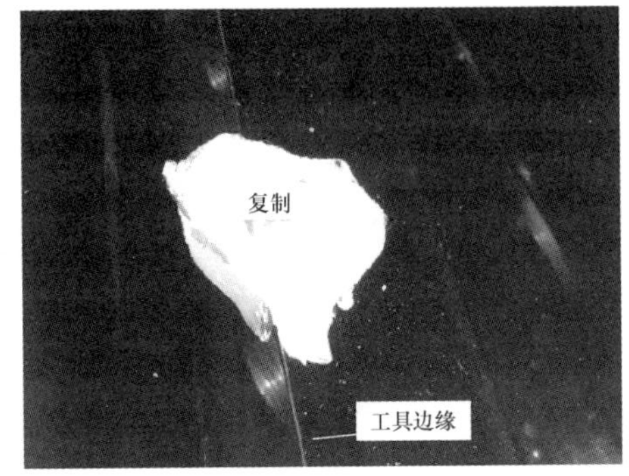

图 10.19 具有微边缘的长精度工具的示意图　图 10.20 传统微半径测量中工具边缘的复制

边缘由弧形和两条直线形成,边缘半径设为 R,照明光沿 Y 轴投影到边缘上,入射光与反射光之间的角度为 θ,反射光强度是角度 θ 的函数,当 $\theta=0$ 时强度达到最大值,随着 θ 的增加,强度变小。行图像传感器只能接收一定范围内的反射光,该范围由物镜的数值孔径、行图像传感器的尺寸和灵敏度以及边缘表面的反射率决定。假设行图像传感器可以接收到的反射光的范围是 $-\theta_0 \sim \theta_0$,相应的边缘宽度可以表示为

$$W = 2R\sin\theta_0 \tag{10.2}$$

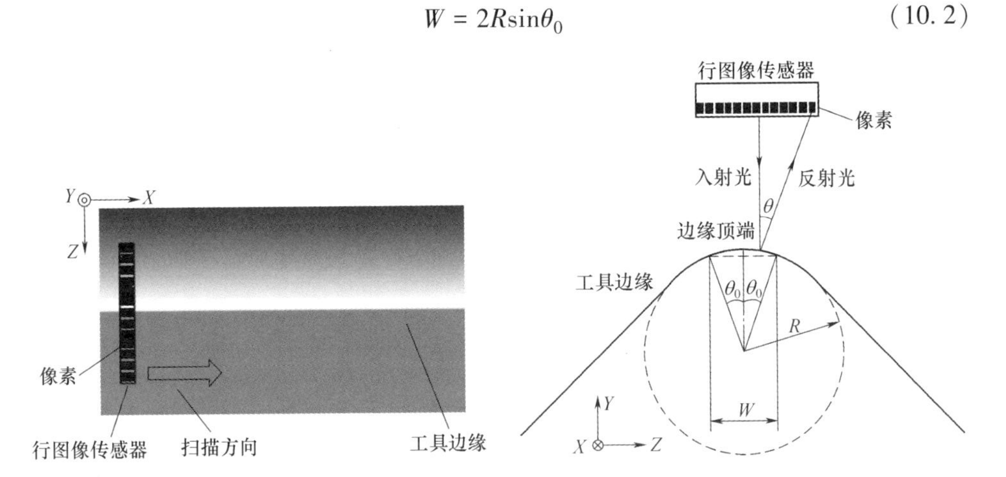

图 10.21 沿工具边缘扫描行图像传感器　图 10.22 边缘半径 R 与边缘宽度 W 之间的关系

因为边缘宽度 W 可以从行图像传感器的图像获得,所以边缘半径可以由下式获得

$$R = \frac{W}{2\sin\theta_0} = k \cdot W \tag{10.3}$$

其中

$$k = \frac{1}{2\sin\theta_0} \tag{10.4}$$

图 10.23 显示了行图像传感器拍摄的工具边缘顶端的图像。由于行图像传感器只能沿 Z 方向拍摄一行图像,有必要沿 X 方向扫描传感器,以获得工具特定范围内边缘的图像,传感器在 x_i 位置的强度输出也显示在图中。通过以下步骤从传感器输出中评估边缘宽度:

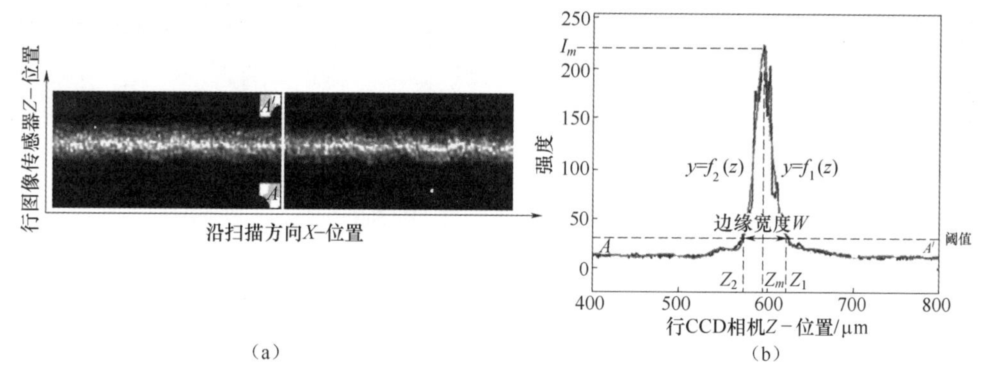

图 10.23 行图像传感器的扫描图像和边缘宽度评估的示例

(a)扫描线图像传感器的图像;(b)线 AA' 的强度分布。

步骤 1:确定最大强度值 I_m 和相应的像素位置 z_m;

步骤 2:通过函数 $f_1(z)$ 将强度曲线拟合在 $z>z_m$ 的范围内,并且通过函数 $f_2(z)$ 将强度曲线拟合在 $z<z_m$ 的范围内;

步骤 3:当 $f_1(z_1)$ 和 $f_2(z_2)$ 等于阈值时,评估像素位置 z_1 和 z_2;

步骤 4:按式(10.5)评估边缘宽度。

$$W = z_1 - z_2 \tag{10.5}$$

因为很难根据式(10.3)直接由评估的边缘宽度计算出边缘半径,因此引入了校准过程,通过使用已知半径的针规确定边缘宽度和边缘半径之间的关系。带有物镜和照明单元的行图像传感器安装在步进电机驱动的平台上,其运动轴沿 Y 方向,如图 10.24 所示。针规在传感器下方保持静止,行图像传感器在沿 Z 方向的 36.05mm 的长度上

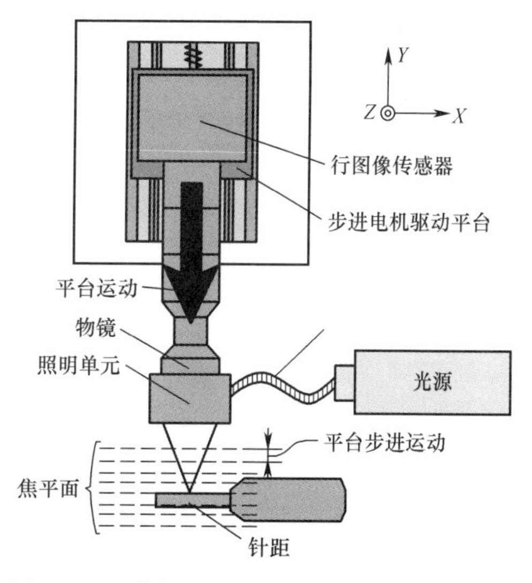

图 10.24 确定边缘半径和边缘宽度之间的关系

具有对准的 5150 个像素。像素间距为 7μm,数据速率为 40MHz,具有 10 位视频输出。物镜的放大倍数为 10,工作距离为 50.86mm。透镜沿 Z 方向的视场为 3.5mm,分辨率为 0.7μm。步进电机的分辨率为 0.02μm。表 10.2 显示了校准中使用的针规规格,针规的材料是碳化物,与工具相同。图 10.25 显示了针距的测量宽度。

表 10.2 针 规 规 格

直径/μm	精度/μm	直径/μm	精度/μm
50	±0.3	300	±0.1
75	±0.1	400	±0.1
100	±0.1	500	±0.3
150	±0.1	800	±0.3
200	±0.1	1000	±0.4

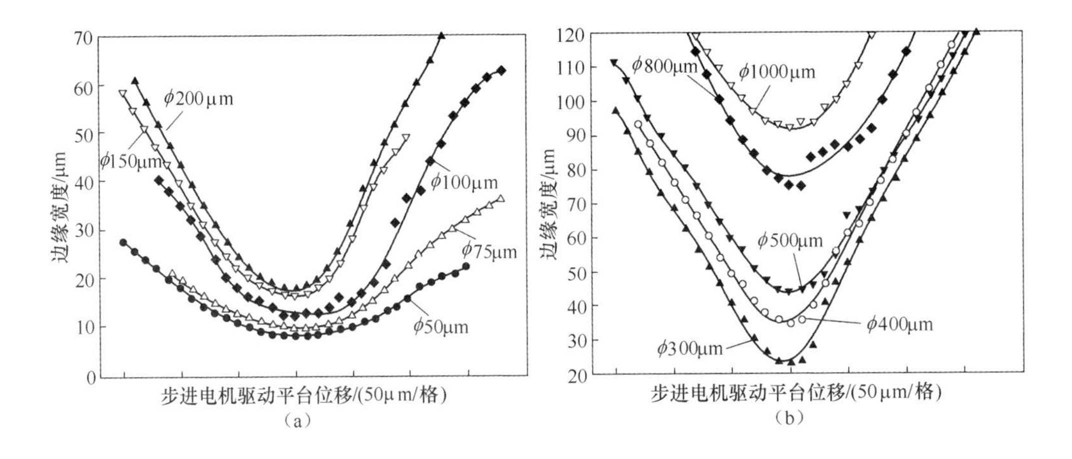

图 10.25 针规的测量宽度

(a)针规直径从 50μm 到 200μm 的结果;(b)针规直径从 300μm 到 1000μm 的结果。

在实验中,行图像传感器沿 Y 方向,在 300μm 范围内以 10μm 步长由平台推动。在每个步骤中,传感器拍摄边缘图像以评估边缘宽度。如图 10.25 所示,测量的边缘宽度随步进电机的位置而变化。最小值用作针距的边缘宽度值,这是在镜头的焦点位置获得的。图 10.26 显示了边缘宽度值和针距半径之间的关系,边缘宽度与边缘半径具有线性关系。该关系用于接下来的模具工具的测量,称为基于宽度的方法。

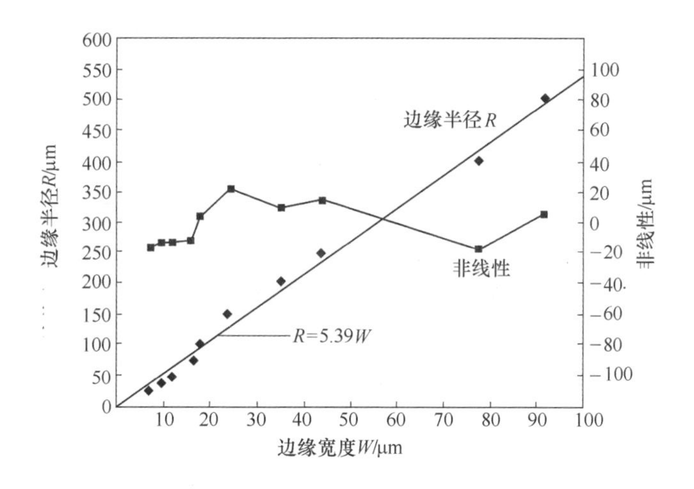

图 10.26　边缘宽度与边缘半径之间的关系

10.3.3　生产线上的边缘半径测量

图 10.27 显示了生产线中长的挤压工具边缘半径的测量系统示意图。该工具保持静止，行图像传感器通过 X-平台移动以沿着 X 方向扫描工具边缘顶端。由于工具长度为几米，在扫描过程中可能会出现大的散焦误差，这是由扫描台的运动误差以及工具边缘顶端相对于 X-平台的轴线的倾斜和非直线度造成的。从图 10.25

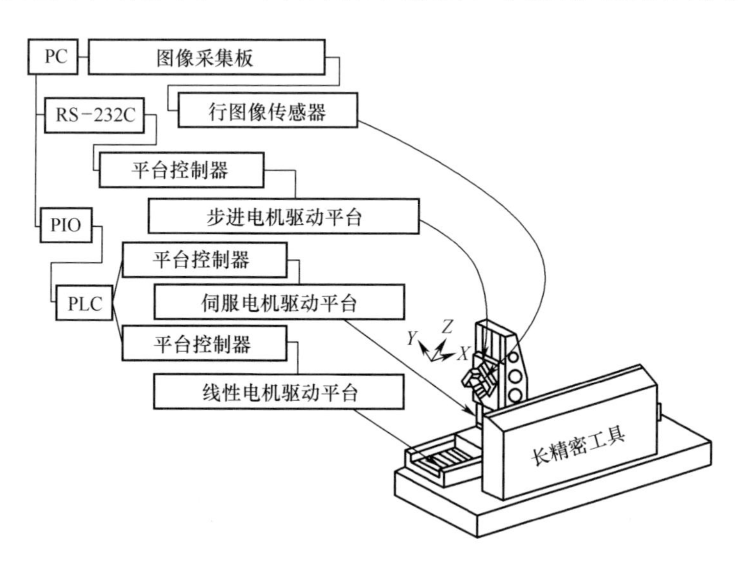

图 10.27　用于长的挤压工具边缘半径的测量系统

可以看出,图像传感器的散焦误差会给边缘宽度测量带来误差。虽然可以采用自动对焦机制来解决这个问题,但会使测量时间增加,仪器更复杂。如图 10.28 所示,通过 Y-平台沿 Y 方向来步进图像传感器来执行多次 X 扫描。

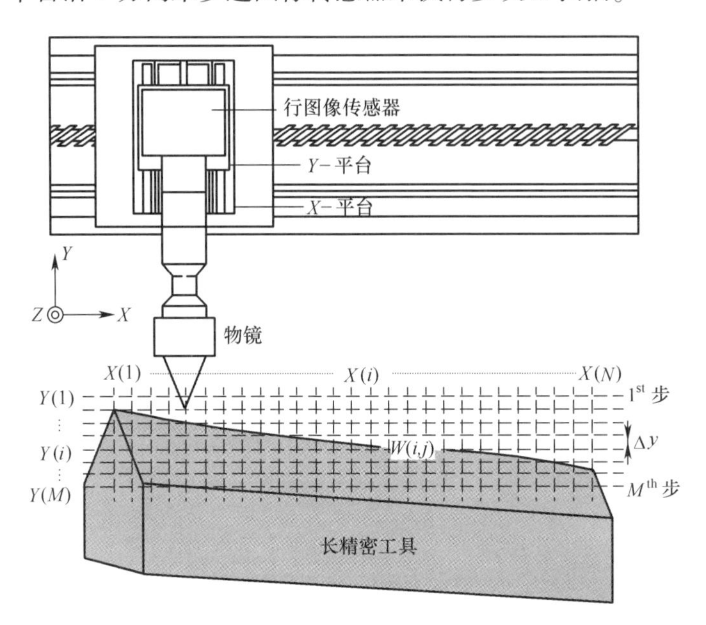

图 10.28　多次扫描以消除散焦误差

扫描边缘和评估边缘宽度的步骤如下。

步骤 1:设置沿 Y 方向的测量位置为 $Y(1)$。沿着 X 方向扫描图像传感器来计算边缘宽度值 $W(i,1)(i=1,2,\cdots,N)$。

步骤 2:移动 Y-平台,使 Y 方向的测量位置变为 $Y(2)$。沿着 X 方向扫描图像传感器来计算边缘宽度值 $W(i,2)(i=1,2,\cdots,N)$。

步骤 3:重复步骤 1 和 2,得到所有的边缘宽度值 $W(i,j)(i=1,2,\cdots,N,j=1,2,\cdots,M)$。

步骤 4:重新排列边缘宽度数据以获得在 $X(i)$ 处 $W(i,j)$ 相对于 $Y(j)(j=1,2,\cdots,M)$ 的曲线,如图 10.29 所示。

步骤 5:根据图 10.29 中 $W(i,j)$ 的最小值 W_{min} 确定 $X(i)$ 处的边缘宽度。相应的 Y_{min} 是 $X(i)$ 处的焦点位置。

在长度为 5m 的工具上进行实验,X-平台的扫描速度是 100mm/s。Y 方向上的台阶 Δy 设定为 10μm,这与物镜的焦深相同。扫描次数 $M=14$,拍摄图像的总时间为 30min。图 10.30 所示的图像称为单位图像。在单位图像中有 5000 行的行图像传感器数据沿着工具边缘覆盖了 66.5mm 的长度范围,每个单元图像作为单独的数据文件存储在 PC 的硬盘中,整个工具边缘有 78 个单位图像。图 10.31 显示了工具边缘顶端半径的测量结果。图 10.32 显示了相应的焦点位置,即图 10.29 中的 Y_{min}。

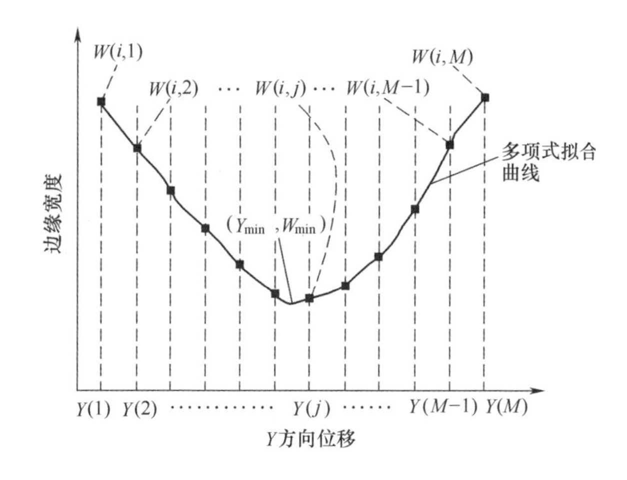

图 10.29 确定 $X(i)$ 处的边缘宽度

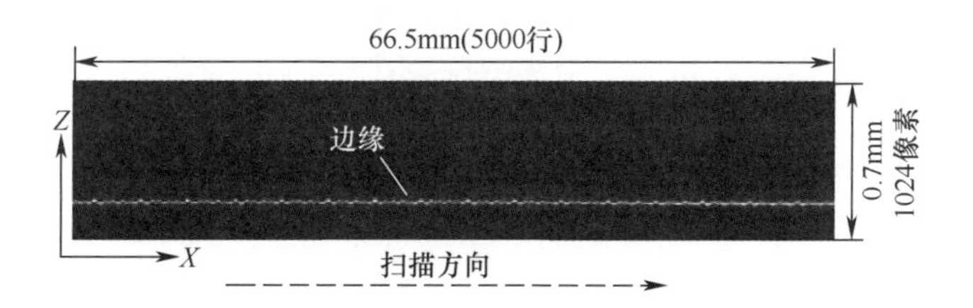

图 10.30 由扫描行图像传感器($j=7$,$x=2460.5\sim2527$mm)获得的工具边缘部分的单位图像

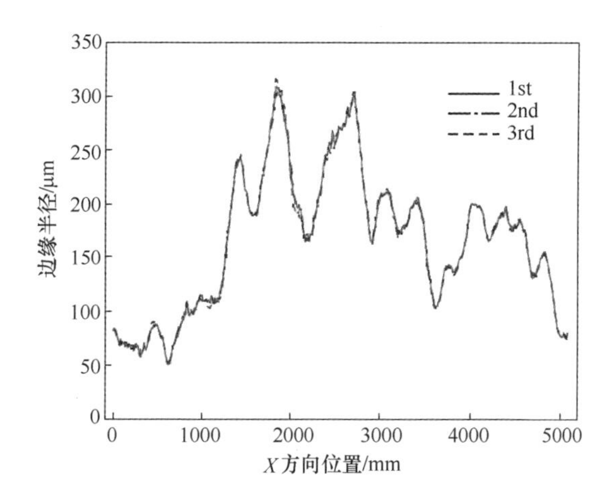

图 10.31 通过基于宽度的方法 3 次重复测量长工具的边缘半径的结果

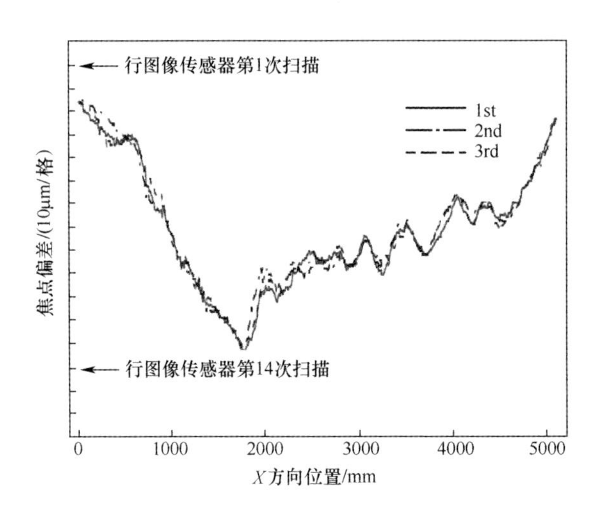

图 10.32　3 次重复测量焦点在 Y 方向的行图像传感器的结果

图 10.28 中获得的图像数据也可用于评估通过使用聚焦形状(SFF)[14]的方法的三维边缘轮廓。如图 10.33 所示,沿着 Y 方向有 M 个单位图像。图 10.34 显示了 SFF 方法的原理的示意图,在该方法中,通过在不同的 Y 位置处拍摄多个图像来测量目标表面的三维轮廓。在 x、z 坐标处的表面的 Y 方向的高度位置由最聚焦的图像确定。图 10.35 显示了使用 SFF 方法的工具的三维边缘轮廓,图 10.36 显示了根据三维边缘轮廓数据评估的边缘半径,图中显示了 3 次重复测量的结果。比较图 10.31 和图 10.36 中显示的结果可以看出,通过两种不同方法评估的边缘半径彼此一致。

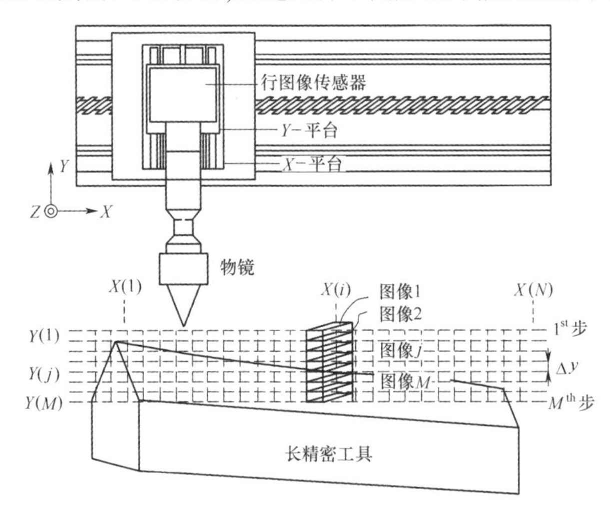

图 10.33　3 次重复测量长工具边缘半径的结果

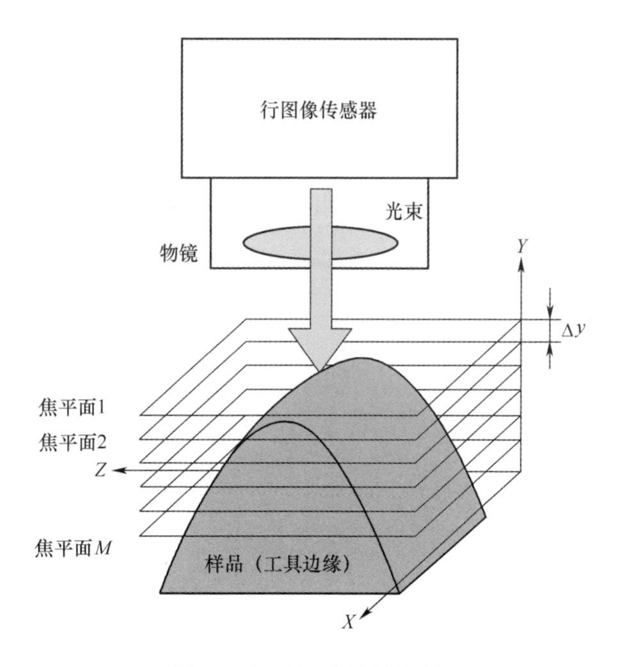

图 10.34　SFF 方法的原理

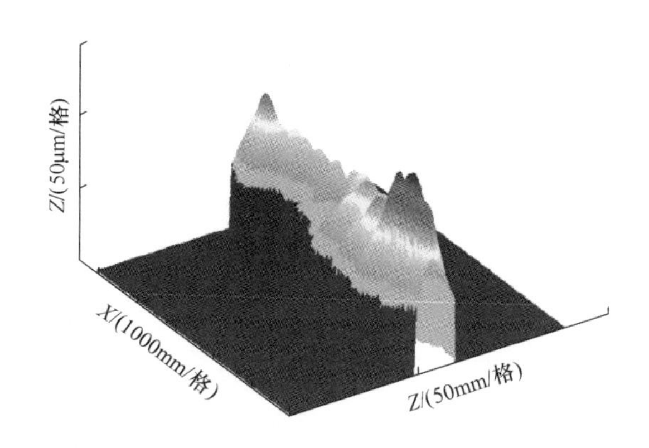

图 10.35　通过 SFF 方法得到的长工具三维边缘轮廓

另外,基于宽度的方法和 SFF 的方法都受到 X 方向扫描平台的不平直误差运动的可重复性的影响,这是通过使用激光三角形位移传感器扫描长工具的侧面而不是使用行图像传感器来评估的,如图 10.37 所示。图 10.38 显示了在保持扫描平台静止的情况下位移传感器的稳定性,可以看出,传感器输出在 0.3μm 范围内是稳定的。图 10.39(a)显示了传感器扫描工具表面时的传感器输出,传感器输出

$m(x)$在5100mm的扫描范围内变化约为250μm，其中包括平台直线度误差运动$e(x)$，工具表面非直线轮廓误差$f(x)$和由工具倾角θ引起的项。如果$m(x)$的重复性小于物镜的焦深，$m(x)$对图像传感器引起的散焦误差可以通过图10.28和图10.33所示的方法消除。扫描重复16次以研究$m(x)$的重复性，结果如图10.39(b)所示。$m(x)$的可重复性主要是平台运动的可重复性，约为1.5μm。可以看出，重复性远小于物镜的10μm焦深，足以测量边缘半径。

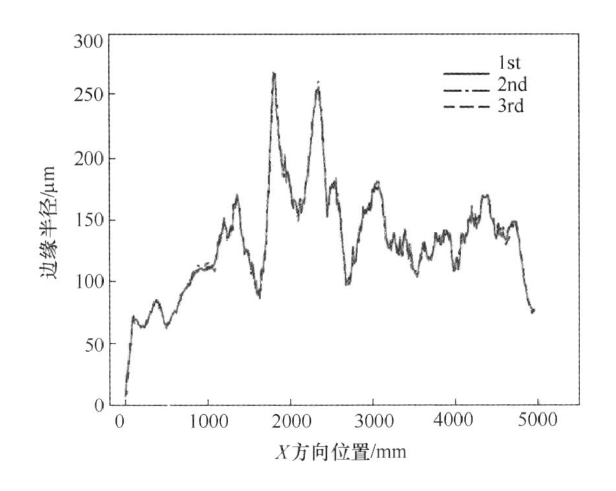

图10.36　通过SFF方法得到的长工具边缘半径的结果

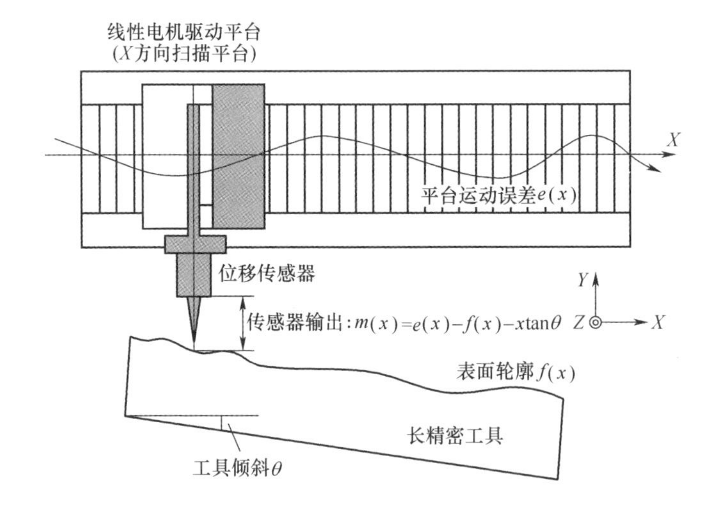

图10.37　用于研究X方向扫描平台的直线度误差运动可重复性的设置

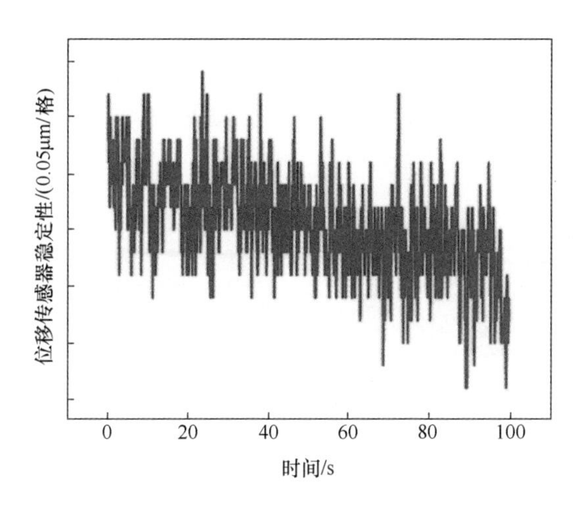

图 10.38　用于扫描的位移传感器的稳定性

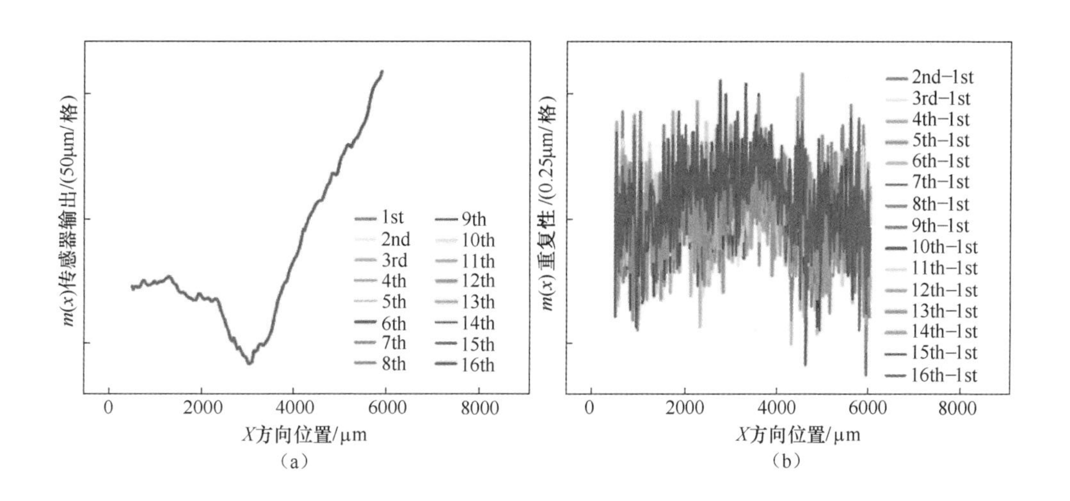

图 10.39　研究 X 方向扫描平台的直线度误差运动的可重复性

(a)位移传感器的输出;(b)非平直误差运动的可重复性。

图 10.40 显示了开发的基于 10.3 节描述的技术用于对长挤压工具进行在线检测的边缘半径测量仪器的照片。

图 10.40　开发的用于长挤压工具在线检测的边缘测量仪器

10.4 小结

扫描图像传感器系统可以快速测量长距离范围内的微米尺寸,本节提出了两种用于测量精密长工具微尺寸的方法。

第一种是用于测量长涂布工具微缝宽度的扫描区域图像传感器系统。两个狭缝边缘的图像由区域图像传感器捕获,使用二值化处理图像来快速检测狭缝的边缘位置。通过来自二进制图像的边缘数据的最小二乘线性拟合来确定狭缝宽度。通过为图像的二值化选择合适的阈值,可以减小扫描平台 Z 方向直线度的影响。1.4m 的长涂布工具的整个长度上的狭缝宽度可以在 33s 内测量完成。

第二种是通过扫描行图像传感器来测量长挤压工具的微边缘半径。首先使用在基于宽度的方法,从行图像传感器的图像中评估每个扫描点处的工具的边缘宽度,然后根据使用针规的校准结果由边缘宽度计算边缘半径。多线扫描法可减少由扫描平台的非直线误差运动引起的散焦误差的影响,多线扫描图像也已应用于形状聚焦(SFF)方法。该方法使用不同的焦点水平来获得在图像传感器相同视场中的目标表面的图像序列。通过使用基于宽度的方法和 SFF 方法,5100mm 长的精密工具的边缘半径可以在 30min 内测量完成,并获得了一致的边缘半径结果。

参考文献

[1] Barrett RC, Quate CF (1991) Optical scan-correction system applied to atomic force microscopy. Rev Sci Instrum 62(6):1393-1399

[2] Asada N, Fujiwara H, Matsuyama T (1998) Edge and depth from focus. Int J Comput Vis 26(2):153-163

[3] Wang CC (1994) A low-cost calibration method for automated optical measurement using a video camera. Mach Vis Appl 7:259-266

[4] Baba M, Ohtani K (2001) A novel subpixel edge detection system for dimension measurement and object localization using an analogue-based approach. J Opt A Pure Appl Opt 3:276-283

[5] Fan KC, Lee MZ, Mou JI (2002) On-line non-contact system for grinding wheel wear measurement. Int J Adv Manuf Technol 19:14-22

[6] Ferron Magnetic Inks (2010) http://www.ferron-magnetic.co.uk/coatings/index.html. Accessed 1 Jan 2010

[7] Ryotec (2009) http://www.ryotec.co.jp/english/index.html. Accessed 1 Jan 2010

[8] Furukawa M, Gao W, Shimizu H, Kiyono S, Yasutake M, Takahashi K (2003) Slit width measurement of a long precision slot die. J JSPE 69(7):1013-1017 (in Japanese)

[9] Keyence Corporation (2010) CCD camera, http://www.keyence.com. Accessed 1 Jan 2010

[10] Gonzalez RC, Woods RE (2002) Digital image processing. Prentice Hall, Upper Saddle River, NJ

[11] Kostic MM, Reifschneider LG (2006) Encyclopedia of chemical processing. Taylor and Francis, London

[12] Motoki T, Gao W, Furukawa M, Kiyono S (2007) Development of a high-speed and high-accuracy measurement system for micro edge radius of long precision tool. J JSPE 73(7):823-827 (in Japanese)

[13] Nippon Electro-Sensory Devices Corporation (2010) http://www.ned-sensor.co.jp. Accessed 1 Jan 2010

[14] Nayer SK, Nakagawa Y (1994) Shape from focus. IEEE Trans PAMI 16(8):824-831